炼油化工专业
危害因素辨识与风险防控

中国石油天然气集团有限公司人事部 编

石油工业出版社

内 容 提 要

本书是《石油石化安全知识培训教程》中的一本，主要包括炼油化工相关的安全理念与风险防控要求、风险防控方法与工作程序、基础安全知识、工艺设备安全、危险作业管理、事件事故与应急管理、典型事故案例等内容。书后配套练习题。

本书可供炼油化工相关的操作人员和安全管理人员学习阅读。

图书在版编目（CIP）数据

炼油化工专业危害因素辨识与风险防控/中国石油天然气集团有限公司人事部编．—北京：石油工业出版社，2018.11

石油石化安全知识培训教程

ISBN 978-7-5183-1615-1

Ⅰ．①炼… Ⅱ．①中… Ⅲ．①炼油厂-安全危害因素-风险管理-安全培训-教材 Ⅳ．①TE687.1

中国版本图书馆 CIP 数据核字（2018）第 267666 号

出版发行：石油工业出版社
　　　　　（北京市朝阳区安华里2区1号楼　100011）
　　　　　网　　址：www.petropub.com
　　　　　编辑部：（010）64243803
　　　　　图书营销中心：（010）64523633
经　　销：全国新华书店
印　　刷：北京晨旭印刷厂

2018年11月第1版　2022年5月第9次印刷
787×1092毫米　开本：1/16　印张：15.5
字数：384千字
定价：55.00元
（如发现印装质量问题，我社图书营销中心负责调换）
版权所有，翻印必究

《炼油化工专业危害因素辨识与风险防控》编审人员

主　　编	王　铁	韩文成		
副 主 编	徐兆顺	孙红荣	赵成洋	
编写人员	胡鹏程	何全玉	刘　驰	王　涛
	李卿云	董贺明	张凤英	王久文
	杨有伟	郭会新	于碧媛	李　宏
	王睿博	邱志文	孙军灵	董晓玲
审定人员	左成玉	郭良平	于昕宇	陈晓光
	李生伟	徐　岩		

前　言

为进一步保障一线员工人身安全，控制生产过程安全风险，减少或消除安全生产事故，中国石油天然气集团有限公司人事部牵头组织，分专业编写了系列《石油石化安全知识培训教程》，以期满足员工安全知识学习、培训、竞赛、鉴定需要，促进一线员工学习风险防护知识，提升一线员工风险防控能力。

本系列教程以危害因素辨识与风险防控为主线，结合工作性质、现场环境特点，介绍员工必须掌握的安全知识，以及生产操作过程中的风险点源和防控措施，具有较强的实用性。本系列教程还附录大量训练试题，方便员工学习和培训，巩固和检验学习、培训效果。

本系列教程的出版发行，将为石油石化企业员工的危害因素辨识与风险防控培训工作提供重要抓手。更为重要的是，该系列教程的出版发行进一步展现了中国石油为避免安全生产事故所做的努力和责任担当，充分体现了其对员工安全的重视和关怀。

《炼油化工专业危害因素辨识与风险防控》是系列教程之一，由炼油与化工分公司组织，辽阳石化公司编写。本书涉及常减压蒸馏、催化裂化、延迟焦化、加氢裂化、加氢精制、催化重整、溶剂脱沥青等炼油化工装置，讲述了安全理念与风险防控要求、风险防控方法与工作程序、基础安全知识、工艺设备安全、危险作业管理、事件事故与应急管理、案例分析等方面的内容。

书后练习题配套"油题库"APP应用程序，员工可在手机移动端进行自主练习和组卷测试，方便学习和培训。

由于编写组水平有限,书中错误、疏漏之处难免,恳请广大读者提出宝贵意见。

编写组

2018 年 10 月

目 录 ◆◆◆

第一章　安全理念与风险防控要求···1
　　第一节　法律法规要求···1
　　第二节　企业制度要求··10
　　第三节　HSE 管理体系···17
第二章　风险防控方法与工作程序··24
　　第一节　基本概念···24
　　第二节　危害因素分类与安全事故隐患判定标准···························25
　　第三节　常用危害因素辨识和风险评估方法·······························34
　　第四节　常用风险控制方法···39
第三章　基础安全知识···42
　　第一节　个人劳动防护用品···42
　　第二节　安全色与安全标志···50
　　第三节　常用安全设施和器材···54
　　第四节　现场救护与逃生···66
　　第五节　危险化学品···76
　　第六节　重大危险源管理···95
　　第七节　职业危害及预防···98
第四章　工艺设备安全··108
　　第一节　液体及气体输送设备···108
　　第二节　热能设备··115
　　第三节　塔设备··121
　　第四节　反应设备··124
　　第五节　储存设备··128
　　第六节　管道与阀门··131
　　第七节　电气仪表··135

第五章 危险作业管理 ... 145
 第一节 作业许可管理 ... 145
 第二节 进入受限空间作业 ... 146
 第三节 挖掘作业 ... 149
 第四节 高处作业 ... 152
 第五节 移动式吊装作业 ... 155
 第六节 管线打开作业 ... 156
 第七节 临时用电作业 ... 159
 第八节 动火作业 ... 162

第六章 事故事件与应急管理 ... 165
 第一节 生产安全事故 ... 165
 第二节 生产安全事件 ... 167
 第三节 环境事件 ... 168
 第四节 应急预案 ... 171
 第五节 应急演练 ... 173
 第六节 炼化企业应急处置原则 ... 175

第七章 案例分析 ... 179
 第一节 机械伤害类事故 ... 179
 第二节 窒息中毒类事故 ... 181
 第三节 触电类事故 ... 184
 第四节 灼伤类事故 ... 186
 第五节 火灾爆炸类事故 ... 187
 第六节 高空坠落事故 ... 189
 第七节 其他类型事故 ... 190

练习题 ... 193

练习题答案 ... 231

参考文献 ... 237

第一章 安全理念与风险防控要求

第一节　法律法规要求

一、概念

（一）法律

法律特指由全国人民代表大会及其常务委员会依照一定的立法程序制定和颁布的规范性文件。法律是法律体系中的上位法，地位和效力仅次于《中华人民共和国宪法》，高于行政法规、地方性法规、部门规章、地方政府规章等下位法。

涉及安全、环境的法律有《中华人民共和国安全生产法》《中华人民共和国环境保护法》《中华人民共和国消防法》《中华人民共和国道路交通安全法》《中华人民共和国职业病防治法》《中华人民共和国特种设备安全法》等。

（二）法规

1. 行政法规

行政法规是由国务院组织制定并批准颁布的规范性文件的总称。行政法规的法律地位和法律效力低于法律，高于地方性法规、部门规章、地方政府规章等下位法。

涉及安全、环境的行政法规有《安全生产许可证条例》《危险化学品安全管理条例》《生产安全事故报告和调查处理条例》《工伤保险条例》等。

2. 地方性法规

地方性法规是指由省、自治区、直辖市和设区的市人民代表大会及其常务委员会，依照法定程序制定并颁布的、施行于本行政区域的规范性文件。地方性法规的法律地位和法律效力低于法律、行政法规，高于地方政府规章。

涉及安全、环境的地方性法规如《辽宁省安全生产条例》《辽宁省环境保护条例》等。

(三) 规章

1. 部门规章

部门规章是指国务院的部委和直属机构按照法律、行政法规或者国务院授权制定在全国范围内实施行政管理的规范性文件。部门规章的法律地位和法律效力低于法律、行政法规，高于地方政府规章。

涉及安全、环境的部门规章如《建设项目职业病防护设施"三同时"监督管理办法》《安全生产违法行为行政处罚办法》《安全生产事故隐患排查治理暂行规定》《生产经营单位安全培训规定》等。

2. 地方政府规章

地方政府规章是指由地方人民政府依照法律、行政法规、地方性法规或者本级人民代表大会或其常务委员会授权制定的在本行政区域内实施行政管理的规范性文件。地方政府规章是最低层级的立法，其法律地位和法律效力低于其他上位法，不得与上位法相抵触。

涉及安全、环境的地方政府规章如《辽宁省石油勘探开发环境保护管理条例》《辽宁省固体废物污染环境防治办法》等。

二、风险防控相关法律法规要求

(一)《中华人民共和国安全生产法》

《中华人民共和国安全生产法》（以下简称《安全生产法》于2002年6月29日由第九届全国人大常委会第二十八次会议审议通过，2002年11月1日起施行；2014年8月31日第十二届全国人大常委会对安全生产法进行了修订，自2014年12月1日起施行。

1. 我国安全生产工作的基本方针

《安全生产法》第三条规定："安全生产工作应当以人为本，坚持安全发展，坚持安全第一、预防为主、综合治理的方针，强化和落实生产经营单位的主体责任，建立生产经营单位负责、职工参与、政府监管、行业自律和社会监督的机制。"

"安全第一、预防为主、综合治理"是安全生产的基本方针，是《安全生产法》的灵魂。《安全生产法》明确提出了安全生产工作应当以人为本，将坚持安全发展写入了总则，对于坚守红线意识，进一步加强安全生产工作，实现安全生产形势根本性好转的奋斗目标具有重要意义。安全生产，重在预防。《安全生产法》关于预防为主的规定，主要体现在"六先"，即安全意识在先、安全投入在先、安全责任在先、建章立制在先、隐患预防在先、监督执法在先。

2. 从业人员的安全生产权利和义务

生产经营单位的从业人员是各项生产经营活动最直接的劳动者，是各项法定安全生产的权利和义务的承担。《安全生产法》第六条规定："生产经营单位的从业人员有依法获得安全生产保障的权利，并应当依法履行安全生产方面的义务。"

1) 从业人员的权利

《安全生产法》规定了各类从业人员必须享有的，有关安全生产和人身安全的最重要、最基本的权利，这些基本的安全生产权利可以概括为五项。

（1）获得安全保障、工伤保险和民事赔偿的权利。

《安全生产法》第四十九条规定:"生产经营单位与从业人员订立的劳动合同,应当载明有关保障从业人员劳动安全、防止职业危害的事项,以及依法为从业人员办理工伤保险的事项。生产经营单位不得以任何形式与从业人员订立协议,免除或者减轻其对从业人员因生产安全事故伤亡依法应承担的责任。"

《安全生产法》第四十八条规定:"生产经营单位必须依法参加工伤保险,为从业人员缴纳保险费。"

《安全生产法》第五十三条规定:"因生产安全事故受到损害的从业人员,除依法享有工伤保险外,依照有关民事法律尚有获得赔偿的权利的,有权向本单位提出赔偿要求。"

此外,《安全生产法》第一百零三条规定:"生产经营单位与从业人员订立协议,免除或者减轻其对从业人员因生产安全事故伤亡依法应承担的责任的,该协议无效。"

（2）得知危险因素、防范措施和事故应急措施的权利。

《安全生产法》第五十条规定:"生产经营单位的从业人员有权了解其作业场所和工作岗位存在的危险因素、防范措施及事故应急措施,有权对本单位的安全生产工作提出建议。"

（3）对本单位安全生产的批评、检举和控告的权利。

《安全生产法》第五十一条规定:"从业人员有权对本单位安全生产工作中存在的问题提出批评、检举、控告。"

（4）拒绝违章指挥和强令冒险作业的权利。

《安全生产法》第五十一条规定"从业人员有权拒绝违章指挥和强令他人冒险作业。"

（5）紧急情况下停止作业或紧急撤离的权利。

《安全生产法》第五十二条规定:"从业人员发现直接危及人身安全的紧急情况时,有权停止作业或者在采取可能的应急措施后撤离作业场所。生产经营单位不得因从业人员在前款紧急情况下停止作业或者采取紧急撤离措施而降低其工资、福利等待遇或者解除与其订立的劳动合同。"

从业人员在行使停止作业和紧急撤离权利时必须明确以下四点：

一是危及从业人员人身安全的紧急情况必须有确实可靠的直接根据,凭借个人猜测或者误判而实际并不属于危及人身安全的紧急情况除外,该项权利不能被滥用。

二是紧急情况必须直接危及人身安全,间接危及人身安全的情况不应撤离,而应采取有效的应急抢险措施。

三是出现危及人身安全的紧急情况时,首先是停止作业,然后要采取可能的应急措施,应急措施无效时再撤离作业场所。

四是该项权利不适用于某些从事特殊职业的从业人员,比如车辆驾驶员等,根据有关法律、国际公约和职业惯例,在发生危及人身安全的紧急情况下,他们不能或者不能先行撤离从业场所或岗位。

2）从业人员的安全生产义务

《安全生产法》不但赋予了从业人员安全生产权利,也设定了相依的法定义务。作为法律关系内容的权利与义务是对等的。从业人员在依法享有权利的同时也必须承担相应的法律责任。

（1）遵章守规,服从管理的义务。

《安全生产法》第五十四条规定:"从业人员在作业过程中,应当严格遵守本单位的安

3

全生产规章制度和操作规程，服从管理。"

（2）正确佩戴和使用劳动防护用品的义务。

《安全生产法》规定，生产经营单位必须为从业人员提供必要的、安全的劳动防护用品，以避免或减轻作业和事故中的人身伤害。在《安全生产法》第五十四条中也规定："从业人员必须正确佩戴和使用劳动防护用品。"

（3）接受安全培训，掌握安全生产技能的义务。

《安全生产法》第五十五条规定："从业人员应当接受安全生产教育和培训，掌握本职工作所需的安全生产知识，提高安全生产技能，增强事故预防和应急处理能力。"法律规定从业人员（包括新招聘、转岗人员）必须接受安全培训，要具备岗位所需要的安全知识和技能以及对突发事故的预防和处置能力。另外，《安全生产法》第二十七条规定：特种作业人员上岗前必须按照国家有关规定经专门的安全作业培训，取得相应资格，方可上岗作业。

（4）发现事故隐患或者其他不安全因素及时报告的义务。

《安全生产法》第五十六条规定："从业人员发现事故隐患或者其他不安全因素，应当立即向现场安全生产管理人员或者本单位负责人报告；接到报告的人员应当及时予以处理。"

3．安全生产的法律责任

1）安全生产法律责任形式

追究安全生产违法行为的法律责任有三种形式：行政责任、民事责任和刑事责任。

2）从业人员的安全生产违法行为

《安全生产法》规定，追究法律责任的生产经营单位有关人员和安全生产违法行为有下列七种：

（1）生产经营单位的决策机构、主要负责人、个人经营的投资人不依照本法规定保证安全生产所必须的资金投入，致使生产经营单位不具备安全生产条件的；

（2）生产经营单位的主要负责人未履行本法规定的安全生产管理职责的；

（3）生产经营单位与从业人员签订协议，免除或减轻其对从业人员因生产安全事故伤亡依法应承担的责任的；

（4）生产经营单位主要负责人在本单位发生重大生产安全事故时不立即组织抢救或者在事故调查处理期间擅离职守或者逃匿的；

（5）生产经营单位主要负责人对生产安全事故隐瞒不报、谎报或者迟报的；

（6）生产经营单位的从业人员不服从管理，违反安全生产规章制度或操作规程的；

（7）安全生产事故的责任人未依法承担赔偿责任，经人民法院依法采取执行措施后，仍不能对受害者给予足额赔偿的。

《安全生产法》对上述安全生产违法行为设定的法律责任分别是：降职、撤职、罚款、拘留的行政处罚，构成犯罪的，依法追究刑事责任。

2015年年底最高人民法院和最高人民检察院审议并通过了《关于办理危害生产安全刑事案件适用法律若干问题的解释》（以下简称《解释》），对依法惩治危害生产安全犯罪行为进行了解释，并于2015年12月16日开始实施。《解释》中与从业人员有关的生产安全违法犯罪行为有重大责任事故罪：在生产、作业中违反有关安全管理的规定，因而发生重大伤亡事故或者造成其他严重后果的，处三年以下有期徒刑或者拘役；情节特别恶劣的，处三年以上七年以下有期徒刑。其中"发生重大伤亡事故或者造成其他严重后果"是指造成死亡一人以上，或者重伤三人以上的；造成直接经济损失一百万元以上的；其他造成严重后果或者重大安全事故的情形。"情节特别恶劣"是指造成死亡三人以上或者重伤十人以上，负事故主要责任的；造成直接经济损失五百万元以上，负事故主要责任的；其他造成特别严重后果、情节特别恶劣或者后果特别严重的情形。

（二）《中华人民共和国环境保护法》

《中华人民共和国环境保护法》（以下简称《环境保护法》）2014年4月24日第十二届全国人大常委会第八次会议对环境保护法修订通过，并于2015年1月1日起实施。

1.《环境保护法》的适用范围

《环境保护法》第二条规定："本法所称环境，是指影响人类生存和发展的各种天然的和经过人工改造的自然因素的总体，包括大气、水、海洋、土地、矿藏、森林、草原、湿地、野生生物、自然遗迹、人文遗迹、自然保护区、风景名胜区、城市和乡村等。"第三条规定："本法适用于中华人民共和国领域和中华人民共和国管辖的其他海域。"

2. 环境保护是国家的基本国策

《环境保护法》第四条规定：保护环境是国家的基本国策。国家采取有利于节约和循环利用资源、保护和改善环境、促进人与自然和谐的经济、技术政策和措施，使经济社会发展与环境保护相协调。第五条规定：环境保护坚持保护优先、预防为主、综合治理、公众参与、损害担责的原则。第六条规定：一切单位和个人都有保护环境的义务。

3. 防治污染和其他公害的有关要求

《环境保护法》中防治污染和其他公害的要求，主要针对排污企业，有可能造成污染事故或其他公害的单位做出法律规定，对环境保护方面的法律制度作出了原则性的规定。

1）"三同时"管理制度

《环境保护法》第四十一条规定："建设项目中防治污染的设施，应当与主体工程同时设计、同时施工、同时投产使用。防治污染的设施应当符合经批准的环境影响评价文件的要求，不得擅自拆除或者闲置。"

"三同时"制度是指对环境有影响的一切建设项目，必须依法执行环境保护设施与主题工程同时设计、同时施工、同时投产使用的制度。"三同时"制度是我国环境保护工作的一项创举，它与建设项目的环境影响评价制度相辅相成，都是针对新污染源所采取的防患于未然的法律措施，体现了《环境保护法》预防为主的原则。

2）排污单位的环境保护责任和义务

《环境保护法》第四十二条规定：排放污染物的企业事业单位和其他生产经营者，应当采取措施，防治在生产建设或者其他活动中产生的废气、废水、废渣、医疗废物、粉尘、恶臭气体、放射性物质以及噪声、振动、光辐射、电磁辐射等对环境的污染和危害。排放污染物的企业事业单位，应当建立环境保护责任制度，明确单位负责人和相关人员的责任。重点排污单位应当按照国家有关规定和监测规范安装使用监测设备，保证监测设备正常运行，保存原始监测记录。严禁通过暗管、渗井、渗坑、灌注或者篡改、伪造监测数据，或者不正常运行防治污染设施等逃避监管的方式违法排放污染物。

4．环境保护的法律责任

《环境保护法》第六章对环境保护的法律责任作出了明确的规定，最高人民法院、最高人民检察院也颁布了《关于办理环境污染刑事案件适用法律若干问题的解释》，同时，公安部、环境保护部、工业和信息化部、农业部也先后联合或单独下发了《行政主管部门移送适用行政拘留环境违法案件暂行办法》《环境保护主管部门实施按日连续处罚办法》《环境保护主管部门实施查封、扣押办法》《环境保护主管部门实施限制生产停产整治办法》《企业事业单位环境信息公开办法》《突发环境事件调查处理办法》等行政法规，这些法律法规的集中出台表达了党和政府对惩治环境违法行为的决心。

1）按日连续经济处罚

《环境保护法》第五十九条规定：企业事业单位和其他生产经营者违法排放污染物，受到罚款处罚，被责令改正，拒不改正的，依法作出处罚决定的行政机关可以自责令改正之日的次日起，按照原处罚数额按日连续处罚。

《环境保护主管部门实施按日连续处罚办法》第五条规定：排污者有下列行为之一，受到罚款处罚，被责令改正，拒不改正的，依法作出罚款处罚决定的环境保护主管部门可以实施按日连续处罚：

（1）超过国家或者地方规定的污染物排放标准，或者超过重点污染物排放总量控制指标排放污染物的；

（2）通过暗管、渗井、渗坑、灌注或者篡改、伪造监测数据，或者不正常运行防治污染设施等逃避监管的方式排放污染物的；

（3）排放法律、法规规定禁止排放的污染物的；

（4）违法倾倒危险废物的；

（5）其他违法排放污染物行为的。

2）行政拘留

《行政主管部门移送适用行政拘留环境违法案件暂行办法》第五条规定：《环境保护法》第六十三条第三项规定的通过暗管、渗井、渗坑、灌注等逃避监管的方式违法排放污染物，是指通过暗管、渗井、渗坑、灌注等不经法定排放口排放污染物等逃避监管的方式违法排放污染物。暗管是指通过隐蔽的方式达到规避监管目的而设置的排污管道，包括埋入地下的水泥管、瓷管、塑料管等，以及地上的临时排污管道；渗井、渗坑是指无防渗漏措施或起不到防渗作用的，封闭或半封闭的坑、池、塘、井和沟、渠等；灌注是指通过高压深井向地下排放污染物。

3）追究刑事责任

《关于办理环境污染刑事案件适用法律若干问题的解释》第一条规定：实施《中华人民共和国刑法》（以下简称《刑法》）第三百三十八条规定的行为，具有下列情形之一的，应当认定为"严重污染环境"：

（1）非法排放、倾倒、处置危险废物三吨以上的；

（2）非法排放含重金属、持久性有机污染物等严重危害环境、损害人体健康的污染物超过国家污染物排放标准或者省、自治区、直辖市人民政府根据法律授权制定的污染物排放标准三倍以上的；

（3）私设暗管或者利用渗井、渗坑、裂隙、溶洞等排放、倾倒、处置有放射性的废物、含传染病病原体的废物、有毒物质的；

（4）致使乡镇以上集中式饮用水水源取水中断十二小时以上的；

（5）致使基本农田、防护林地、特种用途林地五亩以上，其他农用地十亩以上，其他土地二十亩以上基本功能丧失或者遭受永久性破坏的；

（6）致使公私财产损失三十万元以上的；

（7）其他严重污染环境的情形。

根据《刑法》第三百三十八条规定，处三年以上七年以下有期徒刑，并处罚金。

（三）《中华人民共和国劳动法》

1994年7月5日，第八届全国人民代表大会常务委员会第八次会议审议通过了《中华人民共和国劳动法》（以下简称《劳动法》），自1995年1月1日起施行。

1. 劳动者的基本权利

《劳动法》第三条赋予了劳动者享有的八项权利：一是平等就业和选择职业的权利；二是取得劳动报酬的权利；三是休息休假的权利；四是获得劳动安全卫生保护的权利；五是接受职业技能培训的权利；六是享受社会保险和福利的权利；七是提请劳动争议处理的权利；八是法律规定的其他劳动权利。

2. 劳动者的义务

《劳动法》第三条设定了劳动者需要履行的四项义务：一是劳动者应当完成劳动的任务；二是劳动者应当提高职业技能；三是劳动者应当执行劳动安全卫生规程；四是劳动者应当遵守劳动纪律和职业道德。

3. 劳动安全卫生

（1）用人单位必须建立健全劳动安全卫生制度，严格执行国家劳动安全卫生规程和标准，对劳动者进行劳动安全卫生教育，防止劳动过程中的事故，减少职业危害。

（2）劳动安全卫生设施必须符合国家规定的标准。新建、改建、扩建工程的劳动安全卫生设施必须与主体工程同时设计、同时施工、同时投入生产和使用。

（3）用人单位必须为劳动者提供符合国家规定的劳动安全卫生条件和必要的劳动防护用品，对从事有职业危害作业的劳动者应当定期进行健康体检。

（4）从事特种作业的劳动者必须经过专门培训并取得特种作业资格。

（5）劳动者在劳动过程中必须严格遵守安全操作规程。

（6）劳动者对用人单位管理人员违章指挥、强令冒险作业，有权拒绝执行，对危害生命安全和身体健康的行为，有权提出批评、检举和控告。

4. 职业培训

《劳动法》第六十八条规定，用人单位应当建立职业培训制度，按照国家规定提取和使用职业培训经费，根据本单位实际，有计划地对劳动者进行职业培训。从事技术工种的劳动者，上岗前必须经过培训。

5. 违法行为应负的法律责任

用人单位违反本法规定，情节较轻的，由劳动行政部门给予警告，责令改正，并可以处以罚款；情节严重的，依法追究其刑事责任。

（四）《中华人民共和国职业病防治法》

《中华人民共和国职业病防治法》（以下简称《职业病防治法》）于 2001 年 10 月 27 日第九届全国人民代表大会常务委员会第二十四次会议审议通过，2016 年 7 月 2 日第十二届全国人民代表大会常务委员会第二十一次会议审议通过了对《职业病防治法》修正的决定，修正后的《职业病防治法》于 2016 年 9 月 1 日起实施。《职业病防治法》立法的目的是为了预防、控制和消除职业病危害，防治职业病，保护劳动者健康及其相关权益，促进经济社会发展。

1．职业病的范围

《职业病防治法》第二条规定：本法所称职业病，是指企业、事业单位和个体经济组织等用人单位的劳动者在职业活动中，因接触粉尘、放射性物质和其他有毒、有害因素而引起的疾病。

2．职业病防治的方针

《职业病防治法》第三条规定：职业病防治工作坚持预防为主、防治结合的方针。

3．劳动者享有的职业卫生保护权利

《职业病防治法》第三十九规定，劳动者享有以下权利：

（1）获得职业卫生教育、培训；

（2）获得职业健康检查、职业病诊疗、康复等职业病防治服务；

（3）了解工作场所产生或可能产生的职业病危害因素、危害后果和应当采取的职业病防护措施；

（4）要求用人单位提供符合防治职业病要求的职业病防护设施和个人使用的职业病防护用品，改善工作条件；

（5）对违反职业病防治法律、法规以及危及生命健康的行为提出批评、检举和控告；

（6）拒绝违章指挥和强令进行没有职业病防护措施的作业；

（7）参与用人单位职业卫生工作的民主管理，对职业病防治工作提出意见和建议。

用人单位应当保障劳动者行使前款所列权利。因劳动者依法行使正当权利而减低其工资、福利等待遇或解除、终止与其签订的劳动合同的，其行为无效。

4．劳动者职业卫生保护的义务

《职业病防治法》第三十四条规定，劳动者应履行以下义务：劳动者应当学习和掌握相关的职业卫生知识，增强职业病防范意识，遵守职业病防治法律、法规、规章和操作规程，正确使用、维护职业病防护设备和个人使用的职业病防护用品，发现职业病危害事故隐患应当及时报告。

劳动者不履行规定义务的，用人单位应当对其进行教育。

（五）《中华人民共和国消防法》

《中华人民共和国消防法》由中华人民共和国第十一届全国人民代表大会常务委员会第五次会议于 2008 年 10 月 28 日修订通过，自 2009 年 5 月 1 日起施行。立法的目的为预防火灾和减少火灾危害，加强应急救援工作，保护人身、财产安全，维护公共安全。

与基层操作员工直接相关的内容有：

（1）任何单位和个人都有维护消防安全、保护消防设施、预防火灾、报告火警的义务。

任何单位和成年人都有参加有组织的灭火工作的义务。

（2）禁止在具有火灾、爆炸危险的场所吸烟、使用明火。因施工等特殊情况需要使用明火作业的，应当按照规定事先办理审批手续，采取相应的消防安全措施；作业人员应当遵守消防安全规定。

（3）进行电焊、气焊等具有火灾危险作业的人员和自动消防系统的操作人员，必须持证上岗，并遵守消防安全操作规程。

（4）任何单位、个人不得损坏、挪用或者擅自拆除、停用消防设施、器材，不得埋压、圈占、遮挡消火栓或者占用防火间距，不得占用、堵塞、封闭疏散通道、安全出口、消防车通道。人员密集场所的门窗不得设置影响逃生和灭火救援的障碍物。

（5）任何人发现火灾都应当立即报警。任何单位、个人都应当无偿为报警提供便利，不得阻拦报警。严禁谎报火警。人员密集场所发生火灾，该场所的现场工作人员应当立即组织、引导在场人员疏散。

（六）《工伤保险条例》

2003年4月27日国务院第375号令公布《工伤保险条例》，自2004年1月1日起实施。2010年12月20日，国务院第586号令对《工伤保险条例》进行了修订，自2011年1月1日起实施。《工伤保险条例》的立法目的是为了保障因工作遭受事故伤害或者患职业病的职工获得医疗救治和经济补偿，促进工伤预防和职业康复，分散用人单位的工伤风险。《工伤保险条例》对做好工伤人员的医疗救治和经济补偿，加强安全生产工作，实现社会稳定具有积极作用。

1. 工伤保险

1）具有补偿性

工伤保险是法定的强制性社会保险，是通过对受害者实施医疗救治和给予必要的经济补偿以保障其经济权利的补救措施。从根本上说，它是由政府监管，社保机构经办的社会保障制度，不具有惩罚性。

2）权利主体

享有工伤保险权利的主体只限于本企业的职工或者雇工，其他人不能享有这项权利。如果在企业发生生产安全事故时对职工或者雇工以及其他人员造成伤害，只有本企业的职工或者雇工可以得到工伤保险补偿，而受到伤害的其他人员则不能享受这项权利。所以工伤保险补偿权利的权利主体是特定的。

3）义务和责任主体

依照《安全生产法》和《工伤保险条例》的规定，生产经营单位和用人单位有为从业人员办理工伤保险、缴纳保险费的义务，这就明确了生产经营单位和用人单位是工伤保险的义务和责任的主体，不履行这项义务，就要承担相应的法律责任。

4）保险补偿的原则

按照国际惯例和我国立法，工伤保险补偿实行"无责任补偿"即无过错补偿的原则，这是基于职业风险理论确立的。这种理论从最大限度地保护职工权益的理念出发，认为职业伤害不可避免，职工无法抗拒，不能以受害人是否负有责任来决定是否补偿，只要因公受到伤害就应补偿。

5）补偿风险的承担

按照无责任补偿原则，工伤补偿风险的第一承担着应是用人单位或者业主，但是工伤保险是以社会共济方式确定补偿风险承担者的，因此不需要用人单位或者业主直接负责补偿，而是将补偿风险转由社保机构承担，由社保机构负责支付工伤保险补偿金。只要用人单位或者业主依法足额缴纳了工伤保险费，那么工伤补偿的责任就要由社保机构承担。

2．工伤范围

工伤保险条例第十四条规定，职工有下列情形之一的，应当认定为工伤：

（1）在工作时间和工作场所内，因工作原因受到事故伤害的；

（2）工作时间前后在工作场所内，从事与工作有关的预备性或者收尾性工作受到事故伤害的；

（3）在工作时间和工作场所内，因履行工作职责受到暴力等意外伤害的；

（4）患职业病的；

（5）因工外出期间，由于工作原因受到伤害或者发生事故下落不明的；

（6）在上下班途中，受到非本人主要责任的交通事故或者城市轨道交通、客运轮渡、火车事故伤害的；

（7）法律、行政法规规定应当认定为工伤的其他情形。

工伤保险条例第十五条规定，职工有下列情形之一的，视同工伤：

（1）在工作时间和工作岗位，突发疾病死亡或者在 48 小时之内经抢救无效死亡的；

（2）在抢险救灾等维护国家利益、公共利益活动中受到伤害的；

（3）职工原在军队服役，因战、因公负伤致残，已取得革命伤残军人证，到用人单位后旧伤复发的。

职工有第十四条规定第（1）项、第（2）项情形的，按照本条例的有关规定享受工伤保险待遇；职工有前款第（3）项情形的，按照本条例的有关规定享受除一次性伤残补助金以外的工伤保险待遇。

工伤保险条例第十六条规定，职工符合本条例第十四条、第十五条的规定，但是有下列情形之一的，不得认定为工伤或者视同工伤：

（1）故意犯罪的；

（2）醉酒或者吸毒的；

（3）自残或者自杀的。

第二节　企业制度要求

一、制度要求

（一）安全生产管理制度

1．安全生产总体方针目标

中国石油天然气集团有限公司（以下简称中国石油或集团公司）制定了《安全生产管理规定》（中油质安字〔2004〕672 号），明确指出中国石油要严格遵守国家安全生产法律法规，树立"以人为本"的思想、坚持"安全第一、预防为主、综合治理"的基本方针，要求各企业健全各项安全生产规章制度，落实安全生产责任制，完善安全监督机制，采用先进适用安全技术、装备，抓好安全生产培训教育，坚持安全生产检查，保证安全生产投入，加大事故隐患整改和重大危险源监控力度，全面提高安全生产管理水平。

在员工安全生产权利保障方面，要求各企业在与员工签订劳动合同时应明确告知企业安全生产状况、职业危害和防护措施；为员工创造安全作业环境，提供合格的劳动防护用品和工具。

同时也要求员工应履行在安全生产方面的各项义务，在生产作业过程中遵守劳动纪律，落实岗位责任，执行各项安全生产规章制度和操作规程，正确佩戴和使用劳动防护用品等。

2. 风险和隐患管理

中国石油制定了《中国石油天然气集团公司风险管理办法（试行）》（中油企管〔2016〕269号）、《安全环保事故隐患管理办法》（中油安〔2015〕297号）等管理制度。

中国石油对安全生产风险工作按照"分层管理、分级防控，直线责任、属地管理，过程控制、逐级落实"的原则进行管理，要求岗位员工参与危害因素辨识，根据操作活动所涉及的危害因素，确定本岗位防控的生产安全风险，并按照属地管理的原则落实风险防控措施。

对安全环保事故隐患按照"环保优先、安全第一、综合治理；直线责任、属地管理、全员参与；全面排查、分级负责、有效监控"的原则进行管理，要求各企业定期开展安全环保事故隐患排查，如实记录和统计分析排查治理情况，按规定上报并向员工通报；现场操作人员应当按照规定的时间间隔进行巡检，及时发现并报告事故隐患，同时对于及时发现报告非本岗位和非本人责任造成的安全环保事故隐患，避免重大事故发生的人员，应当按照中国石油"事故隐患报告"特别奖励的有关规定，给予奖励。

3. 高危作业和非常规作业

中国石油制定了《作业许可管理规定》（安全〔2009〕552号），要求从事高危作业（如进入受限空间作业、动火作业、挖掘作业、高处作业、移动式起重机吊装作业、临时用电作业、管线打开作业等）及缺乏工作程序（规程）的非常规作业等之前，必须进行工作前安全分析，实行作业许可管理，否则，不得组织作业。对高危作业项目分别制定了相应的安全管理办法，如《动火作业安全管理办法》（安全〔2014〕86号）、《进入受限空间作业安全管理办法》（安全〔2014〕86号）、《临时用电作业安全管理办法》（安全〔2015〕37号）。

4. 事故事件管理

中国石油制定了《生产安全事故管理办法》（中油安字〔2007〕571号）、《生产安全事件管理办法》（安全〔2013〕387号）、《安全生产应急管理办法》（中油安〔2015〕175号）等管理制度。要求各企业要开展从业人员，尤其是基层操作人员、班组长、新上岗、转岗人员安全培训，确保从业人员具备相关的安全生产知识、技能以及事故预防和应急处理的能力；发生事故后，现场有关人员应当立即向基层单位负责人报告，并按照应急预案组织应急抢险，在发现直接危及人身安全的紧急情况时，应当立即下达停止作业指令、采取可能的应急措施或组织撤离作业场所。任何单位和个人不得迟报、漏报、谎报、瞒报各类事故。所有事故均应当按照事故原因未查明不放过，责任人未处理不放过，整改措施未落实不放过,有关人员未受到教育不放过的"四不放过"原则进行处理。

(二)环境保护管理制度

中国石油为了推进节约发展、清洁发展、和谐发展,在环境保护方面先后出台了《环境保护管理规定》(中油质安字〔2006〕362号)、《中国石油天然气集团公司环境监测管理规定》(中油安〔2008〕374号)、《建设项目环境保护管理办法》(中油安〔2011〕7号)、《环境事件管理办法》(中油安〔2016〕475号)、《环境事件调查细则》(质安〔2017〕288号)等管理制度。其中规定,每个员工都有保护环境的义务,并有权对污染和破坏环境的单位和个人进行批评和检举。员工应当遵守环境保护管理规章制度,执行岗位职责规定的环境保护要求。对于发生环保事件负有责任的员工,按照相关制度给予行政处罚或经济处罚,《环境保护违纪违规行为处分规定(试行)》中规定:基层工作人员有下列行为之一的,给予警告或者记过处分;情节较重的,给予记大过或者降级处分;情节严重的,给予撤职或者留用察看处分:

(1)违章指挥或操作引发一般或较大环境污染和生态破坏事故的;

(2)发现环境污染和生态破坏事故未按规定及时报告,或者未按规定职责和指令采取应急措施的;

(3)在生产作业过程中不按规程操作随意排放污染物的;

(4)在生产作业过程中捕杀野生动物或破坏植被,造成不良影响的;

(5)有其他环境保护违纪违规行为的。

对因环保事故、事件被人民法院判处刑罚或构成犯罪免于刑事处罚的人员应同时给予行政处分,管理人员按照《中国石油天然气集团公司管理人员违纪违规行为处分规定》(中油监〔2017〕44号)执行,其他人员参照执行。

(三)职业健康管理制度

中国石油在职业健康工作方面坚持"预防为主,防治结合"的方针,建立了以企业为主体、员工参与、分级管理、综合治理的长效机制。

在职业健康管理方面先后出台了《职业卫生管理办法》(中油安〔2016〕475号)、《职业卫生档案管理规定》(安全〔2014〕297号)、《职业健康监护管理规定》和《工作场所职业病危害因素检测管理规定》(质安〔2017〕68号)、《建设项目职业病防护设施"三同时"管理规定》(质安〔2017〕243号)等制度。

《职业卫生管理办法》中对员工职业健康权利和义务方面作出了明确规定:

1. 员工享有的保护权利

(1)职业病危害知情权;

(2)参与职业卫生民主管理权;

(3)接受职业卫生教育、培训权;

(4)职业健康监护权;

(5)劳动保护权;

(6)检举权、控告权;

(7)拒绝违章指挥和强令冒险作业权;

(8)紧急避险权;

(9)工伤保险和要求民事赔偿权;

(10) 申请劳动争议调解、仲裁和提起诉讼权。

2．员工的义务

(1) 遵守各种职业卫生法律、法规、规章制度和操作规程；

(2) 学习并掌握职业卫生知识；

(3) 正确使用和维护职业病防护设备和个人使用的职业病防护用品；

(4) 发现职业病危害事故隐患及时报告。

员工不履行前款规定义务的，所属企业应当对其进行职业卫生教育，情节严重的，应依照有关规定进行处理。

二、工作要求

（一）"四条红线"

2017 年面对严峻的安全生产形势，集团公司下发了《关于强化关键风险领域"四条红线"管控 严肃追究有关责任事故的通知》（中油质安〔2017〕475 号）明确提出"四条红线"的要求。

"四条红线"包括：

一是可能导致火灾、爆炸、中毒、窒息、能量意外释放的高危和风险作业；

二是可能导致着火爆炸的生产经营领域内的油气泄漏；

三是节假日和敏感时段（包括法定节假日，国家重大活动和会议期间）的施工作业；

四是油气井井控等关键作业。

（二）六项新的较大风险

2018 年 1 月 2 日集团公司召开的 HSE（安全生产）委员会会议及董事长办公会议，全面分析了集团公司近年来特别是 2017 年的生产安全事故，深刻反思了事故教训，对生产安全风险进行了再认识和再识别。会议明确提出，集团公司除已经确定的八大安全风险，以及勘探开发、炼油化工、大型储库、油气管道和城市燃气等五个重点风险领域以外，集团公司在生产安全方面还存在六项新的较大风险：

一是节假日管理力量单薄的风险；

二是季节转换人员不适应的风险；

三是改革调整人员思想波动的风险；

四是承包商管不住的风险；

五是检维修监管不到位、许可管理不到位的风险；

六是新工艺、新技术、新产品（设备）、新材料应用带来的"四新"风险。

会议提出从 2018 年开始，总部 HSE 体系审核、安全专项督查等工作要将该 6 项较大风险作为重要内容，加强企业风险防控措施落实情况的审核和督查，对管理不到位、履职不到位的相关责任人和有关领导干部及管理人员采取通报批评、约谈、责令检查或行政处分等方式进行问责。

（三）人身安全十大禁令

依据《中国石油天然气股份有限公司炼油与化工分公司人身安全十大禁令》（油炼化

〔2018〕82号），炼化企业人身安全十大禁令为：

（1）安全教育考核不合格者，严禁独立上岗操作；
（2）不按规定着装或班前饮酒者，严禁进入生产或施工区域；
（3）不戴好安全帽者，严禁进入生产或施工现场；
（4）未办理高处作业票及不系安全带者，严禁高处作业；
（5）未办理有限空间作业票，严禁进入有限空间作业；
（6）未办理维修作业票，严禁拆卸与系统连通的管道、机泵、阀门等设备；
（7）未办理电气作业"三票"，严禁电气施工作业；
（8）未办理施工破土作业票，严禁破土施工；
（9）严禁使用防护装置不完好的设备；
（10）设备的转动部件，在运转中严禁擦洗或拆卸。

（四）防火防爆十大禁令

依据《中国石油天然气股份有限公司炼油与化工分公司防火防爆十大禁令》（油炼化〔2018〕82号），炼化企业防火防爆十大禁令为：

（1）严禁在厂内吸烟，严禁私自携带香烟火种和易燃、易爆、有毒、易腐蚀物品入厂；
（2）严禁未按规定办理用火作业票，在厂内进行施工用火或生活用火；
（3）严禁穿易产生静电的服装进入爆炸危险场所；
（4）严禁穿带铁钉的鞋进入爆炸危险场所；
（5）严禁用汽油等易挥发溶剂擦洗设备、衣物、工具及地面等；
（6）严禁未经批准的各种机动车辆进入爆炸危险场所；
（7）严禁就地排放易燃、易爆物料及其他化学危险品；
（8）严禁在爆炸危险场所内使用非防爆设备、器材、工具；
（9）严禁堵塞消防通道及随意挪用或损坏消防设施；
（10）严禁损坏厂内各类防火防爆设施。

（五）车辆安全十大禁令

依据《中国石油天然气股份有限公司炼油与化工分公司车辆安全十大禁令》（油炼化〔2018〕82号），炼化企业车辆安全十大禁令为：

（1）严禁超速行驶、酒后驾驶；
（2）严禁无证开车、非岗位司机驾驶车辆，严禁学习、实习司机单独驾驶；
（3）严禁空挡放坡或采用直流供油；
（4）严禁人货混装、超限装载或驾驶室超员；
（5）严禁违反规定装运危险物品；
（6）严禁迫使、纵容驾驶员违章开车；
（7）严禁车辆带病行驶或司机疲劳驾驶；
（8）严禁装卸化学危险品的机动车辆违规装卸；
（9）严禁吊车、叉车、铲车、翻斗车等工程车辆违章载人行驶或作业；
（10）严禁运送化学危险品车辆随意行驶及停放。

（六）防止中毒窒息十条规定

依据《中国石油天然气股份有限公司炼油与化工分公司防止中毒窒息十条规定》（油炼化〔2018〕82号），炼化企业防止中毒窒息十条规定为：

第一条，在有中毒及窒息危险的环境下作业，必须指派监护人；

第二条，作业前必须对作业人员和监护人进行防毒急救安全知识教育；

第三条，在有中毒和窒息环境作业时，必须佩戴可靠的劳动防护用品；

第四条，进入含有毒有害气体或缺氧环境的有限空间内作业时，应将与其相通的管道加盲板隔绝；

第五条，对有毒或有窒息危险的岗位，要进行风险评价并制订应急计划和配备必要的劳动防护用品；

第六条，要定期对有毒有害场所进行检测，采取措施，使之符合国家标准；

第七条，对各类有毒物品和防毒器具必须有专人管理，并定期检查；

第八条，检测毒害物质的设备、仪器要定期检查、校验，保持完好；

第九条，发生人员中毒、窒息时，处理及救护及时、方法正确；

第十条，健全有毒物质管理制度并严格执行。

（七）保障生产安全十条规定

依据《中国石油天然气股份有限公司炼油与化工分公司炼化企业保障生产安全十条规定》（油炼化〔2018〕82号），炼化企业保障生产安全十条规定为：

（1）必须依法设立、证照齐全有效；

（2）必须建立健全并严格落实全员安全生产责任制，严格执行领导带班值班制度；

（3）必须确保从业人员符合录用条件并培训合格，依法持证上岗；

（4）必须严格管控重大危险源，严格变更管理，遇险科学施救；

（5）必须按照《危险化学品企业事故隐患排查治理实施导则》要求排查治理隐患；

（6）严禁设备设施带病运行和未经审批停用报警联锁系统；

（7）严禁可燃和有毒气体泄漏等报警系统处于非正常状态；

（8）严禁未经审批进行动火、进入受限空间、高处、吊装、临时用电、动土、检维修、盲板抽堵等作业；

（9）严禁违章指挥和强令他人冒险作业；

（10）严禁违章作业、脱岗和在岗做与工作无关的事。

（八）入厂安全须知

依据《中国石油天然气股份有限公司炼油与化工分公司入厂安全须知》（油炼化〔2018〕82号），炼化企业入厂安全须知为：

（1）未经准许、未接受安全教育者不准入厂；

（2）车辆入厂须装阻火器、进生产区须办票；

（3）未办理安全作业票不准进行施工和作业；

（4）不准乱动厂内任何设备、设施和化学品；

（5）不准擅自排放易燃易爆有毒化学危险品；

（6）不准私自带香烟火种、易燃易爆品入厂；

（7）不准在易燃爆区使用手机等非防爆器具；

（8）不准穿铁钉鞋和易起静电服装进易爆区。

（九）液化石油气三十条安全规定

依据《中国石油天然气股份有限公司炼油与化工分公司液化石油气三十条安全规定》（油炼化〔2018〕82号），炼化企业液化石油气三十条安全规定为：

第一条，对液化石油气的设备及管线必须严格按照操作规程进行操作，严禁超温、超压、超速、超量运行。

第二条，液化气槽车和钢瓶储罐的充装系数不得超过国家规定。进储罐的液化气温度界限应保证其蒸气压不超过贮罐的允许操作压力。当环境温度高于30℃时，对无保温的露天储罐要采用水喷淋降温。

第三条，要随天气的变化及时调整液化石油气储存设备的操作，气温下降时，要避免液化石油气系统带水带液并及时脱水排凝，防止冻凝或冻坏设备与管线。

第四条，对于各种充装液化石油气的槽车，充装完毕后液化石油气管线与槽车的连接部位必须彻底断开，并经岗位操作人员安全检查后方能开车，汽车槽车进入现场必须安装阻火器。

第五条，新装置投产应对液化石油气安全设施检查验收，应有经主管部门批准的开工方案、安全措施、操作规程，并严格执行。

第六条，要做好液化石油气设备与管线的密封工作，做到不渗不漏。一旦发生泄漏，必须立即采取措施，不能及时制止泄漏时必须紧急切断一切火源及进料，断绝车辆来往，以防止事态扩大。有关监测报警设施必须定期检查试验，确保灵敏可靠。

第七条，通过道路或街区的液化石油气管线，要采取管网固定、管架加强、架桥加牢等措施，液化石油气管线跨越主马路要设置明显的标志和安全警告牌。

第八条，液化石油气不准随意放空，要通过火炬排放燃烧，要定期检查火炬的点火装置与阻火设施，保证灵敏可靠，燃用液化石油气的加热炉或锅炉在点炉前要采取措施，保证炉膛内不积有可燃气体，以免发生爆炸。

第九条，民用液化气钢瓶不准超期使用，不准随意排放残液和倒液。

第十条，认真执行有关液化石油气管理制度、标准与规范，并为使用人员配备必要的检测设备或仪器。

第十一条，要认真做好从事液化石油气作业人员的安全教育和培训工作，定期进行事故预案演练，并建立安全考核档案，考核不合格者不准上岗。

第十二条，液化石油气槽车及充装栈台必须设有符合规定的防静电设施，并设置气液回收装置或返回管线，禁止向大气排放，液化石油气罐区要设置围墙围栏与大门，非岗位人员禁止入内。

第十三条，液化石油气管线的低点与胀力点要安装排凝阀和引线，定期排凝或自动排凝，排凝要采取密闭方式。

第十四条，进系统管网的液化石油气的硫化氢含量不大于 20mg/Nm^3，总流量不大于 400mg/Nm^3。

第十五条，凡储存液化石油气的设备、管道、配件必须符合有关压力容器和压力管道设计、制造、安装、检验、使用等有关规定。

第十六条，液化石油气的生产、储运、使用区域的消防设施和道路要符合国家现行标准要求，并始终处于良好状态；具有明火又有液化石油气的生产装置，其防火间距要符合国家标准要求，并要配备必要安全设施，如汽幕、水幕、隔离墙、隔离带、防火堤以及灭火蒸汽等。

第十七条，用液化石油气作燃料的加热炉、裂解炉等必须装设阻火器和长明灯、火焰监测器、燃烧监测器等安全设施。

第十八条，有液化石油气的装置和区域，必须配备可燃气体监测报警器和必要的保护装置。

第十九条，为防止静电积聚，储存和输送液化石油气的容器、设备、管线要有完善的防静电接地设施，并符合标准。

第二十条，液化石油气容器、设备及管线钢框架与大型钢支架下部，应有耐火隔热保护层。

第二十一条，液化石油气区域内的电气设备要选用防爆型，其防爆等级应符合规定要求。

第二十二条，铺设在地下的液化石油气管线，要有防腐涂层、阴极保护等措施。

第二十三条，在火炬前要设置液化石油气的气化或脱凝设施，不准将液态烃直接排入火炬管网。

第二十四条，要在火炬系统上设置水封、氮封、阻火器等，防止回火或爆炸。

第二十五条，火炬管网走向要合理，管线尽量短，拐弯尽量少，管线要有坡度，低点要有排凝设施。

第二十六条，液化石油气系统设施与管线的焊接，要由经过考试合格的焊工和无损检验人员进行焊接与检验，并做好记录。

第二十七条，液化石油气的设施与管线在安装或检修完成后，必须按规定做水压试验与气密试验，并要有一定保压时间，满足规范要求。

第二十八条，认真执行岗位责任制，对在用的液化石油气设备与管线要认真进行巡回检查和定期专业检查，并按规范要求定期检测，做好记录，建立健全档案。

第二十九条，储存、输送液化石油气的设备要配齐各种安全附件，如安全阀、液面计、压力表、温度计、高低液位报警器、紧急排空装置、保温降温设施等，要定期检修检验，保证灵敏可靠。

第三十条，发现问题和隐患要及时处理，采取可靠措施，防止事故发生。

第三节 HSE 管理体系

一、HSE 体系简介

HSE 三个字母中，H 代表职业健康，S 代表安全，E 代表环境，HSE 中文的含义是健康安全环境。

中国石油天然气集团有限公司 HSE 管理体系在指导思想上,建立了"诚信、创新、业绩、和谐、安全"的核心经营管理理念;形成了"环保优先、安全第一、质量至上、以人为本""安全源于质量、源于设计、源于责任、源于防范"的安全环保工作理念;确立了"以人为本,预防为主,全员参与,持续改进"的 HSE 方针和"零伤害、零污染、零事故"的战略目标。

在责任落实上,提出了"落实有感领导、强化直线责任、推进属地管理"的基本要求,促进了"谁主管,谁负责"原则的有效落实。

在 HSE 培训上,树立了"人人都是培训师,培训员工是直线领导的基本职责"的观念。

在事故管理上,树立了"一切事故都是可以避免的"的观念,形成了"事故、事件是宝贵资源"的共识。

在承包商管理上,明确将承包商 HSE 管理纳入企业 HSE 管理体系,统一管理;制定了《中国石油天然气集团公司承包商安全监督管理办法》(中油安〔2013〕483 号),提出了把好"五关"的基本要求(单位资质关、HSE 业绩关、队伍素质关、施工监督关和现场管理关)。

为进一步夯实 HSE 基础管理,集团公司在总结提炼基层 HSE 管理经验和方法的基础上于 2008 年 2 月 5 日颁布了《反违章禁令》,规范了全员岗位操作的"规定动作";2009 年 1 月 7 日,集团公司又出台了"HSE 管理原则",这是继发布《反违章禁令》之后进一步强化安全环保管理的又一治本之策。

二、HSE 管理理念

中国石油借鉴杜邦管理体系,在 HSE 体系管理中倡导和推行"有感领导,直线责任,属地管理"的理念,目前这种理念已经深入每位员工的心中。

(一)"有感领导"的理解

"有感领导"实际就是领导以身作则,把安全工作落到实处。无论在舆论上、建章立制上、监督检查管理上,还是人员、设备、设施的投入保障上,都落到实处。通过领导的言行,使下属听到领导讲安全,看到领导实实在在做安全、管安全,感觉到领导真真正正重视安全。

"有感领导"的核心作用在于示范性和引导作用。各级领导要以身作则,率先垂范,制定并落实个人安全行动计划,坚持安全环保从小事做起,从细节做起,切实通过可视、可感、可悟的个人安全行为,引领全体员工做好安全环保工作。

(二)"直线责任"的理解

"直线责任"就是"谁主管谁负责、谁执行谁负责"。"直线责任"对于领导者而言,就是"谁管生产、管工作,谁负责";对于岗位员工而言,就是"谁执行、谁工作,谁负责",就是把"安全生产,人人有责"的责任更加明确化、更细化。

各级主要负责人要对安全环保管理全面负责,做到一级对一级,层层抓落;各分管领导、职能部门都要对其分管工作和负责领域的安全工作负责;各项目负责人要对自己承担的项目工作和负责领域的安全工作负责。每名员工都要对所承担的工作(任务、活动)的安全负责。

更具体地说就是："谁是第一责任人，谁负责""谁主管，谁负责""谁安排工作，谁负责安全""谁组织工作，谁负责""谁操作，谁负责""谁检查监督，谁负责""谁设计编写，谁负责""谁审核，谁负责""谁批准，谁负责"。各司其职，各负其责。"直线领导"不仅要对结果督责，更要对安全管理的过程负责，并将其管理业绩纳入考核。

（三）"属地管理"的理解

"属地管理"就是"谁的地盘，谁管理"。是谁的生产经营管理区域，谁就要对该区域内的生产安全进行管理。这实际是加重了甲方的生产安全管理责任。无论是甲方、乙方，还是第三方，或者是其他相关方（包括上级检查人员、外单位参观考察人员、学习实习人员、周围可能进入本辖区的公众），在安全生产方面都要受甲方的统一协调管理，当然其他各方应当接受和配合甲方的管理。施工方在自觉接受甲方的监督管理的基础上，各自做好各自的安全管理工作。

"属地管理"是指每个能独立顶岗的员工都是"属地主管"，都要对属地内的安全负责。每个员工对自己岗位涉及的生产作业区域的安全环保负责，包括对区域内设备设施、工作人员和施工作业活动的安全环保负责。员工包括大小队干部、班组长和岗位员工。

（四）实施属地管理的意义和作用

（1）HSE 需要全员参与，HSE 职责必须明确，必须落实到全员，尤其是基层的员工。员工的主动参与是 HSE 管理成败的关键。

（2）属地管理是落实安全职责的有效方法，使员工从被动执行转变为主动履行 HSE 职责，是传统岗位责任制的继承和延伸。

（3）实施属地管理，可以树立员工"安全是我的责任"的意识，实现从"要我安全"到"我要安全"的转变，真正提高员工 HSE 执行力。

（4）实行属地管理的目的就是要做"我的区域我管理、我的属地我负责"，人员无违章、设备无隐患、工艺无缺陷、管理无漏洞，推动基层员工由"岗位操作者"向"属地管理者"转变。

（五）属地管理的方法

（1）划分属地范围。属地的划分主要以工作区域为主，以岗位为依据，把工作区域、设备设施及工器具细划到每一个人身上。

（2）明确属地主管。应将对所辖区域的管理落实到具体的责任人，做到每一片区域、每一个设备（设施）、每个工（器）具、每一块绿地、闲置地等在任何时间均有人负责管理，可在基层现场设立标志牌，标明属地主管和管理职责。

（3）落实属地管理职责。管理所辖区域，保证其自身及在区域内的工作人员、承包商、访客的安全；对本区域的作业活动或者过程实施监护，确保安全措施和安全管理规定的落实；对管辖区域的设备设施进行巡检，发现异常情况，及时进行应对处理并报告上一级主管；对属地区域进行清洁和整理，保持环境整洁。

三、HSE 管理原则

2009 年年初，集团公司颁布了 HSE 管理原则。这是中国石油继发布《反违章禁令》

之后，进一步强化安全环保管理的又一治本之策和深入推进 HSE 管理体系建设的重大举措。《反违章禁令》重在规范全体员工岗位操作的"规定动作"，而 HSE 管理原则是对各级管理者提出的 HSE 管理基本行为准则，是管理者的"禁令"。两者相辅相成，是推动中国石油 HSE 管理体系建设前进的两个车轮。HSE 管理原则的实施既是对中国石油 HSE 文化的传承和丰富，也是对各级管理者提出的 HSE 管理基本行为准则，更是 HSE 管理从经验管理和制度管理向文化管理迈进的一个里程碑。

（一）HSE 管理原则条文

（1）任何决策必须优先考虑健康安全环境；
（2）安全是聘用的必要条件；
（3）企业必须对员工进行健康安全环境培训；
（4）各级管理者对业务范围内的健康安全环境工作负责；
（5）各级管理者必须亲自参加健康安全环境审核；
（6）员工必须参与岗位危害辨识及风险控制；
（7）事故隐患必须及时整改；
（8）所有事故事件必须及时报告、分析和处理；
（9）承包商管理执行统一的健康安全环境标准。

（二）HSE 管理原则条文解释

1．任何决策必须优先考虑健康安全环境

良好的 HSE 表现是企业取得卓越业绩、树立良好社会形象的坚强基石和持续动力。HSE 工作首先要做到预防为主、源头控制，即在战略规划、项目投资和生产经营等相关事务的决策时，同时考虑、评估潜在的 HSE 风险，配套落实风险控制措施，优先保障 HSE 条件，做到安全发展、清洁发展。

2．安全是聘用的必要条件

员工应承诺遵守安全规章制度，接受安全培训并考核合格，具备良好的安全表现是企业聘用员工的必要条件。企业应充分考察员工的安全意识、技能和历史表现，不得聘用不合格人员。各级管理人员和操作人员都应强化安全责任意识，提高自身安全素质，认真履行岗位安全职责，不断改进个人安全表现。

3．企业必须对员工进行健康安全环境培训

接受岗位 HSE 培训是员工的基本权利，也是企业 HSE 工作的重要责任。企业应持续对员工进行 HSE 培训和再培训，确保员工掌握相关 HSE 知识和技能，培养员工良好的 HSE 意识和行为。所有员工都应主动接受 HSE 培训，经考核合格，取得相应工作资质后方可上岗。

4．各级管理者对业务范围内的健康安全环境工作负责

HSE 职责是岗位职责的重要组成部分。各级管理者是管辖区域或业务范围内 HSE 工作的直接责任者，应积极履行职能范围内的 HSE 职责，制定 HSE 目标，提供相应资源，健全 HSE 制度并强化执行，持续提升 HSE 绩效水平。

5．各级管理者必须亲自参加健康安全环境审核

开展现场检查、体系内审、管理评审是持续改进 HSE 表现的有效方法，也是展现有感领导的有效途径。各级管理者应以身作则，积极参加现场检查、体系内审和管理评审工作，了解 HSE 管理情况，及时发现并改进 HSE 管理薄弱环节，推动 HSE 管理持续改进。

6. 员工必须参与岗位危害辨识及风险控制

危害辨识与风险评估是一切 HSE 工作的基础，也是员工必须履行的一项岗位职责。任何作业活动之前，都必须进行危害辨识和风险评估。员工应主动参与岗位危害辨识和风险评估，熟知岗位风险，掌握控制方法，防止事故发生。

7. 事故隐患必须及时整改

隐患不除，安全无宁日。所有事故隐患，包括人的不安全行为，一经发现，都应立即整改，一时不能整改的，应及时采取相应监控措施。应对整改措施或监控措施的实施过程和实施效果进行跟踪、验证，确保整改或监控达到预期效果。

8. 所有事故事件必须及时报告、分析和处理

事故和事件也是一种资源，每一起事故和事件都给管理改进提供了重要机会，对安全状况分析及问题查找具有相当重要的意义。要完善机制、鼓励员工和基层单位报告事故，挖掘事故资源。所有事故事件，无论大小，都应按"四不放过"原则，及时报告，并在短时间内查明原因，采取整改措施，根除事故隐患。应充分共享事故事件资源，广泛深刻吸取教训，避免事故事件重复发生。

9. 承包商管理执行统一的健康安全环境标准

企业应将承包商 HSE 管理纳入内部 HSE 管理体系，实行统一管理，并将承包商事故纳入企业事故统计中。承包商应按照企业 HSE 管理体系的统一要求，在 HSE 制度标准执行、员工 HSE 培训和个人防护装备配备等方面加强内部管理，持续改进 HSE 表现，满足企业要求。

四、《反违章禁令》

2008 年 2 月 5 日，集团公司颁布了《中国石油天然气集团公司反违章禁令》（简称《反违章禁令》或《禁令》）。《禁令》的颁布实施是从法令高度要求，令行禁止，规范作业人员安全生产行为，进一步转变员工观念，为人为己，强化安全生产意识，是遵循生产规律、循序渐进、构建中国石油安全文化的又一重大举措，也充分体现了中国石油强化安全管理、根治违章的坚定决心。

（一）《禁令》条文

（1）严禁特种作业无有效操作证人员上岗操作；
（2）严禁违反操作规程操作；
（3）严禁无票证从事危险作业；
（4）严禁脱岗、睡岗和酒后上岗；
（5）严禁违反规定运输民爆物品、放射源和危险化学品；
（6）严禁违章指挥、强令他人违章作业。

员工违反上述《禁令》，给予行政处分；造成事故的，解除劳动合同。

（二）《禁令》条文释义

1. 严禁特种作业无有效操作证人员上岗操作

特种作业是指容易发生事故，对操作者本人、他人的安全健康及设备、设施的安全可能造成重大危害的作业（国家安监总局《特种作业人员安全技术培训考核管理规定》）。特种作业范围，按照国家有关规定包括电工作业、焊接与热切割作业、高处作业、制冷与空调作业、煤矿井下电气作业、金属非金属矿山安全作业、石油天然气安全作业、冶金（有色）生产安全作业、危险化学品安全作业、烟花爆炸安全作业以及国家安全监管总局认定的其他作业。

从事特种作业前，特种作业人员必须按照国家有关规定经过专门安全培训，取得特种操作资格证书，方可上岗作业。生产经营单位有责任对特种作业人员进行安全生产教育和培训，保证从业人员具备必要的安全生产知识，熟悉有关的安全生产规章制度和安全操作规程，掌握本岗位的安全操作技能。特种作业人员经培训考核合格后由省、自治区、直辖市一级安全生产监管部门或其指定机构发给相应的特种作业操作证，考试不合格的，允许补考一次，经补考仍不及格的，重新参加相应的安全技术培训。特种作业操作证有效期六年，每三年复审一次。特种作业人员在特种作业操作证有效期内，连续从事本工种十年以上，严格遵守有关安全生产法律法规的，经原考核发证机关或者从业所在地考核发证机关同意，特种作业操作证复审时间可延长至每六年一次。

2．严禁违反操作规程操作

规程就是对工艺、操作、安装、检定等具体技术要求和实施程序所作的统一规定。操作规程是企业根据生产设备使用说明和有关国家或者行业标准，制定的指导各岗位职工安全操作的程序和注意事项。制定操作规程是指对任何操作都制定严格的工序，任何人在执行这一任务时都严格按照这一工序来做，期间使用何种工具，在何时使用这种工具，都要作出详细的规定。一个安全的操作规程是人们在长期的生产实践过程中以血的代价换来的科学经验总结，是操作人员在作业过程中不得违反的安全生产要求。

有令不行、有章不循，按照个人意愿行事，必将给安全生产埋下隐患，甚至危及员工生命，通过对近年来中国石油通报的生产安全事故分析可以看出，作业人员违反规章制度和操作规程，是导致事故发生的主要原因。尤其在炼油化工行业，发生火灾爆炸、中毒、机械伤害、物体打击、起重伤害、高处坠落等事故的风险较高，作业人员严格遵守规章制度和操作规程是防范事故发生的重要措施，是保证安全生产的前提。

对于操作人员必须按照操作规程进行作业，国家有关法律都作出的明确规定，如《劳动法》第五十六条：劳动者在劳动过程中必须严格遵守安全操作规程。劳动者对用人单位管理人员违章指挥、强令冒险作业，有权拒绝执行；对危害生命安全和身体健康的行为，有权提出批评、检举和控告。《安全生产法》第二十五条、第四十条、第四十一条和第五十四条均规定："从业人员在作业过程中，应当严格遵守本单位的安全生产规章制度和操作规程。"

3．严禁无票证从事危险作业

危险作业是当生产任务紧急特殊，不适于执行一般性的安全操作规程，安全可靠性差，容易发生人员伤亡或设备损坏，事故后果严重，需要采取特别控制措施的作业。《禁令》中的危险作业主要指高处作业、动火作业、挖掘作业、临时用电作业、进入受限空间作业等。

从事危险作业的人员必须要经过严格的培训、考试并持有相应的上岗证书，但是仅拿到上岗证书还远远不够，对于大多数的危险作业，不是单个或者几个操作人员就可以预见或者控制其操作对周围环境构成的持续性危害。根据国家有关规定，从事危险作业必须经主管部门办理危险作业审批手续。也就是说，在进行危险作业前必须办理作业许可证或者作业票，提前识别作业风险，制定并落实具体的安全防范措施，并得到上级主管部门的确认和批准。危险作业中必须有人进行监护或监督，确保每名参与作业人员清楚作业中的风险并严格落实防范措施，将安全风险降到最低。坚决杜绝各种野蛮施工、无票证和手续施工，坚决避免抢工期、赶进度、逾越程序组织施工等行为。

4．严禁脱岗、睡岗和酒后上岗

脱岗可以分为行为脱岗和精神脱岗两种。行为脱岗是指岗位人员擅自脱离职责范围内的岗位区域空间。精神脱岗是指人员虽然在岗位区域空间，但由于一些其他原因使得注意力脱离的岗位职责范围，或是做与岗位职责无关的事情，造成岗位守卫不力的情形。广义地讲，脱岗甚至可以包括：在岗上干私活、办私事、出工不出力、消极怠工、看电视、玩手机、玩游戏、聊天等。

睡岗是指人员在工作时间处于睡眠状态或者主观意识处于不清醒、有影响或不能够进行正常岗位操作或判断的行为。

酒后上岗是指在上岗之前饮酒，影响主管意识和判断能力，不能够正常完成工作职责，使得岗位守卫不力的行为。酒后上岗与个人饮酒的量没有关系，只要上岗就不允许饮酒。

"严禁脱岗、睡岗及酒后上岗"是六大《禁令》中唯一的一条有关违反劳动纪律的反违章条款，其危害有以下两个方面：一是可能直接导致事故发生，危及本人及其他人员的生命或健康、造成经济损失；二是违法劳动纪律，磨灭员工的战斗力，导致人心涣散，企业凝聚力和执行力下降。

5．严禁违反规定运输民爆物品、放射源和危险化学品

民爆物品是指用于非军事目的，列入民用爆炸物品品名表的各类火药，炸药及其制品和雷管、导火索等点火、起爆器材。民爆物品具有易燃易爆的高度危险性，若在运输过程中管理不当，很容易造成爆炸、火灾等事故。其直接后果就是造成人员伤亡、影响企业的正常生产活动，造成巨大的社会损失。

危险化学品是指具有毒害、腐蚀、爆炸、燃烧、助燃等性质，对人体、设施、环境具有危害的剧毒化学品和其他化学品。违反规定运输危险化学品不仅具有危害大、损失大、社会影响大等特点，而且一旦发生事故会给社会和家庭带来极大的负担和痛苦。

《安全生产法》《消防法》《环境保护法》等19部法律法规对运输民爆物品、放射源和危险化学品均作出明确规定。违反规定运输民爆物品、放射源和危险化学品不仅会受到企业的处罚，更会被依法追究责任。

6．严禁违章指挥、强令他人违章作业

违章指挥、强令他人违章作业从狭义上来讲是指现场负责人在指挥作业过程中，违反安全规程要求，按不良的传统习惯进行指挥的行为。广义上来讲是指决策者在决策过程中和施行过程中，违反安全规程要求，按不良的传统习惯进行决策和实施的行为。

违章指挥，强令他人违章作业违反了《安全生产法》保护从业人员生命健康安全的基本要求，破坏了企业安全规章制度的正常执行，而且容易导致事故发生。据统计，在全国每年发生的各类事故中，存在"三违"行为的超过总数的70%，而由于领导者"违章指挥，强令他人违章作业"所造成的事故超过三分之一。

第二章 风险防控方法与工作程序

炼油化工是高风险行业，涉及健康、安全与环境的危害因素较多，所以危害因素辨识就至关重要，通过对危害因素辨识、评价，制定有效的风险管控措施，达到预防事故发生的目的，是安全管理的核心内容。

第一节　基本概念

一、常用名词

（一）危害因素

可能导致人身伤害和（或）健康损害、财产损失、工作环境破坏、有害的环境影响的根源、状态或行为，或其组合（参考出处：Q/SY 1002.1—2013《健康、安全与环境管理体系　第一部分：规范》中的3.15）。

（二）危害因素辨识

识别健康、安全与环境危害因素的存在并确定其危害特性的过程（参考出处：Q/SY 1805—2015《生产安全风险防控导则》中的3.2）。

（三）风险

某一特定危害事件发生的可能性，与随之引发的人身伤害或健康损害、损坏或其他损失的严重性的组合（参考出处：Q/SY 1002.1—2013《健康、安全与环境管理体系　第一部分：规范》中的3.34）。

（四）风险分析

在识别和确定危害特性的基础上，确定风险来源，了解风险性质，采用定性或定量方法分析生产作业活动和生产管理活动存在风险的过程（参考出处：Q/SY 1805—2015《生产安全风险防控导则》中的3.4）。

（五）风险评估

对照风险划分标准评估风险等级，以及确定风险是否可接受的过程（参考出处：Q/SY 1805—2015《生产安全风险防控导则》中的3.5）。

（六）风险控制

针对生产安全风险采取消除、替代、工程控制、管理控制和个体防护等防控措施，以及实施风险监测、跟踪与记录的过程（参考出处：Q/SY 1805—2015《生产安全风险防控导则》中的3.6）。

二、风险防控工作流程

企业应组织开展定期和动态生产作业活动风险防控工作，以车间（站队）、班组、岗位员工为核心，按照生产作业活动分解、辨识危害因素、分析与评估风险、制定和完善风险控制措施、落实属地管理责任的程序，持续开展以下工作内容：

（1）生产作业活动分解、危害因素辨识、风险分析和风险评估；
（2）依据风险评估结果，完善岗位操作规程；
（3）完善基层岗位安全检查表；
（4）编制、完善应急处置预案和应急处置卡；
（5）完善岗位培训矩阵的培训内容；
（6）制定和落实岗位安全生产责任。

风险防控工作流程如图2-1所示。

第二节　危害因素分类与安全事故隐患判定标准

对危害因素进行分类，是为便于进行危害因素分析。危害因素分类的方法有多种，在此介绍按导致事故的直接原因进行分类和参照事故类别进行分类两种分类方法。

制定安全事故隐患判定标准，是为准确判定、及时整改化工和危险化学品生产经营单位的安全事故隐患。本节介绍20种应当判定为重大事故隐患的情形和较大安全事故隐患的通用判定标准。

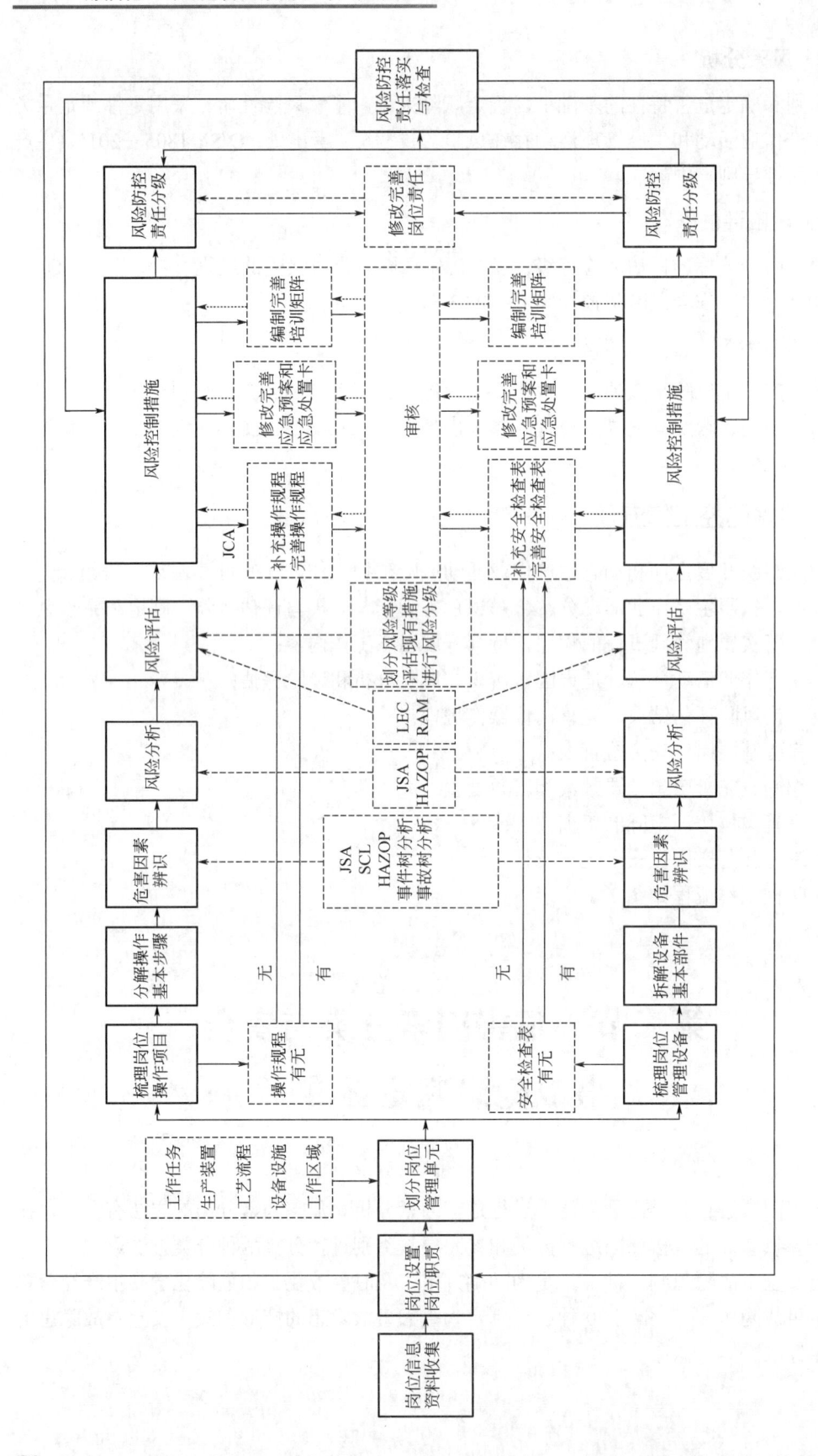

图 2-1 风险防控工作流程图

一、按导致事故的直接原因进行分类

依据《生产过程危险和有害因素分类与代码》（GB/T 13861—2009）将生产过程中的危害因素分为四大类，分别为：人的因素、物的因素、环境因素和管理因素。

人的因素：在生产活动中来自人员自身或人为性质的危险和有害因素。

物的因素：机械、设备、设施、材料等方面存在的危险和有害因素。

环境因素：生产作业环境中的危险和有害因素。

管理因素：管理和管理责任缺失所导致的危险和有害因素。

（一）人的因素

1．心理、生理性危险和有害因素

（1）负荷超载：包括体力负荷超限、听力负荷超限、视力负荷超限和其他负荷超限。

（2）健康状况异常。

（3）从事禁忌作业。

（4）心理异常：包括情绪异常、冒险心理、过度紧张和其他心理异常。

（5）辨识功能缺陷：包括感知迟缓、辨识错误和其他辨识功能缺陷。

（6）其他心理、生理性危险和有害因素。

2．行为性危险和有害因素

（1）指挥错误：包括指挥失误、违章指挥和其他指挥错误。

（2）操作错误：包括误操作、违章作业和其他操作错误。

（3）监护失误。

（4）其他行为性危险和有害因素。

（二）物的因素

1．物理性危险和有害因素

（1）设备、设施、工具、附件缺陷：包括刚度不够、强度不够、稳定性差、密封不良、耐腐蚀性差、应力集中、外形缺陷、外露运动件、操纵器缺陷、制动器缺陷、控制器缺陷以及其他设备、设施、工具、附件缺陷。

（2）防护缺陷：包括无防护、防护装置、设施缺陷、防护不当、支撑不当、防护距离不够以及其他防护缺陷。

（3）电伤害：包括带电部位裸露、漏电、静电和杂散电流、电火花以及其他电伤害。

（4）噪声：包括机械性噪声、电磁性噪声、流体动力性噪声以及其他噪声。

（5）振动危害：包括机械性振动、电磁性振动、流体动力性振动以及其他振动危害。

（6）电离辐射。

（7）非电离辐射：包括紫外辐射、激光辐射、微波辐射、超高频辐射、高级电磁场和工频电场。

（8）运动物伤害：包括抛射物、飞溅物、坠落物、反弹物、土（岩）滑动、料堆（垛）滑动、气流卷动以及其他运动物伤害。

（9）明火。

（10）高温物质：包括高温气体、高温液体、高温固体以及其他高温物质。

（11）低温物质：包括低温气体、低温液体、低温固体以及其他低温物质。

（12）信号缺陷：包括无信号设施、信号选用不当、信号位置不当、信号不清、信号显示不准以及其他信号缺陷。

（13）标志缺陷：包括无标志、标志不清晰、标志不规范、标志选用不当、标志位置缺陷、其他位置缺陷。

（14）有害光照。

（15）其他物理性危险和有害因素。

2．化学性危险和有害因素

（1）爆炸品。

（2）压缩气体和液化气体。

（3）易燃液体。

（4）易燃固体、自燃物品和遇湿易燃物品。

（5）氧化剂和有机过氧化物。

（6）有毒品。

（7）放射性物品。

（8）腐蚀品。

（9）粉尘与气溶胶。

（10）其他化学性危险和有害因素。

3．生物性危险和有害因素

（1）致病危生物：包括细菌、病毒、真菌、其他致病微生物。

（2）传染病媒介物。

（3）致害动物。

（4）致害植物。

（5）其他生物性危险和有害因素。

（三）环境因素

1．室内作业场所环境不良

（1）室内地面滑。

（2）室内作业场所狭窄。

（3）室内作业场所杂乱。

（4）室内地面不平。

（5）室内梯架缺陷。

（6）地面、墙和天花板上的开口缺陷。

（7）房屋基础下沉。

（8）室内安全通道缺陷。

（9）房屋安全出口缺陷。

（10）采光照明不良。

（11）作业场所空气不良。

（12）室内温度、湿度、气压不适。

（13）室内给、排水不良。
（14）室内漏水。
（15）其他室内作业场所环境不良。

2．室外作业场所环境不良

（1）恶劣天气与环境。
（2）作业场地和交通设施湿滑。
（3）作业场地狭窄。
（4）作业场所杂乱。
（5）作业场地不平。
（6）航道狭窄、有暗礁和险滩。
（7）脚手架、阶梯和活动梯架缺陷。
（8）地面开口缺陷。
（9）建筑物和其他结构缺陷。
（10）门和围栏缺陷。
（11）作业场地基础下沉。
（12）作业场地安全通道缺陷。
（13）作业场地安全出口缺陷。
（14）作业场地采光不良。
（15）作业场地空气不良。
（16）作业场地温度、湿度、气压不适。
（17）作业场地漏水。
（18）其他室外作业场地不良。

3．地下（含水下）作业环境不良

（1）隧道/矿井顶面缺陷。
（2）隧道/矿井正面或侧壁缺陷。
（3）隧道/矿井地面缺陷。
（4）地下作业面空气不良。
（5）地下火。
（6）冲击电压。
（7）地下水。
（8）水下作业供氧不当。
（9）其他地下作业环境不良。

4．其他作业环境不良

（1）强迫体位。
（2）综合性作业环境不良。

（四）管理因素

（1）职业安全卫生组织机构不健全。
（2）职业安全卫生责任制未落实。

（3）职业安全卫生管理规章制度不完善。
① 建设项目"三同时"制度未落实。
② 操作规程不规范。
③ 事故应急预案及响应缺陷。
④ 培训制度不完善。
⑤ 其他职业安全卫生管理规章制度不健全。
（4）职业安全卫生投入不足。
（5）职业健康管理不完善。
（6）其他管理因素缺陷。

二、参照事故类别进行分类

参照《企业职工伤亡事故分类》（GB 6441—1986），综合考虑起因物、引起事故的诱导性原因、致害物、伤害方式等，将危险因素分为20类。

（1）物体打击：指物体在重力或其他外力的作用下产生运动，打击人体造成人身伤亡事故，不包括因机械设备、车辆、起重机械、坍塌等引发的物体打击。

（2）车辆伤害：指本企业机动车辆在行驶中引起的人体坠落和物体倒塌、飞落、挤压伤亡事故，不包括起重设备提升、牵引车辆和车辆停驶时发生的事故。

（3）机械伤害：指机械设备运动（静止）部件、工具、加工件直接与人体接触引起的夹击、碰撞、剪切、卷入、绞、碾、割、刺等伤害，不包括车辆、起重机械引起的机械伤害。

（4）起重伤害：指各种起重作业（包括起重机安装、检修、试验）中发生的挤压、坠落、（吊具、吊重）物体打击和触电。

（5）触电：包括雷击伤亡事故。

（6）淹溺：包括高处坠落淹溺，不包括矿山、井下透水淹溺。

（7）灼烫：指火焰烧伤、高温物体烫伤、化学灼伤（酸、碱、盐、有机物引起的体内外灼伤）、物理灼伤（光、放射性物质引起的体内外灼伤），不包括电灼伤和火灾引起的烧伤。

（8）火灾：只造成人身伤亡的企业火灾事故，不适用于非企业原因造成的属于消防部门统计的火灾事故。

（9）高处坠落：指在高处作业中发生坠落造成的伤亡事故，不包括触电坠落事故。

（10）坍塌：指物体在外力或重力作用下，超过自身的强度极限或因结构稳定性破坏而造成的事故，如挖沟时的土石塌方、脚手架坍塌、堆置物倒塌等，不包括矿山冒顶、片帮和车辆、起重机械、爆破引起的坍塌。

（11）冒顶、片帮：指矿井工作面、巷道侧壁由于支护不当、压力过大造成的坍塌，称为片帮；顶板塌落称为冒顶；两者同时发生称为冒顶片帮。

（12）透水：指矿山、地下开采或其他坑道作业时，意外水源带来的伤亡事故。

（13）爆破伤害：指爆破作业中发生伤亡事故。

（14）火药爆炸：指火药、炸药及其制品在生产、加工、运输、储存中发生的爆炸事故。

（15）瓦斯爆炸：指可燃性气体瓦斯、煤尘与空气混合形成的混合物，接触火源时，引起的化学性爆炸事故。

（16）锅炉爆炸：指锅炉发生的物理性爆炸事故。

（17）容器爆炸：是指压力容器破裂引起的气体爆炸，即物理性爆炸。

（18）其他爆炸：凡不属于上述爆炸的事故均列为其他爆炸。

（19）中毒和窒息：包括中毒、缺氧窒息、中毒性窒息。

（20）其他伤害：凡不属于上述伤害的其他伤害均称为其他伤害。

三、重大安全事故隐患判定标准

为准确判定、及时整改化工和危险化学品生产经营单位重大生产安全事故隐患（以下简称重大隐患），有效防范遏制重特大事故，根据《安全生产法》和《中共中央国务院关于推进安全生产领域改革发展的意见》，国家安全监管总局制定印发了《化工和危险化学品生产经营单位重大生产安全事故隐患判定标准（试行）》（安监总管三〔2017〕121号，以下简称《判定标准》）。《判定标准》依据有关法律法规、部门规章和国家标准，吸取了近年来化工和危险化学品重大及典型事故教训，从人员要求、设备设施和安全管理三个方面列举了20种应当判定为重大事故隐患的情形。

集团公司安委办〔2017〕48号文件提出各单位要将《判定标准》所确立的20种重大事故隐患标准作为企业安全生产守法合规的底线，结合生产经营管理实际认真排查本单位的重大事故隐患情况，把重大事故隐患作为安全管理和监督检查的重点，加强风险防控，强化监督检查和隐患整改挂牌督办，确保重大事故隐患及时消除，严防生产安全事故发生。同时按照要求向地方政府有关部门开展重大事故隐患备案工作。

（1）危险化学品生产、经营单位主要负责人和安全生产管理人员未依法经考核合格。

（2）特种作业人员未持证上岗。

（3）涉及"两重点一重大"的生产装置、储存设施外部安全防护距离不符合国家标准要求。

（4）涉及重点监管危险化工工艺的装置未实现自动化控制，系统未实现紧急停车功能，装备的自动化控制系统、紧急停车系统未投入使用。

（5）构成一级、二级重大危险源的危险化学品罐区未实现紧急切断功能；涉及毒性气体、液化气体、剧毒液体的一级、二级重大危险源的危险化学品罐区未配备独立的安全仪表系统。

（6）全压力式液化烃储罐未按国家标准设置注水措施。

（7）液化烃、液氨、液氯等易燃易爆、有毒有害液化气体的充装未使用万向管道充装系统。

（8）光气、氯气等剧毒气体及硫化氢气体管道穿越除厂区(包括化工园区、工业园区）外的公共区域。

（9）地区架空电力线路穿越生产区且不符合国家标准要求。

（10）在役化工装置未经正规设计且未进行安全设计诊断。

（11）使用淘汰落后安全技术工艺、设备目录列出的工艺、设备。

（12）涉及可燃和有毒有害气体泄漏的场所未按国家标准设置检测报警装置，爆炸危险场所未按国家标准安装使用防爆电气设备。

（13）控制室或机柜间面向具有火灾、爆炸危险性装置一侧不满足国家标准关于防火防爆的要求。

（14）化工生产装置未按国家标准要求设置双重电源供电，自动化控制系统未设置不间断电源。

（15）安全阀、爆破片等安全附件未正常投用。

（16）未建立与岗位相匹配的全员安全生产责任制或者未制定实施生产安全事故隐患排查治理制度。

（17）未制定操作规程和工艺控制指标。

（18）未按照国家标准制定动火、进入受限空间等特殊作业管理制度，或者制度未有效执行。

（19）新开发的危险化学品生产工艺未经小试、中试、工业化试验直接进行工业化生产；国内首次使用的化工工艺未经过省级人民政府有关部门组织的安全可靠性论证；新建装置未制定试生产方案投料开车；精细化工企业未按规范性文件要求开展反应安全风险评估。

（20）未按国家标准分区分类储存危险化学品，超量、超品种储存危险化学品，相互禁配物质混放混存。

四、较大安全事故隐患判定标准

按照 2018 年 1 月 2 日集团公司董事长办公会和 HSE（安全生产）委员会会议提出的关于"加强过程管控力度，建立较大安全环保事故隐患追责制度"的要求，制定《中国石油天然气集团有限公司较大及以上安全环保事故隐患问责管理办法（试行）》。

（一）较大安全事故隐患通用判定标准

根据国家有关安全环保的法律法规、部门规章、标准规范和集团公司规定，以下情形应当判定为较大事故隐患：

（1）机关部门未按照"管工作管安全环保"落实安全环保责任的；

（2）未按规定取得安全环保行政许可证照进行生产经营活动的；

（3）所属企业或者二级单位主要负责人与安全生产管理人员未按规定经培训考核合格，或者特种作业人员和特种设备作业人员未持有效资格证上岗作业，或者岗位员工未经安全教育培训考核合格的；

（4）未按规定编制设计、施工方案或者未按方案施工的；

（5）高危和非常规作业未按规定办理作业许可的，或者办理作业许可审批人未到现场确认风险防范措施落实情况的，或者未按规定实行升级管控的；

（6）未按规定对可能造成能量意外释放的作业进行能量隔离的；

（7）未明确并控制高危作业施工现场、易燃易爆危险场所人员数量的，或者作业场所安全通道不畅通的；

（8）脱岗、睡岗和酒后上岗的；

（9）违反规定运输、储存、使用危险物品的；

（10）未按规定在新工艺、新技术、新材料和新设备采用前组织安全环保论证的；

（11）易燃易爆危险场所防爆泄压、防静电和防爆电气设备缺失或者失效，或者重点防火部位消防系统缺失或者失效的；

（12）未按规定制定现场应急处置方案，或者未按规定进行应急培训演练的；

（13）未按规定开展工作场所职业病危害因素检测，或者未安排接害人员进行上岗前、在岗期间、离岗时职业健康检查的；

（14）使用无资质、超资质等级或者范围、套牌承包商的，或者未开展承包商施工作业前安全准入评估的；

（15）建设单位未按规定提供安全生产施工保护费用或者承包商未按规定使用的；

（16）建设项目环境影响评价、安全设施设计专篇未批先建的，或者逾越资源生态红线进行生产开发建设活动的；

（17）建设项目未签订施工合同、未批准开工报告进行施工的，或者未通过安全、消防、环保设施竣工验收投入正式生产的；

（18）特种设备未按规定办理使用登记或者定期检验的，或者达到设计使用年限未按规定进行变更登记继续使用的，或者海上油气生产设施和建设项目未按规定进行发证检验和专业设备检测的；

（19）废水、废气、固体废弃物排放存储不符合国家或者地方标准但尚未构成环境事件的，三级防控设施不完善、未开展环境风险评估、环境应急预案不健全或者环保数据造假的；

（20）对国家、地方政府和集团公司检查发现的安全环保问题未按要求进行整改的。

（二）炼油化工企业专用判定标准

根据国家有关安全环保的法律法规、部门规章、标准规范和集团公司规定，炼油化工企业存在以下情形应当判定为较大事故隐患：

（1）未执行工艺设备联锁规定的；

（2）工艺、设备、人员变更未履行程序的；

（3）未按规定进行岗位巡检的；

（4）未执行操作规程、操作卡、冬季操作法或防冻保温方案的；

（5）未对超标工艺指标进行管控的；

（6）装置开停工或者局部处理未进行条件确认和界面交接的；

（7）未执行液态烃、液氨、液氯等易燃易爆、有毒有害液体的装卸等专项管理要求的；

（8）未执行工艺防腐规定或者定期测厚检测的；

（9）未及时获取涉及化学清洗、钝化、防腐等作业过程中药剂的组分，危害因素辨识不全的；

（10）装置带病运行且应急预案未落实的；

（11）特种设备未办理使用证的；

（12）锅炉、压力容器、压力管道超设计参数运行的，或者存在四级缺陷无监控和治理措施仍在运行的，或者受压元件发生裂缝、异常变形、泄漏、衬里层失效，压力容器和压力管道严重振动危及安全生产仍在运行的；

（13）特种设备、安全附件未按期进行检验且未及时办理延期检验审批备案手续仍在运行的，或者安全附件因缺陷、故障、失灵、损坏、人为等原因不能起到安全保护作用仍在运行的；

（14）压力容器、压力管道年腐蚀速率大于等于每年 0.25mm，没有相关控制措施仍在使用的；

（15）未按规定对转动设备进行预热、试运，或者未对机组、重要设备的联锁系统进行信号报警联锁试验，或者机组未按规定进行超速试验的；

（16）关键机泵超设计参数运行、无有效监测监控措施、无特护管理的，或者关键高危介质机泵未加紧急切断阀的；

（17）未执行电气"三三二五制"的；

（18）未编制电气保护计算书、未按规定周期进行电气试验的，或者电气系统及设备未配置合理保护或保护未投用、电气设备超负荷运行的；

（19）污染源在线监测系统未按规定管理的，或者无在线监测的污染源排放口未按规定手工监测的；

（20）料位、检测放射源未按规定管理的。

第三节　常用危害因素辨识和风险评估方法

《中国石油天然气集团公司生产安全风险防控管理办法》（中油安〔2014〕445 号）第十三条："所属企业应当结合实际，选用现场观察、工作前安全分析（JSA）、安全检查表（SCL）、危险与可操作性分析（HAZOP）、故障树分析（FTA）、事件树分析（ETA）等方法进行危害因素辨识，辨识结果应当形成记录。"第二十条："所属企业应当结合实际，选用工作前安全分析（JSA）、危险与可操作性分析（HAZOP）等方法对辨识出的危害因素进行风险分析，选用作业条件危险分析（LEC）、风险评估矩阵（RAM）等方法进行风险评估。风险分析与评估结果应当形成记录或者报告。"

一、现场观察

现场观察是一种通过检视生产作业区域所处地理环境、周边自然条件、场内功能区划分、设施布局、作业环境等来辨识存在危害因素的方法。开展现场观察的人员应具有较全面的安全技术知识和职业安全卫生法规标准知识，对现场观察出的问题要做好记录，规范整理后填写相应的危害因素辨识清单。

二、工作前安全分析

工作前安全分析（JSA）是指事先或定期对某项工作任务进行危害因素辨识、风险评价，并根据评价结果制定和实施相应的控制措施，达到最大限度消除或控制风险的方法。

工具箱会议是指作业人员在作业前，集中在一起，由作业负责人或技术人员对工作进行交底，同作业人员沟通工作中风险及安全措施的短暂、非正式的会议。因一般情况下都是在作业人员拿好工具箱准备作业，或坐在工具箱上开的会，所以形象地称为工具箱会议。

（一）工作前安全分析的范围

（1）炼油化工装置、电力装置等运行操作有操作规程的除外，所有施工、安装、检修、装卸、搬运、装饰、清理等作业活动都应进行工作前安全分析。

（2）新开展的作业活动、非常规（临时）的作业活动必须事先针对该项作业活动进行工作前安全分析。

（3）当某项作业活动没有操作规程涵盖时或现有的操作规程不能有效控制风险时，应针对该项作业进行工作前安全分析。

（4）当改变现有的作业，应确认变更或不同的部分，补充进行工作前安全分析。

（5）需要评估现有作业的危害及潜在的风险时，应进行工作前安全分析。

（6）现场作业人员均可根据当前的工作任务提出工作前安全分析的需求。

（7）当作业内容、步骤或程序、所使用工具和材料、作业者资质或素质、作业环境条件（包括季节、气象、温湿度等自然环境条件）相同或等同，仅作业地点和具体时间不同的重复作业，必须按照此前的工作前安全分析结果进行确认，变更或不相同的部分必须补充进行工作前安全分析。

（二）工作前安全分析程序及要求

（1）所有的作业活动或具体作业项目应由属地单位负责人指定项目负责人，项目负责人对工作任务进行初步审查，确定工作任务内容，判断是否需要做工作前安全分析，制定工作前安全分析计划。

（2）属地单位项目负责人在作业前选择熟悉工作前安全分析方法的专业技术管理人员、操作人员及从事该项作业的相关人员，组成分析小组，以讨论会方式进行工作前安全分析。

（3）小组成员应了解工作内容及所在区域环境、设备和相关规程。

（4）分析小组审查工作计划，将作业按先后顺序划分为若干工序或步骤，搜集相关信息，实地考察工作现场。重点核查以下内容：

① 以前此项工作任务中出现的健康、安全、环境问题和事故。
② 工作中是否使用新设备。
③ 工作环境、空间、照明、通风、出口和入口等。
④ 工作任务的关键环节。
⑤ 作业人员是否有足够的知识、技能。
⑥ 是否需要作业许可及作业许可的类型。
⑦ 是否有严重影响本工作安全的交叉作业。
⑧ 其他。

（5）分析小组针对每步工序，识别每项任务或步骤所伴随的危害因素。辨识危害因素时应充分考虑人员、设备、材料、方法、环境五个方面和正常、异常、紧急三种状态。

（6）按照发生概率和严重性对存在潜在危害的关键活动或重要步骤进行风险评价。根据判别标准确定初始风险等级和风险是否可接受。风险评价应选择适宜的方法进行。

（7）分析小组应针对辨识出的危害因素，考虑现有的预防/控制措施是否足以控制风险。若不足以控制风险，则提出改进措施并由专人落实。在选择风险控制措施时，应考虑控制措施的优先顺序。

（8）制定出所有风险的控制措施后，还应确定以下问题：

① 是否全面有效地制定了所有的控制措施。

② 对实施该项工作的人员还需要提出什么要求。
③ 风险能否得到有效控制。

（9）危害因素辨识及所有控制措施制定后，应填写"工作前安全分析表"，描述每一项任务或步骤，列出方法、设备、工具、材料和技术要求，分析小组人员取得一致意见，确认签字。

（三）作业风险的沟通

（1）工作前安全分析结果没有得到有效沟通、措施未有效落实、未向参加该项作业的全体人员进行交底，不得开始作业。需要办理作业许可证的作业活动，作业前应获得相应的作业许可。紧急状态下的工作任务，如抢修、抢险等，执行应急预案。

（2）承包商所做工作前安全分析由承包商项目主管审批，应同步提交属地项目负责人审核备案；有工程监理的作业项目，应报监理人员审核。

（3）作业前应召开工具箱会议，进行有效的沟通，确保：
① 让参与此项工作的每个人理解完成该工作任务所涉及的活动细节及相应的风险、控制措施和每个人的职责。
② 参与此项工作的人员进一步辨识可能遗漏的危害因素。
③ 作业人员意见不一致，异议解决后，达成一致，方可作业。
④ 在实际工作中条件或者人员发生变化，或原先假设的条件不成立，则应对作业风险进行重新分析评价。

（4）属地单位和作业单位项目负责人应确保开工前所有风险控制措施已落实到位，召开工具箱会议的同时填写"工作前安全分析作业人员评价表"，判断作业人员对作业任务的胜任程度。评价结果有一项不足 3 分，应对相应作业人员重新培训工作前安全分析相关内容。

三、安全检查表

安全检查表（SCL）是为检查某一系统、设备以及操作管理和组织措施中的不安全因素，事先对检查对象加以剖析和分解，并根据理论知识、实践经验、有关标准规范和事故信息等确定检查的项目和要点，以提问的方式将检查项目和要点按系统编制成表，在设计或检查时，按规定项目进行检查和评价以辨识危害因素。安全检查表对照有关标准、法规或依靠分析人员的观察能力，借助其经验和判断能力，直观地对评价对象的危害因素进行分析。安全检查表一般由序号、检查项目、检查内容、检查依据、检查结果和备注等组成。

车间应将所确定的设备设施风险纳入安全检查表中，完善设备设施安全检查表。安全检查表应包括以下主要内容：

（1）检查项目，将设备设施划分为相应部分，每个部分分别作为独立的检查项目。

（2）检查内容，可依据相关的标准、技术要求、制度规程、安全附件、关键部位、检维修保养记录、同类设备事故控制措施等确定检查内容。

（3）检查依据，检查内容中的每个条款所依据的法律法规、标准、规章制度作为该条款的检查依据。

（4）检查人员，根据岗位职责、检查内容、检查周期等编制车间（站队）、班组、岗位员工现场具体应用的安全检查表，并按要求分别实施。

详细内容请参考《安全检查表编制指南》(Q/SY 135—2012)。

四、危险与可操作性分析

危险与可操作性分析（HAZOP）是指在开展工艺危险性分析时，通过使用指导语句和标准格式分析工艺过程中偏离正常工况的各种情形，从而发现危害因素和操作问题的一种系统性方法，是对工艺过程中的危害因素实行严格审查和控制的技术。HAZOP 分析的对象是工艺或操作的特殊点（称为"分析节点"，可以是工艺单元，也可以是操作步骤），通过分析每个工艺单元或操作步骤，由引导词引出并识别具有潜在危险的偏差。

详细内容请参考《中国石油天然气股份有限公司炼油化工专业工艺危险与可操作性分析工作管理规定》（油炼化〔2011〕159 号）文件。

五、故障树分析

故障树分析（FTA）是通过对可能造成系统失效的各种因素（包括硬件、软件、环境、人为因素等）进行分析，画出逻辑框图（故障树），从而确定系统失效原因的各种可能组合方式及其发生概率的一种演绎推理方法。故障树根据系统可能发生的事故或已经发生的事故结果，寻找与该事故发生有关的原因、条件和规律，同时辨识系统中可能导致事故发生的危害因素。

六、事件树分析

事件树分析（ETA）是根据规则用图形来表示由初因事件可能引起的多事件链，以追踪事件破坏的过程及各事件链发生的概率的一种归纳分析法。事件树从给定的初始事件原因开始，按时间进程追踪，对构成系统的各要素（事件）状态（成功或失败）逐项进行二选一的逻辑分析，分析初始条件的事故原因可能导致的时间序列的结果，将会造成什么样的状态，从而定性与定量地评价系统的安全性，并由此获得正确决策。

七、作业条件危险分析

作业条件危险分析（LEC）是针对在具有潜在危险性环境中的作业，用与风险有关的三种因素之积（$D=LEC$）来评价操作人员伤亡风险大小的一种风险评估方法，D 值大，说明系统危险性大，需要增加安全措施，或改变发生事故的可能性（L），或减小人体暴露于危险环境中的频繁程度（E），或减轻事故损失（C），直至调整到允许范围。

（一）事故发生的可能性

此方法将事故发生的可能性（L）分为 7 个等级，如表 2-1 所示。

表 2-1 事故发生的可能性（L）

分数值	事故发生的可能性	分数值	事故发生的可能性
10	完全可以预料（1 次/周）	0.5	很不可能，可以设想（1 次/20 年）
6	相当可能（1 次/6 个月）	0.2	极不可能（1 次/大于 20 年）
3	可能，但不经常（1 次/3 年）	0.1	实际不可能
1	可能性小，完全意外（1 次/10 年）		

（二）人员暴露于危险环境的频繁程度

人员暴露于危险环境的时间越多，受到伤害的可能性越大，相应的危险性也越大。此方法将人员暴露于危险环境的频繁程度（E）分为 6 个等级，如表 2-2 所示。

表 2-2　人员暴露于危险环境的频繁程度（E）

分数值	人员暴露于危险环境中的频繁程度	分数值	人员暴露于危险环境中的频繁程度
10	连续暴露	2	每月一次暴露
6	每天工作时间内暴露	1	每年几次暴露
3	每周一次或偶然暴露	0.5	非常罕见的暴露（<1 次/年）

（三）发生事故可能造成的后果

发生事故造成的人员伤害和财产损失的范围变化很大，此方法将发生事故可能造成的后果（C）分为 6 种情况，如表 2-3 所示。

表 2-3　发生事故可能造成的后果（C）

分数值	发生事故可能造成的后果	分数值	发生事故可能造成的后果
100	大灾难，许多人死亡，或造成重大财产损失	7	严重，重伤，或造成较小的财产损失（损工事件—LWC）
40	灾难，数人死亡，或造成很大财产损失	4	重大，致残，或很小的财产损失（医疗处理事件—MTC，限工事件—RWC）
15	非常严重，一人死亡，或造成一定的财产损失	1	引人注目，不利于基本的安全健康要求（急救事件—FAC 以下）

（四）危险性等级划分标准

由评估小组专家共同确定每一危险源的 L、E、C 各项分值，然后再以三个分值的乘积来评估作业条件危险性的大小，即：$D=LEC$。将 D 值与危险性等级划分标准中的分值相比较，进行风险等级划分，若 D 值大于 70 分，则应定为重大危险源。危险性等级划分标准如表 2-4 所示。

表 2-4　危险性等级划分标准（D）

分数值	风险级别	危险程度
>320	5	极其危险，不能继续作业（立即停止作业）
160～320	4	高度危险，需立即整改（制定管理方案及应急预案）
70～159	3	显著危险，需要整改（编制管理方案）
20～69	2	一般危险，需要注意
<20	1	稍有危险，可以接受

注：LEC 法，危险等级的划分都是凭经验判断，难免带有局限性，应用时要根据实际情况进行修正。

八、风险评估矩阵

风险评估矩阵（RAM）是基于对以往发生的事故事件的经验总结，通过解释事故事件发生的可能性和后果严重性来预测风险大小，并确定风险等级的一种风险评估方法。

在确定事故发生概率和事故后果严重程度的基础上，明确风险等级划分标准，建立风险矩阵。事故发生概率和事故后果严重程度分别参考《中国石油天然气集团公司生产安全风险防控管理办法》（中油安〔2014〕445号）中表3和表4，风险评估矩阵和风险等级划分标准分别如表2-5和表2-6所示。

表2-5 风险评估矩阵

事故发生概率等级	事故后果严重程度等级				
	1	2	3	4	5
1	I 1	I 2	I 3	I 4	II 5
2	I 2	I 4	II 6	II 8	III 10
3	I 3	II 6	II 9	III 12	III 15
4	I 4	II 8	III 12	III 16	IV 20
5	II 5	III 10	III 15	IV 20	IV 25

注：风险=事故发生概率×事故后果严重程度。表中罗马数字 I～IV 表示风险的不同等级。

表2-6 风险等级划分标准

风险等级	分值	描述	需要的行动	改进建议
IV级风险	16<IV级≤25	严重风险（绝对不能容忍）	必须通过工程和/或管理、技术上的专门措施，限期（不超过6个月）把风险降低到级别II或以下	需要并制定专门的管理方案予以削减
III级风险	9<III级≤16	高度风险（难以容忍）	应当通过工程和/或管理、技术上的控制措施，在一个具体的时间段（12个月）内，把风险降低到级别II或以下	需要并制定专门的管理方案予以削减
II级风险	4<II级≤9	中度风险（在控制措施落实的条件下可以容忍）	具体依据成本情况采取措施。需要确认程序和控制措施已经落实，强调对它们的维护工作	个案评估。评估现有控制措施是否均有效
I级风险	1≤I级≤4	可以接受	不需要采取进一步措施降低风险	不需要。可适当考虑提高安全水平的机会（在工艺危害分析范围之外）

第四节　常用风险控制方法

一、工作循环分析

工作循环分析（JCA）是以操作主管和员工合作的方式对已经制定的操作程序和员工

实际操作行为进行分析和评价的一种方法。

车间应在生产作业活动风险分析和风险评估的基础上，宜采用工作循环分析方法组织系统分析各项岗位操作规程的有效性，完善现有操作规程，将所确定的风险防控措施纳入操作规程中，确保在操作规程中已明确了相应的风险提示、风险控制措施。采用工作循环分析方法分析操作规程应满足以下要求：

（1）车间安全管理人员、技术人员、技师、操作员工共同讨论实际操作与对应操作规程的差异，验证操作规程的有效性、充分性和适宜性。

（2）现场评估时，操作人员实施操作步骤与操作规程的偏差、操作规程本身存在的问题、潜在的风险以及其他不安全事项，提出改进建议。

（3）使用工作循环分析方法评审操作规程的步骤如下：

① 确定操作步骤是否完整，操作顺序、操作要求是否正确；

② 确定每个操作步骤工作要求是否正确，是否明确了相应的工作标准；

③ 确定每个步骤下较高以上的风险是否提示准确；

④ 确定相应的风险控制措施是否有效；

⑤ 应急处置措施是否准确，可操作。

详细内容请参考《工作循环分析管理规范》（Q/SY 1239—2009）。

二、作业许可

作业许可是针对危险性作业的一种风险管理手段和管理制度。为有效控制生产过程中的非常规作业、关键作业、缺乏程序的作业以及其他危险性较大作业的风险，其组织者或作业者需要事前提出作业申请，经有关主管人员对作业过程、作业风险及风险控制措施予以核查和批准，并取得作业许可证方可开展作业，成为作业许可制度。对进入受限空间作业、挖掘作业、高处作业、移动式吊装作业、管线打开作业、临时用电作业、动火作业等，均需要施行作业许可。作业许可本身不能保证作业的安全，只是对作业之前和作业过程中所必须严格遵守的规则及所满足的条件作出规定。

详细内容请参考《作业许可管理规范》（Q/SY 1240—2009）。

三、上锁挂牌/能量隔离

上锁挂牌/能量隔离是指在作业过程中为避免设备设施或系统区域内蓄积危险能量或物料的意外释放，对所有危险能量和物料的隔离设施进行锁闭和悬挂标牌的一种现场安全管理方法。上锁挂牌可从本质上解决设备因误操作引发的安全问题，但关键还是需要人的操作，要对相关人员进行安全培训，以解决人的行为习惯养成问题，同时还要加强人员换班时的沟通。

详细内容请参考《上锁挂牌管理规范》（Q/SY 1421—2011）。

四、安全目视化

安全目视化是通过使用安全色、标签、标牌等方式，明确人员的资质和身份、工器具和设备设施的使用状态，以及生产作业区域的危险状态的一种现场安全管理方法。安全目视化以视觉信号为基本手段，以公开化和透明化为基本原则，尽可能地将管理者的要求和意图让大家都看得见，将潜在的风险予以明示，借以提示风险。

详细内容请参考《安全目视化管理导则》(Q/SY 1643—2013)。

五、工艺和设备变更管理

工艺和设备变更管理是指涉及工艺技术、设备设施及工艺参数等超出现有设计范围的改变（如压力等级改变、压力报警值改变等）的一种安全管理方法。

详细内容请参考《安全目视化管理导则》(Q/SY 1237—2009)。

六、应急处置卡

应急处置卡是指在岗位员工职责范围内，将应急处置规定的程序步骤写在卡片上，当作业现场或工作场所出现意外紧急情况时，提示岗位员工采取必要的紧急措施，把事故险情控制在第一现场和第一时间的一种现场安全管理方法。

第三章 基础安全知识

第一节 个人劳动防护用品

劳动防护用品是指使员工在劳动过程中，免遭或者减轻事故伤害及职业危害的个人防护装备。按照个人防护部位，劳动防护用品分为以下七类：第一类，头部防护用品，如安全帽、工作帽等；第二类，呼吸防护用品，如防毒面具、呼吸器等；第三类，眼面部防护用品，如防护面罩、防护眼镜等；第四类，听力防护用品，如耳塞、耳罩等；第五类，手部防护用品，如绝缘手套、电焊手套等；第六类，足部防护用品，如防砸鞋、绝缘鞋等；第七类，躯体防护用品，如工作服、雨衣、避火服、防化服、防辐射铅衣等。

一、头部防护用品

（一）定义和分类

炼油化工企业主要使用的头部防护用品是安全帽，安全帽是指对人头部受坠落物及其他特定因素引起的伤害起防护作用的防护用品，一般由帽壳、帽衬、下颏带、附件组成。安全帽适用于大部分工作场所，在坠落物伤害、轻微磕碰、飞溅的小物品引起的打击、可能发生引爆的危险场所等应配备安全帽。安全帽如图 3-1 所示。

图 3-1 安全帽

（二）使用要求

（1）使用安全帽时，首先要选择与自己头型适合的安全帽。佩戴安全帽前，要仔细检查合格证、使用说明、使用期限，并调整帽衬尺寸，其顶端与帽壳内顶之间必须保持 20~50mm 的空间，可缓冲、分散瞬时冲击力，从而避免或减轻对头部的直接伤害。

（2）不能随意对安全帽进行拆卸或添加附件，以免影响其原有的防护性能。

（3）佩戴时，一定要将安全帽戴正、戴牢，不能晃动，要系紧下颏带，调节好后箍，以防安全帽脱落。

（4）破损或变形的安全帽以及出厂年限达到 2.5 年（即 30 个月）的安全帽应进行报废处理。需要特别注意的是，受到严重冲击的安全帽，虽然其整体外观可能没有明显损坏，但其实际防护性能已大大下降，也应进行报废处理。

二、呼吸防护用品

呼吸防护用品是指防御缺氧空气和空气污染物进入呼吸系统的防护用品。呼吸防护用品按防护原理可分为过滤式和隔绝式呼吸防护用品。

（一）过滤式呼吸防护用品

过滤式呼吸防护用品是依据过滤吸收的原理，利用过滤材料滤除空气中的有毒、有害物质，将受污染空气转变为清洁空气供人员呼吸的一类呼吸防护用品，如防尘口罩[图 3-2（a）]、防毒口罩[图 3-2（b）]和过滤式防毒面具[图 3-2（c）]。

(a) 防尘口罩 　　　　　(b) 防毒口罩 　　　　　(c) 过滤式防毒面具

图 3-2　过滤式呼吸防护用品

1. 防尘口罩

防尘口罩主要是以纱布、无防布、超细纤维材料等为核心过滤材料的过滤式呼吸防护用品，用于滤除空气中的颗粒状有毒、有害物质，但对于有毒、有害气体和蒸气无防护作用。其中，不含超细纤维材料的普通防尘口罩只有防护较大颗粒灰尘的作用，一般经清洗、消毒后可重复使用；含超细纤维材料的防尘口罩除可以防护较大颗粒灰尘外，还可以防护粒径更细微的各种有毒、有害气溶胶，防护能力和防护效果均优于普通防尘口罩，基于超细纤维材料本身的性质，该类口罩一般不可重复使用，多为一次性产品，或需定期更换滤棉。

2. 防毒口罩

防毒口罩是以超细纤维材料和活性纤维等吸附材料为核心过滤材料的过滤式呼吸防护用品。其中超细纤维材料用于滤除空气中的颗粒状况物质，包括有毒有害溶胶、活性炭、活性纤维等吸附材料用于滤除有毒蒸气和气体。与防尘口罩相比，防毒口罩既可过滤空气中的大颗粒灰尘、气溶胶，同时对有害气体和蒸气也具有一定的过滤作用。防毒口罩的形式主要为半面式，此外也有口罩式。

3. 过滤式防毒面具

过滤式防毒面具是通过滤毒罐、盒内的滤毒药剂滤除空气中的有毒气体再供人呼吸的防护用品，其结构主要由面罩主体和滤毒部件两部分组成。滤毒罐是用活性炭、化学吸收层、棉花层等构成。由于化学吸收层所含的解毒药品不同，因此各种滤毒罐的防毒范围也不一样，使用前应根据有毒有害物质的种类，正确选择相应型号的滤毒罐。不同型号滤毒罐的颜色及防护范围如表3-1所示。

表3-1 不同型号滤毒罐的颜色及防护范围

型号	颜色	防护范围
1型罐	绿色	氢氰酸、氯化氰、砷化氢、光气、溴甲烷、二氯甲烷、氯化苦
2型罐	橘红	一氧化碳、有机蒸气、氢氰酸及其衍生物、毒烟、毒雾等
3型罐	褐色	褐色、有机气体（苯、丙酮氯气、醇类、四硫化碳、四氯化碳等及氯化苦）
4型罐	灰色	氨、硫化氢气体
5型罐	白色	一氧化碳气体
6型罐	黑色	汞蒸气
7型罐	黄色	各种酸性气体（二氧化硫、氯气、氮氧化物、光气、含磷和含氯的有机农药、硫化氢等）
8型罐	蓝色	硫化氢

4．过滤式呼吸防护用品的使用要求

（1）劳动环境中的空气含氧量低于18%时均不能使用。

（2）均不能用于险情重大、现场条件复杂多变和有两种以上毒物的作业。

（3）防尘口罩适用的环境特点是，污染物仅为非发挥性的颗粒状物质，不含有毒、有害气体和蒸气。

（4）防毒口罩适用的环境特点是，工作或作业场所含较低浓度的有害蒸气、气体、气溶胶。

（5）过滤式防毒面具与防毒口罩具有相近的防护功能，既能防护大颗粒灰尘、气溶胶，又能防护有毒害蒸气和气体，只是防护有害气体、蒸气浓度的范围更宽，防护时间更长。同时，过滤式防毒面具还可以保护眼睛及面部皮肤免受有毒有害物质的直接伤害，且密合效果较好。

（二）隔绝式呼吸防护用品

隔绝式呼吸防护用品是依据隔绝的原理，使人员呼吸器官、眼睛和面部与外界受污染空气隔绝，依靠自身携带的气源或靠导气管引入受污染环境以外的洁净空气为气源供气，保障人员正常呼吸的呼吸防护用品，也称为隔绝式防毒面具、生氧式防毒面具、长管呼吸器及潜水面具等。炼油化工企业常用的隔绝式呼吸防护用品为正压式呼吸器和长管式防毒面具。

1．正压式呼吸器

1）定义和原理

正压式呼吸器是在任一呼吸循环过程，面罩与人员面部之间形成的腔体内压力不低于环境压力的一种空气呼吸器。使用者依靠背负的气瓶供给所呼吸的气体，气瓶中的高压压缩气体被高压减压阀降为中压0.7MPa左右，经过中压管线送至需求阀，然后通过需求阀进入呼吸面罩。吸气时需求阀自动开启，呼气时需求阀关闭，呼气阀打开，所以整个气流是沿着一个方向构成一个完整的呼吸循环过程。正压式呼吸器主要由供气阀组件、减压器组件、压力显示组件、背具组件、面罩组件、气瓶和瓶阀组件、高压及中压软管组件构成，外形如图 3-3 所示。

图 3-3　正压式呼吸器

2）适用范围

在有毒有害气体（如硫化氢、一氧化碳等）大量溢出的现场，以及氧气含量较低的作业现场，都应使用正压式呼吸器。

3）使用要求

（1）应急用正压式呼吸器应保持待用状态，气瓶压力一般为 28～30MPa，低于 28MPa 时，应及时充气，充入的空气应确保清洁，严禁向气瓶内充填氧气或其他气体。

（2）应急用正压式呼吸器应置于适宜储存、便于管理、取用方便的地方，不得随意变更存放地点。

（3）危险区域内，任何情况下，严禁摘下面罩。

（4）听到报警哨响起，应立即撤出危险区域。

（5）正压式呼吸器及配件避免接触明火、高温。

（6）正压式呼吸器严禁沾染油脂。

（7）气瓶压力表应定期由有资质的检验机构进行检测。

（8）进入危险区域作业必须两人以上，相互照应。如有条件，再有一人监护最好。

2. 长管式防毒面具

1）定义和原理

长管式防毒面具是利用物理方法将有毒区域外的新鲜空气经过密封的管引入供佩戴者呼吸用。长管式防毒面具主要由面罩、导气软管和连接接头组成，导气软管一般内径为 30mm 的皱纹软管，其长度不超过 20m，导气软管不宜过长，以保持正常呼吸时的吸气阻力不致过大。长管式防毒面具如图 3-4 所示。

图 3-4　长管式防毒面具

2）适用范围

由于不受毒气种类、浓度和使用现场空气中氧含量的限制，而且结构简单，长管式防毒面具是进入有毒设备检修和进塔入罐工作防止中毒的良好器材；但不适用于在流动性频繁及流动范围大的场合中工作。

3）使用要求

（1）长管进口处应放在上风头，有专人监护，管端高于地面 30cm，防止灰尘吸入人体。

（2）长管要放直，不得弯曲，不能绞缠，防止踩压管子，以利呼吸畅通。

（3）使用前要进行气密性检查，方法是：在上端起 2m 处用手抓紧软管做深呼吸，如没有空气从耳边和其他地方进入则说明该面具在 2m 范围内的气密性良好。

（4）监护人员应站在上风头，如在室内需用轴流风扇强行把毒气赶走，防止聚集。

三、眼面部防护用品

（一）定义和分类

眼面部防护用品是指防御电磁辐射、紫外线及有害光线、烟雾、化学物质、金属火花和飞屑、尘粒，抗机械和运动冲击等伤害眼睛、面部和颈部的防护用品。炼油化工企业常用的眼面部防护用品是防护眼镜、防护面罩。

防护眼镜是在眼镜架上装有各种护目镜片，防止不同有害物质伤害眼睛的眼部防护用品，如敲击作业时使用的防冲击眼镜（图 3-5）、装卸放射源时使用的防辐射眼镜。防护眼镜按照外形结构分为普通型、带测光板型、开放型和封闭型。

防护面罩是防止有害物质伤害眼面部、颈部的防护用品，分为手持式、头戴式、全面罩、半面罩等多种形式，如焊接作业时使用的手持式焊接面罩（图 3-6）。

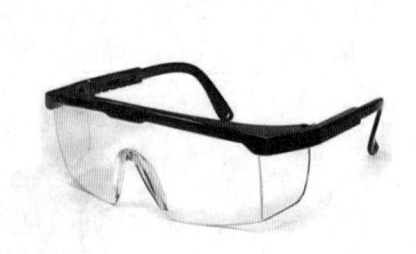

图 3-5　防冲击眼镜　　　　　　　　图 3-6　手持式焊接面罩

（二）使用要求

（1）存在固体异物高速飞出风险的作业时，如打磨、敲击作业，作业人员要佩戴防冲击眼镜。

（2）存在液体喷溅风险的作业时，作业人员应佩戴防喷溅眼罩。

（3）每次使用前后都应检查，当镜片出现裂纹时，或镜片支架开裂、变形或破损时，都必须及时更换。

（4）不应把近视镜当作防护眼镜使用。

（5）应保持防护眼镜的保证清洁干净，避免接触酸、碱物质，避免受压和高温，当表面有脏污时，应用少量洗涤剂和清水冲洗。

四、听力防护用品

(一)定义和分类

长时间工作在噪声环境下,会导致听力减弱,强的噪声可以引起耳部的不适,如耳鸣、耳痛、听力损伤。听力防护用品是指保护听觉、使人耳免受噪声过度刺激的防护用品。炼油化工企业常用的听力防护用品是耳塞和耳罩。

耳塞是插入外耳道内,或置于外耳道口处的护耳器。耳塞的种类按其声衰减性能分为防低、中、高频声耳塞和隔高频声耳塞;按使用材料分为纤维耳塞、塑料耳塞、泡沫塑料耳塞(图3-7)和硅胶耳塞。

耳罩是由压紧每个耳廓或围住耳廓四周而紧贴在头上遮住耳道的壳体所组成的一种护耳器。耳罩外层为硬塑料壳,内部加入吸引、隔音材料,如图3-8所示。

图3-7 泡沫塑料耳塞　　　　　　　　图3-8 耳罩

(二)使用要求

(1)佩戴泡沫塑料耳塞时,应先洗净手,将圆柱体搓成锥形体后再塞入耳道,让塞体自行回弹充满耳道。

(2)使用耳罩时,应先检查罩壳有无裂纹和漏气现象,佩戴时应注意罩壳的方向,顺着耳廓的形状戴好。佩戴时应将连接弓架放在头顶适当位置,尽量使耳罩软垫圈与周围皮肤相互密合,如不合适时,应移动耳罩或弓架,调整到合适位置为止。

(3)无论戴用耳罩还是耳塞,均应在进入噪声区前戴好,在噪声区不得随意摘下,以免伤害耳膜。如确需摘下,应在休息时或离开后,到安静处取出耳塞或摘下耳罩。

(4)耳塞或耳罩软垫用后需用肥皂、清水清洗干净,晾干后再收藏备用。

(5)合理安排劳动和休息,减少持续接触噪声的时间。定期进行职业健康体检,对患有听觉器官、心血管及神经系统器质性疾病者,应积极治疗。

五、手部防护用品

(一)定义与分类

手部防护用品具有保护手和手臂的功能,供作业者劳动时戴用的手套称为手部防护用品，通常人们称为劳动防护手套。

手部防护用品根据使用环境要求分为一般防护手套、各种特殊防护（防水、防寒、防高温、防振）手套、绝缘手套等。炼油化工企业常用的手部防护用品主要有一般防护手套、耐酸碱手套、绝缘手套、电焊手套。

一般防护手套由纤维织物拼接缝制而成，具备一定的耐磨、抗切割、抗撕裂和抗穿刺性能，是普遍适用于一般生产作业活动的基础防护手套，如图3-9所示。

耐酸碱手套是采用特殊橡胶合成，除了满足一般防护手套机械性能外，还可满足在酸碱溶液中长时间连续使用的一种特殊性能防护手套，根据生产需要有长度30cm至82cm不同规格可供选择，如图3-10所示。

图3-9　一般防护手套　　　　　　　　图3-10　耐酸碱手套

绝缘手套又称高压绝缘手套，是用绝缘橡胶或乳胶经压片、模压、硫化或浸模成型的一种特殊性能防护手套，主要用于电工作业；根据适用电压等级分为从0到4共五级，炼油化工企业生产作业中多使用0级（380V）和1级（3000V）绝缘手套，如图3-11所示。

电焊手套是保护手部和腕部免遭熔融金属滴、短时接触有限的火焰、对流热、传导热和弧光的紫外线辐射以及机械性的伤害的一种特殊性能防护手套，如图3-12所示。

图3-11　绝缘手套　　　　　　　　图3-12　电焊手套

（二）使用要求

（1）首先应了解不同种类手套的防护作用和使用要求，以便在作业时正确选择，切不可把一般场合用手套当作某些专用手套使用。如棉布手套、化纤手套等作为电焊手套来用，耐火、隔热效果很差。

（2）在使用绝缘手套前，应先检查外观，如发现表面有孔洞、裂纹等应停止使用。

（3）绝缘手套使用完毕后，按有关规定保存好，以防老化造成绝缘性能降低；使用一段时间后应复检，合格后方可使用。

（4）所有手套大小应合适，避免手套指过长，被机械绞或卷住，使手部受伤。

（5）不同种类手套有其特定用途的性能，在实际工作时一定结合作业情况来正确使用和区分，以保护手部安全。

六、足部防护用品

（一）定义和分类

足部防护用品是防止生产过程中有害物质和能量损伤劳动者足部的护具，主要指足部防护鞋（靴）。

按照GB/T 28409—2012《个体防护装备　足部防护鞋（靴）的选择、使用和维护指南》，足部防护鞋（靴）常见种类包括保护足趾鞋（靴）、防刺穿鞋（靴）、导电鞋（靴）、防静电鞋（靴）、电绝缘鞋（靴）、耐化学品鞋（靴）、低温作业保护鞋（靴）、高温防护鞋（靴）、防滑鞋（靴）、防振鞋（靴）、防油鞋（靴）、防水鞋（靴）、多功能防护鞋（靴）。

多功能防护鞋（靴）是除具有保护特征的鞋（靴），还具有上述鞋（靴）中所需功能。炼油化工企业广泛应用的安全鞋也是一种多功能防护鞋（靴），它兼具防砸、防穿刺、防滑、耐油、防水等功能，如图3-13所示。

（二）使用要求

（1）不得擅自修改安全鞋的构造。

（2）穿着安全鞋时，应尽量避免接触锐器，经重压或重砸造成鞋内钢包头明显变形的，不得再作为安全鞋使用。

（3）在一般工作条件下，安全鞋的使用年限为1年，穿着1年后应检查，如有明显损坏不得再作为作业保护用鞋使用。

图3-13　防护鞋

（4）长期在有水或潮湿的环境下使用会缩短安全鞋的使用寿命。

（5）安全鞋的存放场地应保持通风、干燥，同时要注意防霉、防蛀虫。

（6）安全鞋每次使用后应用刷子除去灰尘，然后将鞋放在通风处干燥。

七、躯体防护用品

（一）定义和分类

躯体防护用品通常称为防护服，如一般防护服、防水服、防寒服、防油服、隔热服、防静电服、防辐射铅衣、防爆服、防酸碱服等。炼油化工企业生产作业使用较多的是一般防护服、防水服、防化服、隔热服、防辐射铅衣。

一般防护服是指防御普通伤害和脏污的躯体防护用品。炼油化工企业根据生产现场需求，在一般防护中加入导电纤维，使其具有防静电性能。

防水服是指具有防御水透过和漏入的防护服，如劳动防护雨衣。

防化服又称为化学品防护服，具有防止化学品穿透和渗透的功能，如图 3-14 所示。

隔热服（或避火服）具有防火、隔热、抗辐射和热渗透性能，如图 3-15 所示。

图 3-14　防化服 　　　　　　图 3-15　隔热服

防辐射铅衣是一种阻挡或减弱辐射射线的有效用具，主要适用于放射源的操作人员，防止放射源操作人员的身体受到辐射伤害。

（二）使用要求

（1）使用者应穿戴符合自身身材的防护服，防止过大或过小造成操作不便导致人身伤害。

（2）沾染油污、酸碱等有害物质的防护服应及时清理和清洗，防止造成皮肤伤害。

（3）隔热服必须佩戴空气呼吸器及通信器材，以保证在高温状态下使用人员的正常呼吸，以及与指挥人员的联系。

（4）防辐射铅衣的铅分布要均匀，正常使用铅当量不应衰减。

第二节　安全色与安全标志

一、安全色

（一）定义

安全色：传递安全信息含义的颜色，包括红、蓝、黄、绿四种颜色。

对比色：使安全色更加醒目的反衬色，包括黑、白两种颜色。

安全标记：采用安全色和（或）对比色传递安全信息或者使某个对象或地点变得醒目的标记。

（二）颜色表征

1. 安全色

（1）红色：传递禁止、停止、危险或提示消防设备、设施的信息。

（2）蓝色：传递必须遵守规定的指令性信息。
（3）黄色：传递注意、警告的信息。
（4）绿色：传递安全的提示性信息。

2．对比色

安全色与对比色同时使用时，应按表3-2搭配使用。

表3-2　对比色

安全色	红色	蓝色	黄色	绿色
对比色	白色	白色	黑色	白色

（1）黑色：用于安全标志的文字、图形符号和警告标志的几何边框。
（2）白色：用于安全标志中红、蓝、绿的背景色，也可用于安全标志的文字和图形符号。

3．相间条纹

安全色与对比色的相间条纹为等宽条纹，倾斜约45°。
（1）红色与白色相间条纹：表示禁止或提示消防设备、设施位置的安全标记。
（2）黄色与黑色相间条纹：表示危险位置的安全标记。
（3）蓝色与白色相间条纹：表示指令的安全标记，传递必须遵守规定的信息。
（4）绿色与白色相间条纹：表示安全环境的安全标记。

二、安全标志

（一）定义

安全标志是用以表达特定安全信息的标志，由图形符号、安全色、几何形状（边框）或文字构成。

（二）分类及基本形式

安全标志分禁止标志、警告标志、指令标志和提示标志四大类型。

1．禁止标志

禁止标志的基本形式是带斜杠的圆边框，常见的禁止标志如图3-16所示。

图3-16　常见的禁止标志

2．警告标志

警告标志的基本形式是正三角形边框，常见的警告标志如图3-17所示。

图 3-17　常见的警告标志

3．指令标志

指令标志的基本形式是圆形边框，常见的指令标志如图 3-18 所示。

图 3-18　常见的指令标志

4．提示标志

提示标志的基本形式是正方形边框，常见的提示标志如图 3-19 所示。

图 3-19　常见的提示标志

（三）消防安全标志

消防安全标志由几何形状、安全色、表示特定消防安全信息的图形符号构成。标志的几何形状、安全色及对比色、图形符号色的含义见表 3-3。具体内容见 GB 13495.1—2015《消防安全标志　第 1 部分：标志》。常见消防标志如图 3-20 所示。

表 3-3　消防安全标志的含义

几何形状	安全色	安全色的对比色	图形符号色	含　　义
正方形	红色	白色	白色	标识消防设施（如报警装置和灭火设备）
正方形	绿色	白色	白色	提示安全状况（如紧急疏散逃生）
带斜杠的圆形	红色	白色	黑色	表示禁止
等边三角形	黄色	黑色	黑色	表示警告

图 3-20　常见消防标志

（四）炼油化工常用安全标志

炼油化工常用安全标志主要指生产作业场所和设备、设施中常用的安全标志，具体内容见 SY/T 6355—2017《石油天然气生产专用安全标志》和 GB 2894—2008《安全标志及其使用导则》。炼油化工常用的安全标志如图 3-21 所示。

图 3-21　炼油化工常用安全标志

图 3-21 炼油化工常用安全标志（续）

第三节　常用安全设施和器材

一、检测仪器

在生产过程中对财产与人的健康、生命造成危害的因素大体上可以分为物理、化学与生物三方面。其中化学因素的影响危害性最大。而有毒有害气体又是化学因素中最普遍、最常见的。根据危害源将有毒有害气体分为可燃气体与有毒气体两大类。有毒气体又根据对人体不同的作用机理分为刺激性气体、窒息性气体和急性中毒的有机气体三大类。因此，快速检测出作业环境有毒有害气体并及时报警，对防范和减低相应伤害具有重要意义。生产作业现场通常使用气体检测仪对作业环境中相应气体成分和含量进行检测。

（一）气体检测仪定义和分类

气体检测仪是一种检测气体泄漏浓度的仪器仪表，按照安装方式分为固定式和便携式气体检测仪；按照检测方式分为扩散式和泵吸式气体检测仪；按照被检测气体类别可分为硫化氢气体检测仪、可燃气体检测仪、氧含量检测仪、复合气体检测仪等。气体检测仪主要利用气体传感器来检测环境中存在的气体成分和含量。

根据炼油化工生产实际，现场使用较多的气体检测仪主要有硫化氢气体检测仪、氧含量检测仪、可燃气体检测仪、固定式气体检测仪以及四合一（复合）气体检测仪，如图 3-22 所示。

(a) 硫化氢气体检测仪　(b) 氧含量检测仪　(c) 可燃气体监测仪　(d) 固定式气体检测仪　(e) 四合一气体检测仪

图 3-22　常用的气体检测仪

（二）气体检测仪适用范围

1. 硫化氢气体检测仪

在压缩机厂房和排污罐区等易产生硫化氢气体聚集的区域，巡检、作业人员应佩戴便携式硫化氢气体检测仪。

2. 氧含量检测仪

在经常使用氮气、惰性气体（氩气、氦气）等可能造成窒息的场所，应安装固定式氧气含量检测仪。对于一些临时性的有限空间作业，在进入作业区域前，应进行强制通风，再使用便携式氧气含量检测仪进行检测，确保氧气含量浓度符合要求方可进入作业。

3. 可燃气体检测仪

便携式可燃气体检测仪多用于场站及维抢修现场可能存在可燃气体析出、积聚的区域。在生产工艺区、泵棚区、储罐区及排污罐区等易产生可燃气体聚集的区域，巡检、作业人员应佩戴便携式可燃气体检测仪。

4. 固定式气体检测仪

固定式气体检测仪可以安装在特定的检测点上对特定的气体泄漏进行检测，适合于固定检测所要求的连续、长时间、稳定等特点。

5. 四合一气体检测仪

四合一气体检测仪适用于以上单一或可能存在多种气体检测需求的现场。

（三）使用要求

（1）首次使用前，需由有资质的检验单位对气体检测仪进行检定校准。

（2）使用时，应在非危险区域开启气体检测仪，气体检测仪自检无异常，检查电量充足后方可佩戴使用。

（3）严禁在危险区域对气体检测仪进行更换电池和充电。

（4）应避免气体检测仪从高处跌落，或受到剧烈振动。如意外跌落或受到剧烈振动，必须重新进行开机和报警功能测试。

（5）气体检测仪传感器要根据其使用寿命定期由有资质的单位进行检验和更换，出具检验合格报告后方可继续使用。

(6) 气体检测仪应建立台账和使用维护记录。

二、消防设施和器材

炼油化工企业具有易燃易爆的特性，如果发生泄漏，遇明火则可能发生火灾、爆炸事故。一旦发生火灾，火势猛烈，火焰温度高，传播速度快，浓烟气浪大，辐射热量强，危害面广；爆炸时产生的冲击波、高热会破坏生产设备，造成人员伤亡。

（一）消防设备设施

(1) 消防给水类：包括消防水池、消防栓（包括消防水枪、水带）、启动消防按钮、管网阀门、水泵结合器、消防水箱、增压设施（包括增压水泵、气压水罐等）、消防卷盘及消防水鹤（包括胶带和喷嘴）、消防水泵（包括试验和检查用压力表、放水阀门）、消防栓及水泵接合器的标志牌。

(2) 建筑防火及安全疏散类：包括防火门、防火窗、防火卷帘、推闩式外开门和消防电梯。

(3) 防烟、排烟设施类：包括排烟窗开启装置、挡烟垂壁、机械防烟设施（包括送风口、压力自动调节装置、机械加压送风机、消防电源及其配电）、机械排烟设施（包括排烟风机、排烟口、排烟防火阀、消防电源及其配电）。

(4) 电气和通信类：包括消防电源、自备发电机、应急照明、疏散指示标志、火灾事故照明、可燃气体浓度检漏报警装置、消防专线电话、火灾事故广播器材。

(5) 火灾自动报警系统类：包括各类火灾报警探测器、各级报警控制器、系统接线装置、系统接地装置。

(6) 自动喷淋灭火系统类（湿式、干式、雨淋喷淋灭火系统和水幕系统）：包括水源及供水装置、各类喷头、报警阀、控制阀、系统检验装置、压力表、水流指示器、管道充气装置、排气装置。

(7) 气体灭火系统类（二氧化碳、卤代烷等气体灭火系统）：包括各类喷头，储存装置，选择装置，管道及附件，防护区门、窗、洞口自动关闭装置，防护区通风装置。

(8) 水喷雾自动灭火系统类：水雾喷头、雨淋阀组、过滤器、传动管、水源和供水装置。

(9) 低倍数泡沫灭火系统类（固定式、半固定式泡沫灭火系统）：包括泡沫消防泵、泡沫比例混合装置、泡沫液储罐、泡沫产生器、控制阀、固定泡沫灭火设备、泡沫钩管、泡沫枪、泡沫喷淋头。

(10) 安全附件：包括大罐呼吸阀、阻火器、安全阀、泡沫发生器。

（二）消防器材

消防器材分类如下：灭火器、消防桶、消防铣、消防钩、消防斧、消防扳手、消防水带、消防水（泡沫）枪、消防砂、灭火毯等。

1. 灭火器

灭火器由筒体、器头、喷嘴等部件组成，借助驱动压力可将所充装的灭火剂喷出，达到灭火目的。灭火器由于结构简单、操作方便、轻便灵活、使用面广，是扑救初期火灾的重要消防器材。

1）灭火器的分类

灭火器的种类很多，按其移动方式分为手提式、推车式和悬挂式；按驱动灭火剂的动力来源可分为储气瓶式、储压式、化学反应式；按所充装的灭火剂则又可分为清水、泡沫、酸碱、二氧化碳、卤代烷、干粉等。生产现场常用的灭火器是干粉灭火器、二氧化碳灭火器和泡沫灭火器，如图3-23所示。

(a) 干粉灭火器　　(b) 二氧化碳灭火器　　(c) 泡沫灭火器

图3-23　常用的灭火器

2）不同类型灭火器的适用范围及使用方法

（1）干粉灭火器。

干粉灭火器适宜于扑救石油产品、油漆、有机溶剂火灾。它能抑制燃烧的连锁反应而灭火，也适宜于扑灭液体、气体、电气火灾（干粉有 5×10^4V 以上的电绝缘性能），有的还能扑救固体火灾。干粉灭火器不能扑救轻金属燃烧的火灾。干粉灭火器的适用范围及使用方法如图3-24所示。

干粉灭火器适宜扑灭油类、可燃气体、电气设备等初起火灾。使用时，先打开保险销，一手握住喷管，对准火源，另一手拉动拉环，即可扑灭火源。

图3-24　干粉灭火器的适用范围及使用方法

（2）二氧化碳灭火器。

二氧化碳灭火器都是以高压气瓶内储存的二氧化碳气体作为灭火剂进行灭火，二氧化碳灭火后不留痕迹，适宜于扑灭图书、档案资料、贵重仪器设备、精密仪器、计算机室、600V以下电气设备及油类的初起火灾，适用于扑救一般B类火灾，如油制品、油脂等火灾，也可适用于A类火灾，但不可用来扑救钾、钠、镁、铝等金属火灾。二氧化碳灭火器的适用范围及使用方法如图3-25所示。

二氧化碳灭火器适宜扑灭精密仪器、电子设备以及600V以下的电器初起火灾。手提式二氧化碳灭火器有两种使用方式，即手轮式和鸭嘴式。
手轮式：一手握住喷筒把手，另一手撕掉铅封，将手轮按逆时针方向旋转，打开开关，二氧化碳气体即会喷出。
鸭嘴式：一手握住喷筒把手，另一手拔去保险销，将扶把上的鸭嘴压下，即可灭火。

图 3-25 二氧化碳灭火器的适用范围及使用方法

（3）泡沫灭火器。

泡沫灭火器喷出的泡沫能覆盖在燃烧物的表面，防止空气进入，可用来扑灭 A 类火灾，如木材、棉布等固体物质燃烧引起的失火；最适宜扑救 B 类火灾，如汽油、柴油等液体火灾；不能扑救水溶性可燃、易燃液体的火灾（如醇、酯、醚、酮等物质）和 E 类（带电）火灾。泡沫灭火器的适用范围及使用方法如图 3-26 所示。

泡沫灭火器适宜扑灭油类及一般物质的初起火灾。使用时，用手握住灭火器的提环，平稳、快捷地提往火场，不要横扛、横拿。

图 3-26 泡沫灭火器的适用范围及使用方法

3）灭火器日常检查内容

（1）检查灭火器的维修标签和检查记录标签是否齐全完整，检查灭火器的有效期和灭火器按"四定"（定人、定期、定点、定责）管理的执行情况；

（2）检查灭火器的铅封是否完好，喷嘴是否畅通，可见零部件是否完整，装配是否合理，有无松动、变形、老化或损坏；

（3）检查灭火器防腐层是否完好，有明显锈蚀时，应及时维修并做耐压试验，试验不合格的必须报废；

（4）检查带表计的储压式灭火器时，检查压力表指针，指针在红色区域表明灭火器已经失效，应及时送检并重新充装；

（5）二氧化碳灭火器应每半月进行一次称重，发现存在异常情况应及时维修或重新充装。

4）灭火器注意事项使用注意事项

（1）不要将灭火器的盖与底对着人体，防止盖、底弹出伤人；

（2）不要与水同时喷射在一起，以免影响灭火效果；

（3）扑灭电器火灾时，尽量先切断电源，防止人员触电；

（4）灭火时，人员应站在上风处，离火源处 2～5m 距离；

（5）使用二氧化碳类灭火器时，持喷筒的手应握在胶质喷管处，防止冻伤；

（6）室内使用后，应加强通风。

2．消防栓、消防水带和消防水枪

消防栓，也称为消火栓，一种固定式消防设施，主要作用是控制可燃物、隔绝助燃物、消除着火源，分室内消火栓和室外消火栓。消火栓主要供消防车从市政给水管网或室外消防给水管网取水实施灭火，也可以直接连接消防水带、消防水枪出水灭火。所以，室内外消火栓系统也是扑救火灾的重要消防设施之一。

消防水带是火场供水的必备器材。消防水带按衬里材料不同可分为橡胶衬里消防水带、乳胶衬里消防水带、聚氨酯（TPU）衬里消防水带、PVC 衬里消防水带、消防软管；按口径不同分为内口径 25mm、40mm、50mm、65mm、80mm、100mm、125mm、150mm、200mm、250mm、300mm 消防水带；按承受工作压力不同可分为 0.8MPa、1.0MPa、1.3MPa、1.6MPa、2.0MPa、2.5MPa 工作压力消防水带；按使用功能不同可分为通用消防水带、消防湿水带、抗静电消防水带、A 类泡沫专用水带、水幕水带；按结构不同可分为单层纺织消防水带、双层纺织消防水带、内外涂层消防水带；按长度不同可分为 15m、20m、25m、30m、40m、60m、200m 消防水带。

消防水枪是由单人或多人携带和操作的以水作为灭火剂的喷射管枪。消防水枪通常由接口、枪体、开关和喷嘴或能形成不同形式射流的装置组成。消防水枪的作用是加快流速，增大和改变水流形状。按工作压力范围消防水枪分为：低压水枪（0.2～1.6MPa）、中压水枪（1.6～2.5MPa）、高压水枪（2.5～4.0MPa）；按喷射的灭火水流形式消防水枪可分为：直流水枪、喷雾水枪、直流喷雾水枪、多用水枪。

消防栓、消防水带和消防水枪如图 3-27 所示。

图 3-27 消防栓、消防水带和消防水枪

3．火灾探测器

物质在燃烧过程中，通常会产生烟雾，同时释放出称为气溶胶的燃烧气体，它们与空

气中的氧发生化学反应，形成含有大量红外线和紫外线的火焰，导致周围环境温度逐渐升高。这些烟雾、温度、火焰和燃烧气体称为火灾参量。火灾探测器的基本功能就是对烟雾、温度、火焰和燃烧气体等火灾参量作出有效反应，通过敏感元件，将表征火灾参量的物理量转化为电信号，送到火灾报警控制器。根据对不同的火灾参量响应和不同的响应方法，分为若干种不同类型的火灾探测器，主要包括感烟火灾探测器、感温火灾探测器、感光火灾探测器、复合火灾探测器等。

1）感烟火灾探测器

感烟火灾探测器是用于探测物质燃烧初期在周围空间所形成的烟雾粒子含量，并自向火灾动报警控制器发出火灾报警信号的一种火灾探测器。它响应速度快，能及早地发现，是使用量最大的一种火灾探测器。

感烟火灾探测器从作用原理上分类，可分为离子型、光电型两种类型。离子感烟火灾探测器是对能影响探测器内电离电流的燃烧产物敏感的探测器。光电感烟探测器是利用火灾时产生的烟雾粒子对光线产生吸收遮挡、散射或吸收的原理并通过光电效应而制成的一种火灾探测器。

2）感温火灾探测器

感温火灾探测器是对警戒范围内某一点或某一线段周围的温度参数敏感响应的火灾探测器。根据监测温度参数的不同，感温火灾探测器有定温、差温和差定温三种。探测器由于采用的敏感元件不同，又可派生出各种感温探测器。

与感烟火灾探测器和感光火灾探测器比较，感温火灾探测器的可靠性较高，对环境条件的要求更低，但对初期火灾的响应要迟钝些，报警后的火灾损失要大些。它主要适用于因环境条件而使感烟火灾探测器不宜使用的某些场所；并常与感烟火灾探测器联合使用组成与门关系，对火灾报警控制器提供复合报警信号。

在可能产生明燃或者若发生火灾不及早报警将造成重大损失的场所，不宜选用感温火灾探测器；温度在0℃以下的场所，不宜选用定温火灾探测器；正常情况下温度变化较大的场所，不宜选用差温火灾探测器；火灾初期环境温度难以肯定时，宜选用差定温复合式火灾探测器。

3）感光火灾探测器

感光火灾探测器又称为火焰探测器，它是一种能对物质燃烧火焰的光谱特性、光照强度和火焰的闪烁频率敏感响应的火灾探测器。它能响应火焰辐射出的红外、紫外和可见光。

感光探测器的主要优点是：响应速度快，其敏感元件在接收到火焰辐射光后的几毫秒，甚至几微秒内就发出信号，特别适用于突然起火无烟的易燃易爆场所。它不受环境气流的影响，是唯一能在户外使用的火灾探测器。另外，它还有性能稳定、可靠、探测方位准确等优点，因而得到普遍重视。

在火灾发展迅速，有强烈的火焰和少量烟、热的场所，应选用感光火灾探测器。在可能发生无焰火灾、在火焰出现前有浓烟扩散、探测器的镜头易被污染、探测器的"视线"（光束）易被遮挡、探测器易受阳光或其他光源直接或间接照射、在正常情况下有明火作业和射线及弧光影响等情形的场所，不宜选用感光火灾探测器。

4）复合火灾探测器

复合式火灾探测器是一种能响应两种或两种以上火灾参数的火灾探测器，主要有感烟感温、感光感温、感光感烟火灾探测器等。

在工程设计中应正确选用探测器的类型，对有特殊工作环境条件的场所，应分别采用耐寒、耐酸、耐碱、防水、防爆等功能的探测器，才能有效地发挥火灾探测器的作用，延长其使用寿命，减少误报和提高系统的可靠性。

三、防雷装置

防雷装置分为两大类，外部防雷装置和内部防雷装置。外部防雷装置由接闪器（接闪杆、网、带、线）、引下线和接地装置组成，即传统的防雷装置。内部防雷装置主要用来减小建筑物内部的雷电流及其电磁效应，如采用电磁屏蔽、等电位连接和装设电涌保护器（SPD）等措施，防止雷击电磁脉冲可能造成的危害，主要包含等电位、屏蔽、防静电感应、防浪涌、防跨步电压、防接触电压等。根据炼油化工企业生产实际，本节仅对外部防雷装置简要介绍。

（一）接闪器

接闪器主要包括避雷针、避雷带（线）、避雷网以及用作接闪器的金属屋面和金属构架等。避雷针宜采用热镀锌圆钢或钢管，针长1m以下时，采用圆钢时其直径不应小于12mm，采用钢管时其直径不应小于20mm；针长1～2m时，采用圆钢时其直径不应小于16mm，采用钢管时其直径不应小于25mm；避雷网或避雷带宜采用圆钢或扁钢，优先采用圆钢，采用圆钢时其直径不应小于8mm；采用扁钢时其截面积不应小于48mm^2，厚度不应小于4mm。

当采用金属屋面作接闪器时，金属板之间采用搭接方式时，其搭接长度不应小于100mm，金属板下无易燃物品时，其厚度不应小于0.5mm，有易燃物时，其厚度，铁板不应小于4mm，铜板不应小于5mm，铝板不应小于7mm。

（二）引下线

引下线是指连接接闪器与接地装置的金属导体。引下线宜采用热镀锌圆钢或扁钢，优先采用圆钢，采用圆钢时其直径不应小于8mm；采用扁钢时其截面积不应小于48mm^2，厚度不应小于4mm。引下线应沿建筑物外墙明敷，并沿最短路径接地，如必须暗敷时，圆钢直径不应小于10mm；扁钢截面积不应小于80mm^2。当有多根引下线时，需在每根引下线距地面0.3～1.8m之间设置断接卡，断接卡一般采用搭接焊的形式。断接卡两连接螺栓的长度应不小于40mm。

（三）接地装置

接地装置包括接地线和接地体两部分，接地体又分为水平接地体和垂直接地体两种。

埋于土壤中垂直接地体宜采用角钢、钢管或圆钢，埋于土壤中的水平接地体宜采用扁钢或圆钢。圆钢直径不应小于10mm，扁钢截面不应小于100mm，其厚不应小于4mm，角钢厚度不应小于4mm，钢管壁厚不应小于3.5mm。人工接地体在土壤中的埋设深度不应小于0.5m，并宜敷设在当地冻土层以下，其距离或基础不宜小于1m，接地体应远离由于高温影响使土壤电阻率升高的地方。垂直接地体的长度宜为2.5m，垂直接地体间的距离及与水平接地体间的距离宜为 5m，受地方限制时可适当缩小。接地线与接地体采用焊接形式时，扁钢焊接长度宜为边宽的 2 倍（且至少 3 个棱边焊接），圆钢焊接长度宜为圆钢直径的 6 倍；圆钢与扁钢连接时，其长度为圆钢直径的 6 倍。

四、安全用电设施

（一）漏电保护器

1．定义和作用

漏电保护器是指电路中发生漏电或触电时，能够自动切断电源的保护装置，包括各类漏电保护开关（断路器）、漏电保护插头（座）、带漏电保护功能的组合电器等。

在低压配电系统中装设漏电保护器能防止直接接触电击事故和间接接触电击事故的发生，也是防止电气线路或电气设备接地故障引起电气火灾和电气设备损坏事故的重要技术措施。

2．漏电保护器的使用与维护要求

（1）对使用中的漏电保护器应至少每月用试验按钮检查其动作特性是否正常。雷击活动期和用电高峰期应增加试验次数。对于手持电动工具和移动式电气设备和不连续使用漏电保护器，应在每次使用前进行试验。因各种原因停运的剩余电流动作保护装置再次使用前，应进行通电试验，检查装置的动作情况是否正常。对已发现的有故障的漏电保护器应立即更换。

（2）为检验漏电保护器在运行中的动作特性及其变化，应由有资质的检验单位定期进行动作特性试验。动作特性试验项目包括测试剩余动作电流值、测试分断时间、测试极限不驱动时间。进行特性试验时，应使用经国家有关部门检测合格的专用测试设备，由专业人员进行。严禁采用相线直接对地短路或利用动物作为试验物的方法进行试验。

（3）漏电保护器动作后，应认真检查其动作原因，排除故障后再合闸送电。经检查未发现动作原因时，允许试送电一次。如果再次动作，应查明原因，查出故障，不得连续强行送电。必要时对其进行动作试验，经检查确认剩余电流保护装置本身发生故障时，应在最短时间内予以更换。严禁退出运行、私自撤除或强行送电。

（4）漏电保护器运行中遇有异常现象，应由专业人员进行检查处理，以免扩大事故范围。漏电保护器损坏后，应由专业单位进行检查维护。

（5）在漏电保护器的保护范围内发生电击伤亡事故，应检查漏电保护器的动作情况，分析未能起到保护作用的原因，在未调查前，不得拆动漏电保护器。

（二）静电释放装置

1．静电的危害

静电危害是由静电电荷或静电场能量引起的。在生产工艺过程中以及操作人员的操作过程中，某些材料的相对运动、接触与分离等原因导致了相对静止的正电荷和负电荷的积累，即产生了静电。在有爆炸和火灾危险的场所，静电放电火花会成为可燃性物质的点火源，造成爆炸和火灾事故。人体因受到静电电击的刺激，可能引发二次事故，如坠落、跌伤等。

2. 人体静电消除器

人体静电消除器是采用一种无源式电路，利用人体上的静电使电路工作，最后达到消除静电的作用。它的特点是：体积小，重量轻，不需电源，安装方便，消除静电时无感觉。

由于人们穿着人造织物衣服极为普遍，人造织物极易产生静电，往往积聚在人体上。为防静电可能产生的火花，需对进入爆炸危险区域等处的扶梯上或入口处设置人体静电释放装置，如图 3-28 所示。当手掌与触摸球接触，即可达到人体静电安全释放的目的。

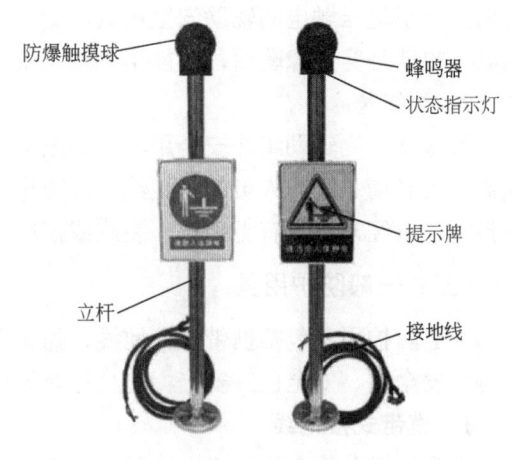

图 3-28 人体静电消除器

五、电气安全用具

（一）基本绝缘安全用具

1. 绝缘棒

绝缘棒又称令克棒、绝缘拉杆、操作杆等。绝缘棒由工作头、绝缘杆和握柄三部分构成。绝缘棒用来操作高压跌落式熔断器、单极隔离开关、柱上断路器、装拆临时接地线等。

2. 高压验电器

高压验电器是一种用来检查高压线路和电气设备是否带电的工具，是变电所常用的最基本的安全用具，一般以辉光作为指示信号，新式高压验电器也有靠音响或语言作为指示的。高压验电器如图 3-29 所示。

3. 绝缘夹钳

绝缘夹钳是在带电情况下，用来安装和拆卸高压保险器或执行其他类似工作的工具。绝缘夹钳如图 3-30 所示。

图 3-29 高压验电器　　图 3-30 绝缘夹钳

（二）辅助绝缘安全用具

1. 绝缘手套和绝缘靴（鞋）

绝缘手套和绝缘靴是由特殊的橡胶制成。绝缘靴的作用是使人体与地面绝缘，只能作

63

为防止跨步电压触电的辅助安全用具,无论在什么工作电压下,都不能作为基本绝缘安全用具。也就是穿绝缘靴后,不能用手触及带电体。

2. 绝缘垫

绝缘垫作为辅助绝缘安全用具,一般铺在配电室的地面上,以便在带电操作断路器或隔离开关时增强操作人员的对地绝缘,防止接触电压和跨步电压对人体的伤害。使用时应保持清洁,经常检查有无破洞、裂纹或损坏现象。

(三)一般防护用具

一般防护用具包括携带式接地线、隔离板、临时遮拦、各种安全工作标志牌、安全腰带等。安全帽、安全色、安全标志具体介绍见第三章第一节和第二节。

1. 携带式接地线

当高压设备停电检修或进行其他工作时,为了防止停电设备所产生的感应电压或检修设备的突然来电对人体的危害,需要使用携带式接地线将停电设备的三相电源短路接地,同时将设备上的残余电荷对地放掉。接地线使用的导线为多股铜线,截面积不应小于 25mm^2。接地线要有统一编号,固定位置存放,存放位置统一编号,即"对号入座"。接地线的连接应使用专用的线夹,禁止缠绕。

2. 隔离板、临时遮拦

在高压设备上进行部分停电工作时,为了防止工作人员走错位置,误入带电间隔或接近带电设备至危险距离,一般采用隔离板或临时遮拦进行防护。

隔离板用干燥的木板制成,高度一般不小于 1.8m,下部边缘离地面不超过 100mm,在板上有明显的警告标志"止步,高压危险!"标志牌。

临时遮拦是将线网或线绳固定在停电设备周围的铁棍上形成,高度不低于 1.7m,下部边缘离地面不超过 100mm。装设遮拦是为了限制工作人员的活动范围,防止他们接近或触及带电部分。部分停电的工作在未停电设备之间的安全距离小于表 3-4 规定值时,应装设临时遮拦,临时遮拦与带电部分的距离不能大于表 3-5 的规定值,在临时遮拦上应悬挂"止步,高压危险!"的标志牌。

表 3-4 设备不停电时的安全距离

电压等级,kV	10 及以下	35	66,110
安全距离,m	0.70	1.00	1.50

表 3-5 临时遮拦与带电部分的距离

电压等级,kV	10 及以下	35	66,110
安全距离,m	0.35	0.60	1.50

3. 安全腰带

安全腰带是防止高空作业时坠落的用具,用皮革、帆布或化纤材料制成,由大小两根带子组成,小的系在腰间,大的系在电杆或牢固的构架上,使用前要检查接头和挂钩完好。

4. 安全帽

具体内容见第三章第一节。

5. 安全标识

具体内容见第三章第二节。

六、防坠落器材

（一）安全带

安全带是防止高处作业人员发生坠落或发生坠落后将作业人员安全悬挂的个体防护装备，如图 3-31 所示。

1. 结构

（1）安全绳：在安全带中连接系带与挂点的绳。

（2）缓冲器：串联在系带和挂点之间，发生坠落时吸收部分冲击能量、降低冲击力的部件。

（3）系带：坠落时支撑和控制人体、分散冲击力，避免人体受到伤害的部件。

（4）主带：系带中承受冲击力的带。

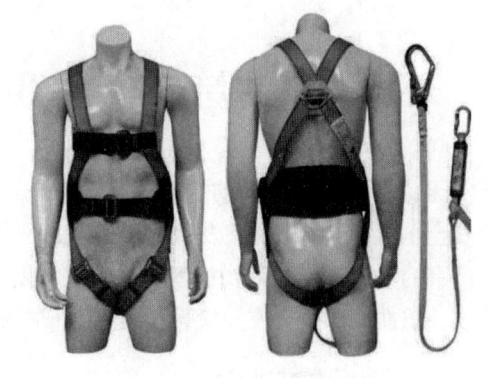

图 3-31 安全带

2. 使用前检查

每次使用安全带前，除按要求检查安全带以外，还应检查安全绳及缓冲器装置各部位是否完好无损，安全绳、系带有无断股、撕裂、损坏、缝线开线、霉变；金属件是否齐全，有无裂纹、腐蚀变形现象，弹簧弹性是否良好，以及是否有其他影响安全带性能的缺陷，如果发现存在影响安全带强度和使用功能的缺陷，立即更换。

3. 穿戴要求

（1）将安全带穿过手臂至双肩，保证所有系带没有缠结，自由悬挂，肩带必须保持垂直，不要靠近身体中心。

（2）将胸带通过穿套式搭扣连接在一起，多余长度的系带穿入调整环中。

（3）将腿带与臀部两边系带上的搭扣连接，将多余长度的系带穿入调整环中。

（4）从肩部开始调整全身的系带，确保腿部系带的高度正好位于臀部下方，然后对腿部系带进行调整，试着做单腿前伸和半蹲，调整使两侧腿部系带长度相同，胸部系带要交叉在胸部中间位置，并且大约离开胸骨底部 3 个手指宽的距离。

4. 使用要求

（1）安全带应高挂低用，拴挂于牢固的构件或物体上，应防止挂点摆动或碰撞，禁止将安全带挂在移动或带有尖锐棱角或不牢固的物件上。

（2）使用坠落悬挂安全带的挂点应位于垂直于工作平面上方位置且安全空间足够高、大。

（3）使用安全带时，安全绳与系带不能打结使用，也不准将钩直接挂在安全绳上使用，应挂在连接环上使用。

（4）安全绳（含未打开的缓冲器）有效长度不应超过 2m，有两根安全绳（含未打开的缓冲器）其单根有效长度不应超过 1.2m。严禁将安全绳接长使用，如需使用 2m 以上的安全绳应采用自锁器或速差式防坠器。

（5）使用中不得拆除安全带各部件，严禁修正安全带上的缝合方法、绳索或 D 环等配件。

（6）安全带不使用时，存放地点不应接触高温、明火、强酸强碱或尖锐物体，不应存放在潮湿的地方。

（7）高处动火作业使用阻燃安全带，严禁使用普通安全带。

第四节　现场救护与逃生

无论多么周到详细的安全措施，或是多么安全可靠的防护工具，也不一定都能做到绝对的安全。如果现场出现突发情况，在专业医务人员到达之前，现场人员应尽可能地利用当时当地所有的人力、物力为伤病者提供救护帮助，这时救护人员就要懂得触电、中毒、异物窒息、灼伤、出血、骨折等常见突发情况的正确救护措施，正确施救可能挽回一个人的生命。

一、现场救护概述

现场救护，是指现场工作人员因意外事故或急症，在未获得医疗救助之前，为防止病情恶化而对患者采取的一系列急救措施。现场救护的目的是维持、抢救伤病员的生命，改善病情，减轻病员痛苦，尽可能防止并发症和后遗症。

（一）救护原则

对危急病人和意外事故受伤人员必须遵循先"救"后"送"，先"救命"后"治伤"的原则。对伤病员先进行急救，采取必要的救护措施，然后通过各种通信工具向救护站或医院呼救，或直接送医院进行进一步的抢救和治疗。

（二）常用的现场救护技术

现场救护经常使用口对口人工呼吸、胸外心脏按压（心肺复苏）、止血、包扎、固定、转运等救护技术。

1. 口对口人工呼吸

如图 3-32 所示，基本方法：病人仰卧、松开衣物—清理病人口腔阻塞物—病人鼻孔朝天、头后仰—捏鼻—贴嘴吹气—放开嘴鼻—换气，如此反复进行。成人吹气频率为 12 次/min，儿童 15 次/min，婴儿 20 次/min。但是要注意，吹气时吹气容量相对于吹气频率更为重要，开始的两次吹气，每次要持续 1~2s，让气体完全排出后再重新吹气，1min 内检查颈动脉搏动及瞳孔、皮肤颜色，直至患者恢复复苏成功，或死亡，或准备好做气管插管。

2. 胸外心脏按压

如图 3-33 所示，基本方法：将患者仰卧于平地上或用胸外按压板垫于其肩背下，急救者可采用跪式或踏脚凳等不同体位，将一只手的掌根放在患者胸部的中央，胸骨下半部上，将另一只手的掌根置于第一只手上。手指不接触胸壁。按压时双肘须伸直，垂直向下用力按压，成人按压频率为至少 100 次/min，下压深度成年人至少为 5cm，婴儿和儿童至少为胸部前后径的 1/3；每次按压之后应让胸廓完全回复。按压时间与放松时间各占 50%左右，放松时掌根部不能离开胸壁，以免按压点移位。单人实施心肺复苏时，按压—通气比率为 30∶2，双人按压—通气比率为 15∶1。

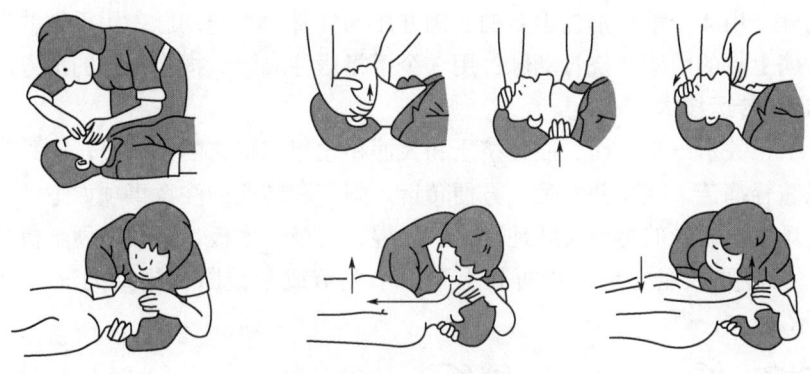

图 3-32　口对口人工呼吸

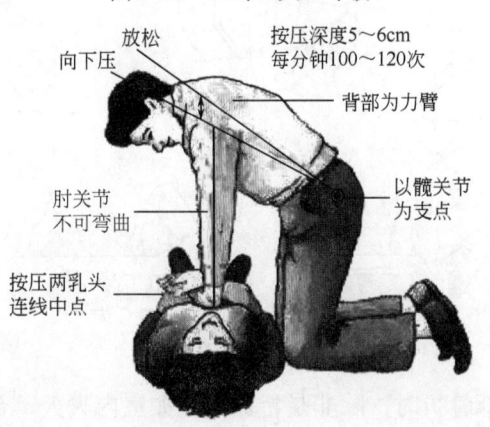

图 3-33　胸外心脏按压

现场胸外心脏按压应坚持不间断地进行，不可轻易作出停止复苏的决定，如符合下列条件者，现场抢救人员方可考虑终止复苏：

（1）患者呼吸和循环已有效恢复。

（2）无心搏和自主呼吸，胸外心脏按压在常温下持续 30min 以上，专业医疗人员到场确定患者已死亡。

（3）有专业医疗人员接手承担复苏或其他人员接替抢救。

3．止血方法

常见的止血方法有包扎止血、压迫止血，另外还有止血带止血、加压包扎止血和加垫屈肢止血等多种止血方法。

包扎止血法：一般伤口小的出血，先用生理盐水涂上红汞药水，然后盖上消毒纱布，用绷带较紧地包扎。

图 3-34　压迫止血法

压迫止血法：严重出血时最基本、最常用，也是最有效的止血方法，适用于头、颈、四肢动脉大血管出血的临时止血。用手指或手掌用力压住比伤口靠近心脏更近部位的动脉跳动处（止血点）。只要位置找得准，这种方法能马上起到止血作用。压迫止血法如图3-34所示。

身体上通常有效的止血点有8处。一般来讲上臂动脉、大腿动脉、桡骨动脉是较常用的。上臂动脉：用4个手指掐住上臂的肌肉并压向臂骨；大腿动脉：用手掌的根部压住大腿中央稍微偏上点的内侧；桡骨动脉：用3个手指压住靠近大拇指根部的地方。

4．固定和转运技术

对于骨折、关节严重损伤、肢体挤压和大面积软组织损伤的伤病员，应采取临时固定的方法，以减轻痛苦、减少并发症、方便转运。固定和转运的注意事项如下：

（1）现场固定断骨的材料可就地取材，如棍、树枝、木板、拐杖、硬纸板等都可作为固定材料，长短要以能固定住骨折处上下两个关节或不使断骨错动为准。骨折固定如图3-35所示。

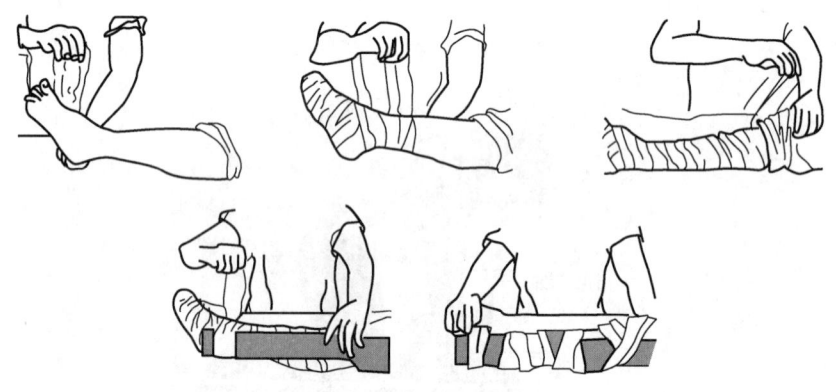

图3-35　骨折固定

（2）脊柱骨折或颈部骨折时，除非是特殊情况如室内失火，否则应让伤者留在原地，等待携有医疗器材的医护人员来搬动。

（3）抬运伤者，从地上抬起时，要多人同时缓缓用力平托；运送时，必须用木板或硬材料，不能用布担架或绳床。木板上可垫棉被，但不能用枕头，颈椎骨骨折伤者的头须放正，两旁用沙袋将头夹住，不能让头随便晃动。

二、现场救护

（一）触电

触电造成的伤害主要表现为电击和局部的电灼伤。严重电击可造成假死现象，即触电者失去知觉、面色苍白、瞳孔放大、脉搏和呼吸停止。触电造成的假死一般都是随时发生的，但也有在触电几分钟甚至1～2天后才突然出现假死的症状。

炼油化工企业各专业在现场施工中，涉及的电气设施有发电机、电气仪表、照明灯具及其他电气设备等，在电气设备设施的安装和运行过程中存在较大的触电风险。当现场发生触电事故时，急救动作要迅速，救护要得法。发现有人触电，切不可惊慌失措、束手无策，首先要尽快地使触电者切断电源，然后根据触电者的具体情况，进行相应的救治。

1．切断电源

人触电后，可能由于痉挛或失去知觉等原因而紧抓带电体，不能自行摆脱电源。这时，使触电者尽快脱离电源是救活触电者的首要因素。

1）低压触电

（1）触电地点有开关，立即断开。

（2）触电地点无开关或距开关较远时，使用带有绝缘柄的电工钳或干木柄挑开电线。

（3）电线落在人身上，可用干燥衣服、手套、绳、木板拉人或拉开电线。

（4）触电者衣服干燥，且没有紧缠在身上，救护人员可以用一只手抓住触电者的衣服角或衣物边（未与触电者身体直接接触的）将其拉脱电源。

2）高压触电

（1）立即通知有关部门停电。

（2）戴绝缘手套，穿绝缘鞋，用相应电压等级的绝缘工具拉开开关，并防止触电者脱离电源后可能的摔伤。

（3）抛掷裸线短路接地，迫使短路装置动作切断电源，注意勿抛到人身上。

2．触电急救

当触电者脱离电源后，应根据触电者和具体情况，迅速对症救护。现场应用的主要救护方法是人工呼吸法和胸外心脏挤压法，触电者需要救治的，大体按以下几种情况分别处理：

（1）精神清醒者。如果触电者伤势不重，神志清醒，但有心慌、四肢发麻、全身无力，或者触电者在触电过程中曾一度昏迷，但已清醒过来，应使触电者安静休息，不要走动，严密观察，并请医生前来诊治或及时送往医院。

（2）神志昏迷者，但还有心跳呼吸。应该将触电者仰卧，解开衣服，以利呼吸，周围的空气要流通，严密观察，并迅速请医生前来诊治或送医院检查治疗。

（3）呼吸停止、心搏存在者。应用人工呼吸法诱导呼吸。

（4）心搏停止、呼吸存在者。持续采用胸外心脏按压法进行救治，直至患者复苏或者确认死亡。在有设备的情况下，可予起搏处理。

（5）呼吸、心搏均停止者。同时进行人工呼吸和心脏按压，在现场抢救的同时，迅速请医务人员赶赴现场，进行其他有效的抢救措施。

（6）并发症处理。电灼伤创面，在现场要注意消毒包扎、减少污染。

（二）中毒

毒物是当人体摄入足够量后能损伤机体甚至致死的物质。毒物进入人体的途径有：吸入、皮肤吸收、消化道摄入和注射等。

1．消化道摄入化学物质的救护

1）摄入一般化学物质的救护

（1）检查 ABC（气道、呼吸、循环）状况，必要时进行心肺复苏。

（2）尽量明确何种毒物。

（3）如果受伤者清醒，而摄入的是腐蚀性物质，让其多喝冷水或牛奶。

（4）不要试图催吐。

(5) 拨打急救电话，在伤病着身体条件允许的情况下，将伤病者送到最近的有条件的医院。

2) 药物中毒的救护

伤病者的中毒反应因摄入何种药物、多大剂量以及服用方法而各异。

(1) 检查伤病者的反应。

(2) 检查 ABC（气道、呼吸、循环）状况，必要时进行心肺复苏，置受伤者于恢复体位。

(3) 不要催吐，但要保留呕吐物样本。

(4) 拨打急救电话，在伤病着身体条件允许的情况下，将伤病者送到最近的有条件的医院。

2．食物中毒的救护

食物中毒是由于摄入了含有不同种类致病细菌的食物而引起的中毒。救护方法是：

(1) 饮水。立即引用大量的干净的水，对毒素进行稀释。

(2) 催吐。用手指压迫咽喉，尽可能将胃里的食物排出。

(3) 封存。将吃过的食物进行封存，避免更多人受害。

(4) 呼救。马上向急救中心呼救，越早去医院越有利于抢救，如果超过一定时间，毒物就吸收到血液里，危险性更大。

3．天然气中毒

发现天然气泄漏时，要立即切断气源、加强通风；操作人员要穿防静电服，使用防爆工具；高浓度天然气环境中应佩戴空气呼吸器。若发现有中毒者，应迅速将其脱离中毒现场，吸氧或新鲜空气；对有意识障碍等中毒严重者应立即送往医院。

4．硫化氢中毒

对可能有硫化氢气体存在的区域，要加强通风排气。操作人员进入该区域，应穿戴防毒面具，身上缚以救护带并准备其他救生设备。

针对硫化氢中毒的患者，立即将其撤离现场，移至新鲜空气处，解开衣扣，保持其呼吸道的通畅，有条件的还应给予氧气吸入。有眼部损伤者，应尽快用清水反复冲洗，并给以抗生素眼膏或眼药水滴眼，或用醋酸可的松眼药水滴眼，每日数次，直至炎症好转。对呼吸停止者，应立即进行人工呼吸，对休克者应让其取平卧位，头稍低；对昏迷者应及时清除口腔内异物，解开衣扣，保持呼吸道通畅。

5．汽油中毒

汽油泄漏的场所，加强通风排毒和个人防护；进入汽油泄漏的场所，必须佩戴防毒面具。

工作中发现有头晕、头痛、呕吐等汽油中毒症状时，应迅速移离现场，静卧在空气新鲜处，将中毒者腰带、纽扣松开，保持呼吸道畅通，用肥皂及清水清洗皮肤、头发等。眼睛污染者可用2%碳酸氢钠溶液冲洗，硼酸眼药水滴眼。误服汽油者可灌入牛奶或植物油，然后催吐、洗胃、导泻。

6．一氧化碳中毒

进入一氧化碳高浓度作业区，先测定一氧化碳的浓度，并进行通风、排风。抢修设备故障时，应佩戴好防毒面具。发现中毒患者，将患者迅速移至空气新鲜、通风良好处，脱离中毒现场后须注意保暖。对呼吸困难者，应立即进行人工呼吸并迅速送医院进行进一步的检查和抢救。有条件者应对中度和重度中毒患者立即给吸入高浓度氧。

（三）异物窒息

人员在进食过程中突然极度呼吸困难、喘憋、表情痛苦、无法言语，继而出现面色发紫或苍白时，在场者应立刻判断其为气道误吸食物或异物发生窒息。

急性呼吸道异物堵塞在生活中并不少见，由于气道堵塞后患者无法进行呼吸，故可能致人因缺氧而意外死亡。海姆里克腹部冲击法是比较快速有效的急救方法，该法在全世界被广泛应用，拯救了无数患者。

海姆里克腹部冲击法原理是将人的肺部设想成一个气球，气管就是气球的气嘴，假如气嘴被异物阻塞，可以用手捏挤气球，气球受压球内空气上移，从而将阻塞气嘴儿的异物冲出。

具体方法是：急救者从背后环抱患者，双手一手握拳，两手紧锁，从腰部突然向其上腹部施压，迫使其上腹部下陷，造成膈肌突然上升，这样就会使患者的胸腔压力骤然增加，由于胸腔是密闭的，只有气管一个开口，故胸腔（气管和肺）内的气体就会在压力的作用下自然地涌向气管，可反复多次，每次冲击将产生 450～500mL 的气体，从而就有可能将异物排出，此方法可反复实施，直至阻塞物吐出、恢复气道的通畅为止，如图 3-36 所示。

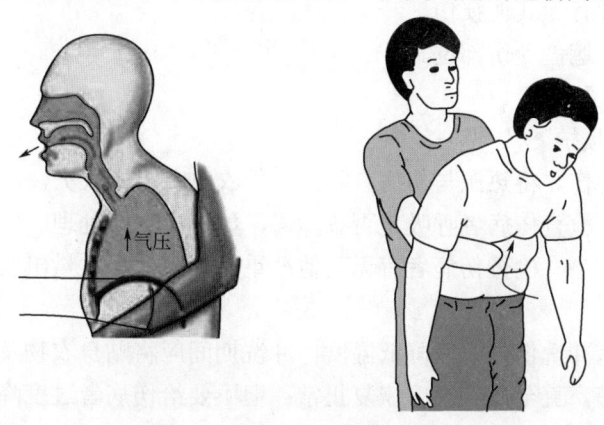

图 3-36 海姆里克腹部冲击法

如伤者呼吸道部分堵塞而气体交换良好时，救护员不要做任何处理，应尽量鼓励伤者通过咳嗽，自行清除异物。伤者无法自行咳出异物时，要采取海姆里克腹部冲击法反复进行动作，直至异物清除。

（四）灼伤

灼伤是由于热力、化学物质、电流及放射线作用引起的皮肤、黏膜及深部组织器官的损伤。灼伤分为低温灼伤和高温灼伤，低温灼伤虽然温度不高，但是持续时间长，创面疼痛感不明显，然而创面深度已严重损伤，常常由于未引起重视而造成较为严重后果，如电焊灼伤、手机充电时灼伤等情况。高温灼伤有突发性，令人猝不及防。

1. 轻微灼伤的救护

一般在生活中常见的灼伤或烫伤，如手指不慎碰到电暖气、被热水烫伤等，可依照下列方法处理：

（1）用凉水冲洗灼伤处至无疼痛感觉。

（2）处理灼伤处，用敷料遮盖。

（3）避免不必要的接触，以免擦破灼伤处。

2．电弧灼伤眼睛的救护

发生了电光性眼炎后,其简便的应急措施是用煮过而又冷却的鲜牛奶点眼,达到止痛的效果。方法是,开始几分钟点一次,而后,随着症状的减轻,点牛奶的时间可适当地延长。也可用毛巾浸冷水敷眼,闭目休息。经过应急处理后,需注意减少光的刺激,并尽量减少眼球转动和摩擦,一般经过一、二天即可痊愈。从事电焊工作的工人,禁止不戴防护眼镜进行电焊操作,以免引起不必要的事故。

3．电灼伤的救护

被电灼伤的伤病者,表面看并不严重,但其实电流通过其身体时,已产生一定程度的体内灼伤。通常伤病者身上会有两处创伤,一处在电流进入身体的入口处,另一处在电流离开身体的出口处。它是由于电流通过身体时,产生热所致;严重者更可导致呼吸、心搏骤停或心室纤维性颤动和骨折等。电灼伤的处理方法是:

(1) 首先切断电源,如关闭电源或用绝缘物将伤病者与电流分开。

(2) 若伤病者无脉搏,立即施行心肺复苏。

(3) 检查伤病者有无其他损伤。

(4) 用无菌敷料遮盖受伤部位。

(5) 前往就近医院。

4．严重灼伤的救护

(1) 防止继续灼伤。将热源与伤病者隔离,如衣物着火则灭火。

(2) 保持呼吸。检查伤病者呼吸是否有障碍,如有应立即处理。

(3) 检查其他伤势。检查伤病者有无其他严重的损害,如大量出血应先处理,并评估烧伤程度及面积。

(4) 降温。用水冲洗伤处,以降低温度,冲洗期间应将贴身衣物及金属物品除去,如手表、戒指或皮带等,直至皮肤温度恢复正常;但不要给伤病者过度降温,如发现伤病者发抖,应立即停止。

(5) 遮盖伤处。用无菌敷料、清洁的布单等覆盖伤处。

(6) 预防或处理休克,尽快将伤病者送往就近医院。

5．高压电灼伤救护

高压电灼伤是由电极或高压线引起的意外伤害(电压可高达400kV)。其处理方法是:

(1) 伤病者可能抛离电缆很远的地方,如发生这种情形,应根据伤势做适当救助。

(2) 如伤病者仍与电缆接触或位置非常接近电缆,则切勿试图施救。

(3) 切勿爬上设有电缆的塔架或柱上进行急救工作。

(4) 任何人必须远离电缆。

(5) 迅速把总电源关掉并立即通知相关部门。

高压电致伤的急救工作非常危险,切勿盲目施救,除非确知该电缆已经不通电、现场附近的电流已被完全切断或已接地、起重机或其他高大物体没有碰触高压线。

(五) 化学品入眼

在化验室实验过程中存在化学品入眼的风险。

化学品入眼的救护:

（1）千万不能用手揉眼睛。

（2）马上用大量的清水冲洗眼睛。如果化学品的腐蚀性强，冲洗后应该及时到医院处理。

（3）冲洗过程中应该不断地眨眼，有利于将眼睛中的化学品清除。

（4）前往医院检查时，提供化学品包装等，便于医生的诊断。

（5）有些化学物品在溶化时会产生大量热能，可能造成严重的烧伤。因此，如化学物品不慎入眼仍是粒状未溶解，则用干布揩擦清除，再用大量清水冲洗。

（6）有些化学物品暴露在空气中时易着火燃烧，在不能完全冲去时，应在运送伤病者期间用水温透敷料并遮盖在伤口上。

（六）中暑

中暑是指长时间暴露在高温环境中或在炎热环境中进行体力活动引起机体体温调节功能紊乱所致的一组临床症，以高热、皮肤干燥以及中枢神经系统症状为特征。核心体温达41℃是预后严重不良的指征，体温超过40℃的严重中暑病死率为41.7%，若超过42℃病死率为81.3%。

为预防中暑，应做好防暑降温工作，采用各种措施隔绝热源，做好作业场所的自然通风或机械通风，降低生产环境气温；应避免作业人员长时间在高温下劳动；特殊高温作业者须穿戴隔热面罩和特殊隔热服装。

中暑现场救护：

（1）停止活动并在凉爽、通风的环境中休息。脱去多余的或者紧身的衣服。

（2）如果患者有反应但没有恶心呕吐，宜让患者进水，也可服用人丹、十滴水、藿香正气水等药物。

（3）让患者躺下，抬高下肢15～30cm。

（4）将湿的凉毛巾放置于患者的头部和躯干部以降温，或将冰袋置于患者的腋下、颈侧和腹股沟处。

（5）若30min内患者情况没有明显改善，寻求医学救助。如果患者没有反应，开放气道，检查呼吸并给予适当处置。

（七）淹溺

淹溺是指人淹没于水或其他液体中，由于液体充塞呼吸道及肺泡或反射性引起喉痉挛，发生窒息和缺氧的现象。对于溺水者，除了积极自救外，同时需进行陆上抢救。

淹溺现场救护：

（1）若溺水者口鼻中有淤泥、杂草和呕吐物，首先应予以清除，保持上呼吸道的通畅。

（2）若溺水者已喝了大量的水，救护者可持半跪姿势，将溺水者腹部放在屈膝的大腿上，一手扶着溺水者的头，使溺水者嘴向下，另一手压在背部，使水排出。

（3）若溺水者已昏迷，呼吸很弱或停止呼吸，做完上述处理外，需进行人工呼吸。

（4）若溺水者呼吸和心跳均已停止，应立即对其做心肺复苏。

（5）脱去全部潮湿的衣服，换上干衣服或裹上毛毯，并在不低于22℃的环境中休息，使溺水者逐渐恢复体温。

（6）对于严重的患者应在现场抢救的同时及时送往医院。

三、现场逃生

无论是自然灾害还是人为事故，其共同特性是发生的时间地点不确定和危害程度的不可预知，因此应掌握一些逃生知识和技巧，采取积极有效的措施，尽量减少损失。

（一）火灾逃生

车辆携带的油料泄漏遇火，宿舍、建筑物厂房电路使用不合格电线或私拉乱接短路产生火花，办公区域用电设备线路老化，员工违反规定在禁火区内动火，恐怖分子的纵火等，均可造成火灾事故的发生。

火灾造成人类死亡的主要原因是火焰烟雾中毒导致的窒息。因烟雾中含有大量的一氧化碳及塑料化纤燃烧产生的氯、苯等有害气体，火焰又可造成呼吸道灼伤及喉头水肿，导致浓烟中逃生者 3～5min 内中毒窒息身亡。另外，发生着火后人员可能直接被大火吞没烧死。

发生火灾后逃生注意事项：

（1）发生初期火灾时，第一发现人大声呼叫报警，并立即进行扑救，同时报告现场负责人。

（2）及时断开着火区电源，现场负责人立即组织人员迅速展开初期火灾的扑救工作，切断易燃物输送源或迅速隔离易燃物等。

（3）若火势现场无法控制，应立即拨打就近火警电话，并及时向应急办公室汇报，并说明着火介质、着火时间、着火地点、火势情况，指派专人在门口迎接消防车。

（4）迅速疏散着火区内无关人员到安全区，确定安全警戒区域，安排专人负责警戒。在专业消防队到达之前，参加救火的人员要服从现场第一责任人的统一指挥，在专业消防队到达之后，听从现场消防指挥员的统一指挥，员工配合消防队做好灭火及其他工作。

（5）现场有伤员时，及时救护并联系就近医院进行救治。

（二）有毒介质环境逃生

在容器、槽箱、锅炉烟道及、排污井、地下沟道及化学药品储存间等密闭空间内作业时，由于通风不良、有毒气体泄漏等，造成作业人员昏倒、急性中毒、窒息伤害等。有毒介质主要有 H_2S、CO 等，作业现场常见且风险大的有毒介质主要是 H_2S 气体，H_2S 比空气重，剧毒，臭鸡蛋气味，容易在地面富集。

1. 可能发生的区域、地点或装置

（1）精制区：各塔内、罐内、排污井等密闭空间；

（2）分离区：各塔内、罐内、排污井等密闭空间；

（3）反应区：各塔内、罐内、排污井、炉子内、烟道等密闭空间；

（4）醚化区：各塔内、罐内、排污井等密闭空间。

2. 可能出现的征兆

工作人员工作期间，闻到刺鼻性气味或感觉精神状态不好，如眼睛灼热、流涕、呛咳、胸闷或头晕、头痛、恶心、耳鸣、视力模糊、气短、呼吸急促、四肢软弱乏力、意识模糊、嘴唇变紫、指甲青紫等。

3．逃生时的注意事项

（1）发生有毒介质泄漏事故后，如果现场人员无法控制泄漏，则应迅速报警并选择安全逃生。

（2）当有毒介质烟雾袭来时，逃生时间极其短暂，切忌冒目行动、随大流，要沉着镇静，选择最佳的逃生路线，并试以平时掌握的技巧接脱离险境。

（3）逃生时要根据泄漏物质的特性，佩戴相应的个体防护用品，如果现场没有防护用具，也可应急使用湿毛巾或湿衣物捂住口鼻进行逃生。

（4）逃生时要沉着冷静确定风向，根据有毒介质泄漏位置，向上风向或侧风向转移撤离，也就是要逆风逃生。另外，如果泄漏物质的密度比空气大，则选择往高处逃生，相反，则选择往低处逃生，但切忌在低洼处滞留。

（5）如果事故现场有救护消防人员或专人引导，应服从他们的引导和安排。

（三）洪灾逃生

汛期或暴雨来临时，沿河居住、洪水多发区、泄洪区、河道内的人员，应及时收听、收看气象部门通过电视、广播、手机等媒体发布的气象预报，并根据预报采取相应的防御措施；应及时掌握当地政府发布的相关信息，做好个人的防灾准备；应利用通信工具，拨打气象声讯服务电话，及时了解当地可能出现的各种天气变化，做好应急逃生准备。

（1）平时应尽可能多地了解洪灾防御的基本知识，配备救生衣等防护物品，掌握逃生自救的本领。

（2）汛期多听多看天气预报，留意险情可能发生的前兆，随时做好安全转移的思想准备。

（3）要观察、熟悉周围环境，预先设定紧急情况下躲险避险的安全路线和地点。

（4）一旦发现情况危急，及时向主管人员和周围人员报警，有序撤离。

（5）被洪水围困时，应等待救援，切勿盲目逃生。如遭遇洪水围困于低洼处的岸边、干坎或木、土结构的住房时，有通信条件的，可利用通信工具向当地政府和防汛部门报告，寻求救援；无通信条件的，可制造烟火或来回挥动颜色鲜艳的衣物或集体同声呼救，不断向外界发出紧急求助信号，求得尽早解救；情况危急时，可寻找体积较大的漂浮物等，主动采取自救措施。

（四）地震逃生

地震逃生自救的 9 种方法如下。

1．选择夹角避震

地震发生时，立即选择炕沿下、床前、桌下，蹲身抱头，以躲避房盖、墙砖等物体的打击。因为这些地方可形成遮蔽塌落物体的生存空间。但要注意切勿钻到床底下，床和桌子要坚固；衣柜不能是板式的，不要太高，太高可能倾倒。

2．选择厨房、厕所避震

如果住的是水泥现浇板或水泥预制板屋顶的房子，地震发生时，应立即进入厨房、厕所等处，因为这些地方开间小，有上下水管道连接，既能起到一定的支撑作用，又可能找到维持生存的水和食物，有可能减少伤亡。其弊端是回旋余地小，令人体缺少遮挡物。

75

3．首先保护自己

要尽可能多地保存有生力量。地震发生在一瞬间，不容多考虑，应当机立断，先保护好自己，如果有可能顺便再保护别人。要记住：只有保存了自己，才有可能去抢救他人。还要注意自己脱险后，要先救活人，先救容易救的，然后再救难救的。以争取时间，在最短的时间内救更多的人。

4．护住头、口、鼻

如果自己已经被埋在了废墟下面，千万不要惊慌。要头脑冷静，先用手保护好头部和鼻子、嘴，以免受伤和让灰土进入呼吸道。在手能动的情况下，先用手扒掉挤压身体的土石砖块，增大活动空间。如果四肢或上肢被压住不能动弹，就要注意保存体力、养精蓄锐。此时，精神的力量是巨大的，千万不能绝望，要坚定自己能活下去的决心，要以顽强的意志等待救援。面对危险，哭是没有用的，唯有自救互救才有活下来的可能。

5．不要大声呼喊

需要注意的是：地震时被砸在里面后，要立足于自救，千万不要大声呼喊，尽量减少体力消耗，你坚持的时间越长，获救的可能性越大。须知被压在里面的人听外面的声音清楚，里面发出的声音外面却不易听见。要积蓄体力，听到外面有人时再大声呼救。

6．积蓄水源节省使用

水是维持生命所必需的。地震后受困在封闭空间时，要千方百计找水。没有水要找容器保存自己的尿液饮用；没有尿要找湿土吮吸。要作较长时间打算，液体只做润唇、小饮而绝不可大喝。如果困在里面时间过长，就要找一切可能吃的东西充饥。

7．巩固生存空间

被埋在废墟里，首要的是保护好自己。要尽快用砖块将头上身上的天花板顶住，以防止在余震中把自己砸伤。要想方设法用棍子给自己捅出一个出气孔，以防止窒息。

8．创造逃生条件

地震受困后，只要能动，就要想方设法钻出去。要寻找可以挖掘的工具，如刀子、铁棍、铁片等用来挖掘废墟。要凭眼睛和耳朵、感觉找准逃生方向，哪里可以看到光线就说明距离短；哪里可以听到声音就说明距离近；哪个方向感觉风大就说明距离近。

9．坚持就能胜利

需要强调的是，被埋在废墟里面的人，只要能坚持下去，生存概率还是很高的。像1976年唐山大地震时，市区约有86%的人被埋压，在极震区约有90%以上的人被埋压。以数字计算，在近70万市民中，约有63万人被埋压，其中因埋压死亡近10万人，约占被埋压人数的16%。

第五节　危险化学品

一、危险化学品的定义与分类

根据《危险化学品安全管理条例》，危险化学品指具有毒害、腐蚀、爆炸、燃烧、助燃等性质，对人体、设施、环境具有危害的剧毒化学品和其他化学品。危险化学品按照《危险化学品目录（2015版）》《危险化学品目录（2015版）实施指南（试行）》等关于危险化学品的确定原则进行分类。按照GB 6944—2012《危险货物分类和品名编号》危险化学品分为9个类别，如表3-6所示。

表3-6 危险化学品分类

序号	类别	序号	类别
1	爆炸品	6	毒性物质和感染性物质
2	气体	7	放射性物质
3	易燃液体	8	腐蚀性物质
4	易燃固体、易于自燃的物质、遇水放出易燃气体的物质	9	杂项危险物质，包括危害环境物质
5	氧化性物质和有机过氧化物		

（1）爆炸品。

爆炸品是指在外界作用下（如受热、撞击等），能发生剧烈的化学反应，瞬时产生大量的气体和热量，使周围压力急剧上升，发生爆炸，对周围环境造成破坏的物品，也包括无整体爆炸危险，但具有燃烧、迸射及较小爆炸危险，或仅产生热、光、音响或烟雾等一种或几种作用的烟火物品。

（2）气体。

气体是指在50℃时，蒸气压力大于300kPa的物质；或20℃时在101.3kPa标准压力下完全是气态的物质，包括压缩气体、液化气体、溶解气体和冷冻液化气体、一种或多种气体与一种或多种其他类别物质的蒸气的混合物、充有气体的物品和烟雾剂。根据气体在物流中的主要危险性分为易燃气体、非易燃无毒气体、毒性气体。

（3）易燃液体。

易燃液体是指在其闪点温度（其闭杯实验闪点不高于60℃，或其开杯实验闪点不高于65.6℃）放出易燃蒸气的液体或液体混合物，或在溶液或悬浮液中含有固体的液体。易燃液体还包括液态退敏爆炸品。

（4）易燃固体、易于自燃的物质、遇水放出易燃气体的物质。

① 易燃固体：包括容易燃烧或摩擦可能引燃或助燃的固体；可能发生强烈放热反应的自反应物质；不充分稀释可能发生爆炸的固态退敏爆炸品。

② 易于自燃的物质：包括发火物质和自热物质。

③ 遇水放出易燃气体的物质：与水相互作用易变成自燃物质或能放出危险数量的易燃气体的物质。

（5）氧化性物质和有机过氧化物。

① 氧化性物质是指本身不一定可燃，但通常因放出氧或起氧化反应可能引起或促使其他物质燃烧的物质。

② 有机过氧化物是指分子组成中含有过氧基的有机物质。该物质为热不稳定物质，可能发生放热的自加速分解。该类物质还可能具有以下一种或数种性质：可能发生爆炸性分解；迅速燃烧；对碰撞或摩擦敏感；与其他物质起危险反应；损害眼睛。

（6）毒性物质和感染性物质。

① 毒性物质是指经吞食、吸入或皮肤接触后可能造成死亡、严重受伤或健康损害的物质，包括满足下列条件之一的毒性物质。

② 感染性物质是指含有病原体的物质，包括生物制品、诊断样品、基因突变的微生物、生物体和其他媒介，如病毒蛋白等。

（7）放射性物质。

放射性物质是指含有放射性核素且其放射性活度浓度和总活度都分别超过 GB 11806—2004《放射性物质安全运输规程》规定限值的物质。

（8）腐蚀性物质。

腐蚀性物质是指通过化学作用使生物组织接触时会造成严重损伤、或在渗漏时会严重损害甚至毁坏其他货物或运载工具的物质。

（9）杂项危险物质（包括危害环境物质）。

杂项危险物质是指存在危险但不能满足其他类别定义的物质和物品，包括：以微细粉尘吸入可危害健康的物质；会放出易燃气体的物质；锂电池组；救生设备；一旦发生火灾可形成二噁英的物质和物品；在高温下运输或提交运输的物质；危害环境的物质；经基因修改但不符合毒性物质或感染性物质定义的微生物和生物体；其他物质。

二、化学品安全技术说明书和危险化学品标签

（一）化学品安全技术说明书

化学品安全技术说明书（简称 SDS），国际上称为化学品安全信息卡，是化学品生产商和经销商按法律要求向用户必须提供的化学品理化特性（如 pH 值、闪点、易燃度、反应活性等）、毒性、环境危害及对使用者健康（如致癌、致畸等）可能产生危害的一份综合性文件。其内容主要包括危险化学品的燃爆性能、毒性和危害，以及安全使用、泄漏应急处置、主要理化参数、法律法规等方面信息。《化学品安全技术说明书内容和项目顺序》（GB/T 16483—2008）对安全技术说明书的编制、使用等作了明确规定。

化学品安全技术说明书为化学物质及其制品提供了有关安全、健康和环境保护方面的各种信息，并提供了有关化学品的基本知识、防护措施和应急行动等方面的资料。作为最基础的技术文件，其主要用途是传递安全信息。

（二）危险化学品标签

1．标志部类

根据常用危险化学品的危险特性和类别，它们的标志设主标志 16 种和副标志 11 种。

2．标志图形

主安全标志的图形由危险特性的图案、文字说明、底色和危险品类别号四个部分组成。如图 3-37 所示。副标志图形中没有危险品类别号。

标志 1 爆炸品标志	标志 2 易燃气体标志	标志 3 不易燃气体标志	标志 4 毒性气体标志
爆炸品 1	易燃气体 2	不燃气体 2	有毒气体 2
底色：橙红色 图形：正在爆炸的炸弹（黑色） 文字：黑色	底色：正红色 图形：火焰（黑色或白色） 文字：黑色	底色：绿色 图形：气瓶（黑色或白色） 文字：黑色或白色	底色：白色 图形：骷髅头和交叉骨 文字：黑色
标志 5 易燃液体标志	标志 6 易燃固体标志	标志 7 自燃物品标志	标志 8 遇水放出易燃气体标志
易燃液体 3	易燃固体 4	自燃物品 4	遇水放出易燃气体 4
底色：红色 图形：火焰（黑色或白色） 文字：黑色或白色	底色：红白相间的垂直宽条（红7白6） 图形：火焰（黑色） 文字：黑色	底色：橙红色 图形：正在爆炸的炸弹（黑色） 文字：黑色	底色：蓝色 图形：正在爆炸的炸弹（黑色） 文字：黑色
标志 9 氧化性物质	标志 10 有机过氧化物	标志 11 毒性物质	标志 12 感染性物质
氧化性物质 5.1	有机过氧化物 5.2	6	6
底色：柠檬黄色 图形：从圆圈中冒出的火焰 文字：黑色	底色：柠檬黄色 图形：从圆圈中冒出的火焰（黑色） 文字：黑色	底色：白色 图形：骷髅头和交叉骨形（黑色） 文字：黑色	底色：白色 图形：三个新月形符号沿一个圆圈重叠在一起 文字：黑色
标志 13 一级放射性物品	标志 14 二级放射性物品	标志 15 三级放射性物品	标志 16 腐蚀性物品
一级放射性物品 Ⅰ 7	二级放射性物品 Ⅱ 7	三级放射性物品 Ⅲ 7	腐蚀品 8
底色：白色 图形：上半部三叶形（黑色）下半部一条垂直的红色宽条 文字：黑色	底色：白色 图形：上半部三叶形（黑色）下半部两条垂直的红色宽条 文字：黑色	底色：白色 图形：上半部三叶形（黑色）下半部三条垂直的红色宽条 文字：黑色	底色：白色 图形：上半部白色下半部黑色 上半部两个试管中液体分别向金属板和手上滴落（黑色） 文字：黑色

图 3-37 主安全标志

（三）防护标志

防护标志如图 3-38 所示。

图 3-38　防护标志

（四）标志使用原则

当一种危险化学品具有一种以上的危险性时，应用主标志表示主要的危险性类别，并用副标志来表示其他主要的危险类别。

三、危险化学品安全周知卡

炼油化工企业通常会对涉及的所有危险化学品制作相应的安全周知卡，内容主要包括：危险性提示词、名称、分子式、CAS 码、危险性标志、危险性理化数据、禁配物、危险特性、健康危害、现场急救措施、个体防护措施、泄漏应急处理及消防措施、最高容许浓度、当地应急救援单位名称和当地应急救援单位电话等。汽油的安全周知卡如图 3-39 所示。

四、危险化学品的储存、装卸、运输、使用与废弃的要求

（一）危险化学品储存管理要求

1. 储存基本要求

（1）危险化学品必须储存在经省、自治区、直辖市人民政府经济贸易管理部门或者设区的市级人民政府负责危险化学品安全监督管理综合工作的部门审查批准的危险化学品仓库中。未经批准不得随意设置危险化学品储存仓库，储存危险化学品必须遵照国家法律、法规和其他有关的规定。

（2）生产、储存剧毒化学品或者国务院公安部门规定的可用于制造爆炸物品的危险化学品（简称易制爆危险化学品）的单位，应当如实记录其生产、储存的剧毒化学品、易制爆危险化学品的数量、流向，并采取必要的安全防范措施，防止剧毒化学品、易制爆危险

化学品丢失或者被盗；发现剧毒化学品、易制爆危险化学品丢失或者被盗的，应当立即向当地公安机关报告。

危险化学品安全周知卡

危险性提示词	品名、英文名称及分子式、cc码及CAS码	危险性标志
极度易燃！	汽油 Gasoline CAS No：8006-61-9	（易燃液体 3）

危险性理化数据	禁配物	危险特性
熔点(℃)：<-60 沸点(℃)：40~200 闪点(℃)：-60 相对密度(水=1)：0.70~0.79 相对蒸气密度(空气=1)：3.5 饱和蒸气压(kPa)：无资料	强氧化剂。	其蒸气与空气可形成爆炸性混合物，遇明火、高热极易燃烧爆炸。与氧化剂能发生强烈反应。其蒸气比空气重，能在较低处扩散到相当远的地方，遇火源会着火回燃。

健康危害	
急性中毒：对中枢神经系统有麻醉作用。轻度中毒症状有头晕、头痛、恶心、呕吐、步态不稳、共济失调。高浓度吸入出现中毒性脑病。极高浓度吸入引起意识突然丧失，反射性呼吸停止，可伴有中毒性周围神经病及化学性肺炎。部分患者出现中毒性精神病。液体吸入呼吸道可引起吸入性肺炎。溅入眼内可致角膜溃疡、穿孔，甚至失明，皮肤接触致急性接触性皮炎，甚至灼伤。吞咽引起急性胃肠炎。重者出现类似急性吸入中毒症状，并可引起肝、肾损害。 慢性中毒：神经衰弱综合征、植物神经功能紊乱、周围神经病。严重中毒出现中毒性脑病，症状类似精神分裂症。皮肤损害。	现场急救措施 【皮肤接触】立即脱去污染的衣着，用肥皂水和清水彻底冲洗皮肤。就医。 【眼睛接触】立即提起眼睑，用大量流动清水或生理盐水彻底冲洗至少15min。就医。 【吸入】迅速脱离现场至空气新鲜处，保持呼吸道通畅。如呼吸困难，给输氧。如呼吸停止，立即进行人工呼吸。就医。 【食入】给饮牛奶或用植物油洗胃或灌肠。就医。

个体防护措施

泄漏应急处理及消防措施

泄漏应急处理：迅速撤离泄漏污染区人员至安全区，并进行隔离，严格限制出入，切断火源，建议应急处理人员戴自给正压式呼吸器，穿防静电工作服。尽可能切断泄漏源，防止流入下水道，排洪沟等限制性空间。小量泄漏：用砂土、蛭石或其他惰性材料吸收，或在保证安全情况下，就地焚烧。大量泄漏：构筑围堤或挖坑收容。用泡沫覆盖，降低蒸气灾害。用防爆泵转移至槽车或专用收集器内，回收或运至废物处理场所处置。
消防措施：喷水冷却容器，可能的话将容器从火场移至空旷处。灭火剂：泡沫、干粉、二氧化碳。用水灭火无效。

最高容许浓度	当地应急救援单位名称	当地应急救援单位电话
中国MAC(mg/m^3)：300[溶剂汽油]	辽化消防队 辽化总医院	辽化消防队报警电话：×××× 辽化总医院急救电话：××××

图 3-39　汽油的安全周知卡

生产、储存剧毒化学品、易制爆危险化学品的单位，应当设置治安保卫机构，配备专职治安保卫人员。

（3）危险化学品应当储存在专用仓库、专用场地或者专用储存室（统称专用仓库）内，并由专人负责管理；剧毒化学品及储存数量构成重大危险源的其他危险化学品，应当在专用仓库内单独存放，并实行双人收发、双人保管制度。

危险化学品的储存方式、方法及储存数量应当符合国家标准或国家有关规定。

（4）危险化学品专用仓库应当符合国家、行业标准的要求，并设置明显的标志。储存剧毒化学品、易制爆危险化学品的专用仓库，应当按照国家有关规定设置相应的技术防范措施。

储存危险化学品的单位应当对其危险化学品专用仓库的安全设施、设备定期进行检测、检验。

（5）《常用化学危险品贮存通则》（GB 15603—1995）规定：储存的危险化学品应当有明显的标志，标志应符合《化学品分类和危险性公示 通则》（GB 13690—2009）的规定。

同一区域储存两种和两种以上不同级别的危险化学品时，应按最高等级危险物品的性能标志。

（6）《常用化学危险品贮存通则》（GB 15603—1995）规定：储存危险化学品的仓库必须配备有专业知识的技术人员，其仓库及场所应设专人管理，管理人员必须配备可靠的个人安全防护用品。

（7）危险化学品露天堆放，应符合防火、防爆的安全要求，爆炸物品、一级易爆物品、遇湿燃烧物品、剧毒物品不得露天堆放。

（8）储存方式：按照《常用化学危险品贮存通则》（GB 15603—1995）规定，根据危险化学品品种特性，实施隔离储存、隔开储存、分离储存。根据危险品性能分区、分类、分库储存。

（9）各类危险化学品不得与禁忌物料混合储存，灭火方法不同的危险化学品不能同库储存。

（10）爆炸物品不准和其他类物品同储，必须单独隔离限量储存。黑色火药类、爆炸性化合物分别专库储藏。

2．储存堆垛与限量

（1）危险化学品储存安排取决于危险化学品分类、分项、容器类型、储存方式和消防的要求。

（2）储存量及储存安排符合要求。

（3）遇火、遇热、遇潮能引起燃烧、爆炸或发生化学反应，产生有毒气体的危险化学品不得在露天或潮湿、积水的建筑物中储存。

（4）受日光照射能发生化学反应引起燃烧、爆炸、分解、化合或能产生有毒气体的危险化学品应储存在一级建筑物内，其包装应采取避光措施。

（5）爆炸物品不准和其他类物品同储，必须单独隔离限量储存。

（6）压缩气体和液化气体必须与爆炸物品、氧化剂、易燃物品、自然物品、腐蚀性物品隔离储存。易燃气体不得与助燃气体、剧毒气体同储；氧气不得和油脂混合储存，盛装液化气体的容器，属压力容器的，必须有压力表、安全阀、紧急切断装置，并定期检查，不得超装。

（7）易燃液体、遇湿易燃物品、易燃固体不得与氧化剂混合储存、具有还原性的氧化剂应单独存放。

（8）有毒物品应储存在阴凉、通风、干燥的场所，不要露天存放，不要接近酸类物质。

（9）腐蚀性物品，包装必须严密，不允许泄漏，严禁与液化气体和其他物品共存。

3．出入库管理

（1）储存危险化学品的仓库，必须建立严格的出入库管理制度。

储存危险化学品的单位应当建立危险化学品出入库核查、登记制度。对剧毒化学品及储存数量构成重大危险源的其他危险化学品，储存单位应当将其储存数量、储存地点及管理人员的情况，报所在地县级人民政府安全生产监督管理部门（在港区内储存的，报港口行政管理部门）和公安机关备案。

（2）危险化学品出入库前均应按合同进行检查验收、登记，验收包括以下内容：商品数量、包装、危险标志（包括安全技术说明书和安全标签）。经核对后方可入库、出库。

（3）进入危险化学品储存区域的人员、机动车辆和作业车辆，必须采取防火措施。

进入危险化学品库区的机动车辆应安装防火罩。机动车装卸货物后，不准在库区、库房、货场内停放和修理。

汽车、拖拉机不准进入易燃易爆类物品库房。进入易燃易爆类物品库房的电瓶车、铲车应是防爆型的；进入可燃固体物品库房的电瓶车、铲车，应装有防止火花溅出的安全装置。

（4）装卸、搬运化学危险品时应按有关规定进行，做到轻装、轻卸。严禁摔、碰、撞、击、拖拉、倾倒和滚动。

（5）装卸对人身有害及腐蚀性的物品时，操作人员应根据危险性，穿戴相应的防护用品。

（6）不得用同一车辆运输互为禁忌的物料，包括库内搬运。

（7）各类危险化学品分装、改装、开箱（桶）检查等应在库房外进行。

（8）修补、换装、清扫、装卸易燃易爆物料时，应使用不产生火花的铜制、合金制或其他工具。

4．消防措施

（1）根据危险化学品特性和仓库条件，必须配置相应的消防设备、设施和灭火药剂，并配备经过培训的兼职或专职消防人员。

危险化学品仓库应根据经营规模的大小设置、配备足够的消防设施和器材，应有消防水池、消防管网和消防栓等消防水源设施。大型危险化学品仓库应设有专职消防队，并配备有消防车。消防器材应当设置在明显和便于取用的地点，周围不准放物品和杂物。仓库的消防设施、器材应当用专人管理、负责检查、保养、更新和添置，确保完好有效。对于各种消防设施、器材严禁圈占、埋压和挪用。

（2）储存危险化学品的建筑物内应根据仓库条件安装自动监测和火灾报警系统。

（3）储存危险化学品的建筑物内，如条件允许，应安装灭火喷淋系统（遇水燃烧危险化学品，不可用水扑救的火灾除外）。

（4）危险化学品储存企业应设有安全保卫组织。危险化学品仓库应有专职或志愿消防、警卫队伍。无论专职还是志愿消防、警卫队伍都应制定灭火预案并经常进行消防演练。

（二）危险化学品装卸管理要求

装卸危险化学品过程中可能发生的事故包括泄漏、火灾、爆炸等，引发这些事故的原因一般有物料装得过满、软管爆裂、静电、操作不当等。为了避免各类事故的发生，就要加强安全作业并做好相应的应急准备。

1. 包装件装卸作业要求

保管员应详细核对货物名称、规格、数量是否与托运单证相符，并认真检查货物包装标志的完整状况。包装不符合安全规定的应拒绝装车。

装卸操作人员应根据货物包装的类型、体积、重量、件数的情况，并根据包装上储运图示标志的要求，轻拿轻放，谨慎操作，严防跌落、摔碰，禁止撞击、拖拉、翻滚、投郑。同时，必须做到：堆码整齐、靠紧妥贴，易于点数；堆码时，桶口、箱盖朝上，允许横倒的桶口及袋装货物的袋口应朝里。装载平衡，高出拦板的最上一层包装件，堆码时应从车厢两面向内错位骑缝堆码，超出车厢前拦板的部分不得大于包装件高度的1/2；装运高出车厢拦板的货物，装车后，必须用绳索捆扎牢固，易滑动的包装件，须用防散失的网罩覆盖并用绳索捆扎牢固或用苫布覆盖严密，须用两块苫布覆盖货物时，中间接缝处须有大于15cm的重叠盖，且车厢前半部分苫布需压在后半部分苫布上；装有通气孔的包装件，不准倒置、侧置，防止所装货物泄漏或进入杂质造成危害。

危险化学品装卸过程中，不得用同一个车辆运输互为禁忌的物料，包括库内搬运。装卸时应做到轻装轻放，重不压轻，大不压小，堆放平稳，捆扎牢靠。装卸操作人员堆放各种固体原料及桶装物料时，不可倾斜，高度要适当，不准将物料堆放在安全通道内。机械装卸作业时，必须按核定负荷量减载25%，装卸人员必须服从现场指挥，防止货物剧烈晃动、碰撞、跌落。

2. 液体物料的装卸作业要求

装卸液体物料时，运输车辆的储槽的出口与软管的连接处一定要捆绑牢靠，在装卸过程中操作人员一定要坚守岗位，以防止意外泄漏。在装卸物料的过程中严禁车辆随便开动，如需开动爬坡卸料时，必须关闭车槽出口的出口阀，拆除软管，所采用的爬坡设施必须有防止产生火花的安全措施。

装卸易燃可燃液体时，应在阴凉通风处进行，避免在阳光直射天气炎热的情况下装卸。操作人员应全面了解各项安全措施是否到位，包括静电接地线良好接触，充装软管、阀门对接良好，槽车停靠固定物到位等。装卸作业时，必须先将车体有效接地，静止2min后取样卸料。作业完毕，要经过规定的静止时间，才能进行拆除接地线等其他作业。充装过程中时刻注意槽车液位、压力，坚守现场，随时处置突发情况。操作人员要自始至终坚守充装现场，充装完毕后检查各有关阀门是否关严，确认无误后方可离开现场。

3. 对装卸操作人员的工作要求

装卸操作人员，必须由经过培训合格的人员负责，其他人不得擅自操作。在装卸危险化学品期间不得脱离岗位，当班不能装卸完毕或有紧急情况需交下一班次或其他人继续装卸时，一定要以书面的形式交代清楚，防止发生物料的泄漏。

装卸、搬运危险化学品时应做到轻装、轻卸，严禁摔、碰、撞击、拖拉、倾倒和滚动。装卸对人体有毒害及腐蚀性物品时，操作人员应具有操作毒害品的一般知识，操作时轻拿轻放，不得碰撞、倒置，防止包装破损物料外溢。操作人员应戴防护眼睛、佩戴胶皮手套和相应的防毒口罩或面具，穿防护服。作业中不得饮食，不得用手擦嘴、脸、眼睛。每次作业完毕，应及时用肥皂（或专用洗涤剂）洗净面部、手部，用清水漱口，防护用具应及时清洗，集中存放。

工作前应认真检查所用工具是否完好可靠，开启易燃易爆的桶装物料的桶盖时，应使用铜或者铜铝合金的专业扳手。各车辆装卸点所配备的消防器材及急救药品，要进行经常性的检查，确保其有效完好；如存在失效、数量不够等现象，要及时报告车间、部门领导；应熟练掌握装卸过程中的一般事故处理方法和防护用具、消防器材的使用方法。

（三）危险化学品运输管理要求

危险化学品的运输一旦出现事故，便可造成人员伤亡、财产损失和环境污染等严重后果。为此，对危险化学品的运输管理有以下几方面的管理要求。

（1）危险化学品的运输单位必须按国家有关规定办理危险化学品运输资质，未取得相应资质，不得从事危险化学品运输。

（2）用于运输危险化学品运输工具的槽车、罐以及其他包装容器必须由专业资质的企业定点生产，并经国家质检部门认可的检验机构检验合格，方可使用。

（3）包装容器要牢固、密封，包装材料要适应危险化学物品的性能，发现破损、残缺、变形、分解等情况，应立即妥善处理。

（4）运输危险化学物品的单位，必须对其驾驶员、押运员和装卸人员进行有关安全知识培训；驾驶员、押运员和装卸人员必须了解所运载的危险化学品的性质、危害特性、包装容器的使用特性和发生意外时的应急措施，并经地方政府有关部门考核合格，取得上岗资格证，方可上岗作业。

（5）危险化学品不准超量充装，流速不得大于规定值。

（6）危险化学品运输、装卸，应按危险化学品的危险特性，采取符合规定的安全防护措施，配备应急处理器材和防护用品。使用的车辆、船舶、容器、槽罐等设备设施，应按规定检测检验合格。

（7）化学性质或灭火方法相互抵触的危险化学物品不准混合装运。

（8）装运遇热、遇潮易燃烧、爆炸或产生有毒气体的危险化学物品，应当采取隔热、防潮措施。

（9）严禁用翻斗车、铲车搬运易燃、易爆物品。

（10）运输危险化学品的车辆，必须配备押运人员，并随时处于押运人员的监管之下，不得超装、超载，不得进入危险化学品运输车辆禁止通行的区域；车辆确需通过市区时，应当事先向当地公安部门报告并遵守所在地公安机关规定的行车路线和时间，中途不准随意停车。

（11）通过公路运输剧毒化学品的，托运单位应当向本市人民政府公安部门提交有关危险化学品的品名、数量、运输始发地和目的地、详细运输路线图、运行时间表、运输单位、驾驶人员、押运人员、经营单位和购买单位资质情况的材料，申请办理剧毒化学品公路运输通行证，并编制应急预案，做到每次运输"一车一图一表"。采购的有毒危险化学品和非药品类易制毒化学品原则上由供应商负责运输到公司指定地点。

（12）剧毒化学品在公路运输途中发生被盗、丢失、流散、泄漏等情况时，承运人及押运人员必须立即向当地公安部门报告，并采取一切可能的警示措施。

（四）危险化学品使用要求

为了加强对化学品（尤其是危险化学品）使用的安全管理，预防事故的发生，《中华人民共和国安全生产法》《中华人民共和国职业病防治法》《危险化学品安全管理条例》《工作场所安全使用化学品规定》《使用有毒物品作业场所劳动保护条例》（国务院令第352号）等法律法规，都对使用化学品及危险化学品的安全管理作了规定。

（1）使用危险化学品的单位，其使用条件（包括工艺）应当符合法律、行政法规的规定和国家标准、行业标准的要求，并根据所使用的危险化学品的种类、危险特性及使用量和使用方式，建立、健全使用危险化学品的安全管理规章制度和安全操作规程，保证危险化学品的安全使用。

（2）使用危险化学品从事生产并且使用量达到规定数量的化工企业（属于危险化学品生产企业的除外，不同），应当依照本条例的规定取得危险化学品安全使用许可证。

（3）使用危险化学品的单位，应当根据危险化学品的种类和危险特性，在作业场所设置相应的检测、监控、通风、防晒、调温、防火、灭火、防爆、泄压、防毒、中和、防潮、防雷、防静电、防腐、防泄漏及防护围堤或者隔离操作等安全设施、设备，并按照国家标准、行业标准或者国家有关规定对安全设施、设备上设置明显的安全警示标志。

（4）使用危险化学品的单位，应当在其作业场所设置通信、报警装置，并保证处于适用状态。

（5）使用危险化学品的企业，应当委托具备国家规定的资质条件的机构，对本企业的安全生产条件每3年进行一次安全评价，提出安全评价报告。

（6）使用剧毒化学品或者国务院公安部门规定的可用于制造爆炸物品的危险化学品（简称易制爆危险化学品）的单位，应当如实记录其生产。储存的剧毒化学品、易制爆危险化学品的数量、流向，并采取必要的安全防范措施，防止剧毒化学品、易制爆危险化学品丢失或者被盗；发现剧毒化学品、易制爆危险化学品丢失或者被盗的，应当立即向当地公安机关报告。

（7）使用危险化学品的单位转产、停产、停业或者解散的，应当采取有效措施，及时妥善处置其危险化学品生产装置、储存设施及库存的危险化学品，不得丢弃危险化学品；处置方案应当报所在地县级人民政府安全生产监督管理部门、工业和信息化主管部门、环境保护主管部门和公安机关备案。

（8）从事使用有毒物品作业的用人单位应当使用符合国家标准的有毒物品，不得在作业场所使用国家明令禁止使用的有毒物品或者使用不符合国家标准的有毒物品。用人单位应当尽可能使用无毒物品；需要使用有毒物品的，应当优先选择使用低毒物品。

（9）用人单位应当依照《使用有毒物品作业场所劳动保护条例》和其他有关法律、行政法规的规定，采取有效的防护措施，预防职业中毒事故的发生，依法参加工伤保险，保障劳动者的生命安全和身体健康。

（10）禁止使用童工。用人单位不得安排未成年人和孕期、哺乳期的女职工从事使用有毒物品的作业。

（11）用人单位的使用有毒物品作业场所，除应当符合职业病防治法规定的职业卫生要求外，还必须符合下列要求：

① 作业场所与生活场所分开，作业场所不得住人。

② 有害作业与无害作业分开，高毒作业场所与其他作业场所隔离。

③ 设置有效的通风装置；可能突然泄漏大量有毒物品或者易造成急性中毒的作业场

所，设置自动报警装置和事故通风设施。

④ 高毒作业场所设置应急撤离通道和必要的泄险区。

（12）从事使用高毒物品作业的用人单位，应当配备应急救援人员和必要的应急救援器材、设备，制定事故应急救援预案，并根据实际情况变化对应急救援预案适时进行修订，定期组织演练。

（13）用人单位应当依照职业病防治法的有关规定，采取有效的职业卫生防护管理措施，加强劳动过程中的防护与管理。

（14）用人单位应当与劳动者订立劳动合同，将工作过程中可能产生的职业中毒危害及其后果、职业中毒危害防护措施和待遇等如实告知劳动者，并在劳动合同中写明，不得隐瞒或者欺骗。

（15）用人单位应当对劳动者进行上岗前的职业卫生培训和在岗期间的定期职业卫生培训，普及有关职业卫生知识，督促劳动者遵守有关法律、法规和操作规程，指导劳动者正确使用职业中毒危害防护设备和个人使用的职业中毒危害防护用品。劳动者经培训考核合格，方可上岗作业。

（16）用人单位应当为从事使用有毒物品作业的劳动者提供符合国家职业卫生标准的防护用品，并确保劳动者正确使用。

（17）用人单位维护、检修存在高毒物品的生产装置，必须事先制定维护、检修方案，明确职业中毒危害防护措施，确保维护、检修人员的生命安全和身体健康。

（五）危险化学品废弃处置要求

1. 废弃处置的要求

1）《安全生产法》的有关规定

生产、经营、运输、储存、使用危险物品或者处置废弃危险物品的，由有关主管部门依照有关法律、法规的规定和国家标准或者行业标准审批并实施监督管理。

生产经营单位生产、经营、运输、储存、使用危险物品或者处置废弃危险物品，必须执行有关法律、法规和国家标准或者行业标准，建立专门的安全管理制度，采取可靠的安全措施，接受有关主管部门依法实施的监督管理。

2）《刑法》的有关规定

违反国家规定，向土地、水体、大气排放、倾倒或者处置有放射性的废物、含传染病病原体的废物、有毒物质或者其他危险废物，造成重大环境污染事故，致使公私财产遭受重大损失或者人身伤亡的严重后果的，处三年以下有期徒刑或者拘役，并处或者单位罚金；后果特别严重的，处三年以上七年以下有期徒刑，并处罚金。

3）《危险化学品安全管理条例》（国务院令第591号）的有关规定

废弃危险化学品的处置，依照有关环境保护的法律、行政法规和国家有关规定执行。

环境保护主管部门负责废弃危险化学品处置的监督管理。

2. 危险化学品废弃处置原则

危险废物的最终安全处置，必须遵循以下原则：

（1）区别对待、分类处置、严格管制危险废物和放射性废物。

根据不同废物的危害程度与特性，区别对待，分类管理。对具有特别严重危害性质的危险废物，处置上应比一般废物更为严格并实行特殊控制。这样，既能有效地控制主要危害，又能降低处置费用。

(2) 集中处置原则。

《中华人民共和国固体废物污染环境防治法》把推行危险废物的集中处置，作为防治危险废物污染的重要措施和原则。对危险废物实行集中处置，不仅可以节约人力、物力、财力，有利于监督管理，也是有效控制乃至消除危险废物污染危害的重要形式和主要的技术手段。

(3) 无害化处置原则。

危险废物最终处置的基本原则，是合理地、最大限度地将危害废物与生物圈相隔离，减少有毒物质释放进入环境的速度和总量，将其在长期处置过程中对人类和环境的影响减至最小程度。

3. 危险化学品废弃处置方法

废弃危险化学品处理所采用的方法包括物理技术、化学技术、生物技术及其混合技术。废弃危险化学品在最终处置之前可以用多种不同的处理技术进行处理，其目的都是改变其物理化学性质，如减容、固定有毒成分和解毒等。处理某种废物应选用何种最佳的实用方法取决于许多因素。这些因素包括处理或处理装置的有效性及适用性、安全标准和成本等因素。部分废弃化学品虽然所含的有毒有害化学品浓度高，常会杀死微生物，但有时仍适宜用生物法处理。固化/稳定化技术可以将危险废物变成高度不溶性的稳定物质。

1）物理处理技术

物理处理技术是通过浓缩或相变化改变危险废物的形态，使之成为便于运输、储存、利用或处置的形态。物理处理技术设计的方法包括固化、沉降、分选、吸附、萃取等，主要作为对废物进行资源回收或最终处置前的预处理。

2）化学处理技术

化学处理技术是将危险废弃物通过化学反应，转化成无毒无害的化学成分，或者将其中的有毒有害成分从废弃物中转化分离出来，或者降低其毒害危险性。化学处理技术应用最为广泛、最为有效，常用的化学处理技术包括化学沉淀法、氧化法、还原法、中和法、焚烧法等。

3）固化/稳定化技术

危险废物固化/稳定化处理的目的是使危险废物中的所有污染组分呈现化学惰性或被包容起来，以便运输、利用和处置。固化/稳定化既可以是危险废物的一个单独的处理过程，也可以是最终处理前的一个预处理过程。

4. 应急处置要求

产生、收集、储存、运输、利用、处置危险废物的单位，应当制定在发生意外事故时采取的应急措施和防范措施，并向上级单位环境保护管理部门报告。

因发生事故或者其他突发性事件，造成危险废物严重污染环境、威胁居民生命财产安全时，必须立即采取措施消除或者减轻对环境的污染危害，及时通报可能受到污染危害的单位和居民，并向环境保护管理部门报告。

五、危险化学品事故预防措施与应急处置

（一）火灾爆炸的预防措施与应急处置

炼油化工企业任何一起火灾或爆炸，无论其起因如何，大都是因为可燃物的可燃性造成的，其中危害性最大的物质就是具有易燃性、毒性、强氧化性和易燃性的危险化学品。火灾和爆炸事故具有危害大、涉及面广、救援困难的特点，因此预防是极其重要的。

应了解生产过程的火灾危险性，存在哪些可能起火或爆炸的因素，发生火灾爆炸后火势蔓延扩大的条件等，从而制定行之有效的管理措施。主要措施是消除火险、限制火势与爆炸蔓延。除首先控制生产车间、工艺装置内易燃易爆物料的储量外，还要从工艺装置布局、建筑结构、防火分割、安全阻火装置和厂房防爆灯方面采取措施。

1．火源的管理和控制

着火源是物料得以燃烧的必备条件之一，所以控制和消除着火源，是预防化学品着火、爆炸事故的一项最基本的措施。着火源包括明火、火花、电弧、危险温度、化学反应热等。控制和消除这些着火源，应根据其产生的机理和作用的不同，通常采取以下措施。

1）**严格管理明火**

在生产和储存易燃易爆化学品的地方，大量的火灾爆炸事故是由明火引起的，为防止明火引起的火灾爆炸事故，生产和使用危险化学品的单位，应根据规模大小和生产、使用过程中的火灾危险程度划定禁火区域，并设立明显的禁火标志，严格管理火种。

加热易燃液体时，应尽可能避免采用明火，而改用蒸汽等加热方式。如果在高温反应或蒸馏操作过程中，必须使用明火或烟道气时，燃烧室应与设备分开或隔离，关闭外露明火，并定期检查，防止泄漏。

在有火灾和爆炸危险的厂房、储罐、管沟内，不得使用蜡烛、火柴火普通灯具照明，应采用封闭式或防爆型电气照明。在有爆炸危险的车间和仓库内，严禁吸烟和携带火柴、打火机等，应在醒目的地方张贴"严禁烟火"警告标志，以引起人们注意。

严格检修动火管理，控制焊割动火和喷灯加热使用。

2）**防止雷电火花**

雷电是带有足够电荷的云块与云块或云块与大地的静电放电现象。雷电放电的特点是电压高，达到几十万伏；时间短，仅几十微秒；电流大，可达几百千安。因而在电流流过的地点空气可被加热到极高温度，产生强大的压力波，易燃易爆化学品容易引起严重的火灾爆炸事故。因此，防雷保护也是企业防火防爆的重要内容。

3）**防止日光照射或聚焦**

阳光的照射不仅会成为某些化学物品的起爆能源，还能通过凸透镜、烧瓶（特别是圆瓶）或含有气泡的玻璃窗等聚焦（聚焦后的日光能达到很高的温度）引起可燃物着火。因此，对见光能反应的化学物品应选用金属桶或暗色玻璃瓶盛装，为了避免日光照射，这类物品的车间、库房应在窗玻璃上涂以白漆，或采用磨砂玻璃。易燃易爆危险化学品受热容易蒸发析离出气体物质，不得在日光下曝晒等。

4）**防火保险装置**

报警装置只能提醒人们注意火灾事故正在形成或即将发生，但不能自动排除，因此，

应当设置在形成火灾危险状态时能自动消除火险状态的保险装置。

（1）阻火装置。

阻火装置的作用是防止火焰窜入设备、容器与管道内，或阻止火焰在设备和管道内扩展。安全液封、阻火器和导向阀是通用的阻火装置。

（2）泄压装置。

泄压装置是防火防爆的重要安全装置，安全阀是最主要的泄压装置。

安全阀可防止设备和容器内压力过高发生爆炸。当高压设备和容器内的压力升高超过一定限度可能造成事故时，安全阀即自动开启，泄出部分气体，降低压力至安全范围内，再自动关闭，从而实现设备和容器压力的自动控制，防止设备和容器破裂爆炸。安全阀按其结构和作用原理可分为静重式、杠杆式和弹簧式等，目前多用弹簧式安全阀。弹簧式安全阀是利用气体压力与弹簧压力之间的压力差变化，自动开启或关闭。弹簧的压力由调节螺栓来调节。

为使安全阀经常保持灵敏有效，应定期做排气试验。

2．火灾爆炸事故的应急处置

1）火灾事故的应急处置对策

（1）在火灾尚未扩大到不可控制之前，应尽快用灭火器来控制火灾。迅速关闭火灾部位的上下游阀门，切断进入火灾事故地点的一切物料，然后立即启用现有各种消防装备扑灭初期火灾和控制火源。

（2）为防止火灾危及相邻设施，必须及时采取冷却保护措施，并迅速疏散受火势威胁的物资。有的火灾可能造成易燃液体外流，这时可用沙袋或其他材料筑堤拦截流淌的液体或挖沟导流，将物料导向安全地点。必要时用毛毡、湿草帘堵住下水井、阴井口等处，防止火焰蔓延。

（3）不同化学品的火灾控制。化学品种类不同，灭火和处置方法各异。针对不同类别化学品要采取不同控制措施，以正确处置事故，减少事故损失。危险化学品火灾决不可盲目行动，应针对发生事故化学品种类，选择正确的灭火剂和灭火方法。必要时采取堵漏或隔离措施，预防次生灾害扩大。当火势被控制以后，仍然要派人监护，清理现场，消灭余火。

2）爆炸事故的应急处置对策

（1）根据爆炸过程的特点，阻止第一过程的出现，即控制爆炸性混合物的形成和控制火源，使爆炸性混合物不会被连续点燃。

（2）限制第二过程的发展，如燃爆一开始就及时泄出压力，或切断爆炸传播途径，或破坏燃烧成爆炸的条件等。

（3）对第三过程的危害进行防护，即减弱爆炸压力和冲击波对人甚至对设备、厂房和邻近建筑物的破坏。

（二）泄漏和聚集爆炸的预防措施与应急处置

1．预防措施

在生产过程中，避免可燃物泄漏和聚集形成爆炸性混合物，通常采用的技术有设备密闭、加强通风、严格清洗或置换等。

1）设备密闭

设备密闭不良而跑、冒、滴、漏出的可燃化学品，可使附近环境空气达到爆炸下限。

同样的道理，如果空气渗入设备也可能使设备内部达到爆炸下限，形成爆炸性混合物，所以，设备必须密闭。

要根据设备和管线的要求，采用正确的连接方式、密封垫圈，要严格检漏，要选择正确的操作条件、安全操作温度、操作压力，并加强日常检查维修。

2）厂房通风

要使设备达到绝对密闭是很难办到的，而且生产过程中有时会挥发出某些可燃性物质，因此为保证车间的安全，使可燃气体、蒸气或粉尘达不到爆炸浓度范围，采取通风是行之有效的技术措施。通风可分为自然通风和机械通风（也称强制通风）两类，其中机械通风又可分排风和送风两种，其防火要求是正确设置通风口的位置和合理选择通风方式。

3）严格清洗或置换

对于加工、输送、储存可燃气体的设备、容器和管路、机泵等，在使用前必须用惰性气体置换设备内的空气，否则，原来留在设备内的空气便会与可燃气体形成爆炸性混合物。在停车前也应用同样方法置换设备内的可燃气体。特别是在检修中可能使用和出现明火或其他着火源时，设备内的可燃气体或易燃蒸气，必须经置换并分析合格才能进行检修。对于盛放过易燃液体的桶、罐或其他容器，动火焊补前，还必须用水蒸气或水将其中残余的液体及沉淀物彻底清洗干净并分析合格。

2. 泄漏事故的隔离

在危险化学品生产、储运和使用过程中，常常发生一些意外的破裂、倒洒等事故，造成化学危险品的外漏，因此需要采取简单、有效地安全技术措施来消除或减少泄漏危害，如果泄漏控制、处理不当，随时都有可能转化为燃烧、爆炸、中毒等恶性事故。

1）陆地泄漏的隔离

（1）气体。

① 剧毒或强腐蚀性或强刺激性的气体。

污染范围不明的情况下，初始隔离至少 500m，下风向疏散至少 1500m。然后进行气体浓度检测，根据有害气体的实际浓度，调整隔离、疏散距离。

② 有毒或具腐蚀性或刺激性的气体。

污染范围不明的情况下，初始隔离至少 200m，下风向疏散至少 1000m。然后进行气体浓度检测，根据有害气体的实际浓度，调整隔离、疏散距离。

③ 其他气体。

污染范围不明的情况下，初始隔离至少 100m，下风向疏散至少 800m。然后进行气体浓度检测，根据有害气体的实际浓度，调整隔离、疏散距离。

（2）液体。

① 易挥发、蒸气剧毒或有强腐蚀性或有强刺激性的液体。

污染范围不明的情况下，初始隔离至少 300m，下风向疏散至少 1000m。然后进行气体浓度检测，根据有害蒸气或烟雾的实际浓度，调整隔离、疏散距离。

② 蒸气有毒或有腐蚀性或有刺激性的液体。

污染范围不明的情况下，初始隔离至少 100m，下风向疏散至少 500m。然后进行气体浓度检测，根据有害蒸气或烟雾的实际浓度，调整隔离、疏散距离。

③ 其他液体。

污染范围不明的情况下，初始隔离至少 50m，下风向疏散至少 300m。然后进行气体浓度检测，根据有害蒸气或烟雾的实际浓度，调整隔离、疏散距离。

（3）固体。

污染范围不明的情况下，初始隔离至少 25m，下风向疏散至少 100m。

2）水体泄漏的隔离

遇水反应生成有毒气体的液体、固体泄漏到水中，根据反应的剧烈程度，以及生成气体的毒性、腐蚀性、刺激性确定初始隔离距离、下风向疏散距离。

（1）与水剧烈反应，放出剧毒、强腐蚀性、强刺激性气体。

污染范围不明的情况下，初始隔离至少 300m，下风向疏散至少 1000m。然后进行气体浓度检测，根据有害气体的实际浓度，调整隔离、疏散距离。

（2）与水缓慢反应，放出有毒、腐蚀性、刺激性气体。

污染范围不明的情况下，初始隔离至少 100m，下风向疏散至少 800m。然后进行气体浓度检测，根据有害气体的实际浓度，调整隔离、疏散距离。

3．泄漏事故应急处置对策

危险化学品泄漏后现场应采取的应急措施，主要从点火源控制、泄漏源控制、泄漏物处置、注意事项等几个方面考虑，应急措施应根据化学品的固有危险性给出，使用者应根据泄漏事故发生的场所、泄漏量的大小、周围环境等现场条件，选用适当的措施。

做好个人防护等工作后，首先要控制泄漏源，如果有可能的话，可通过控制化学品的溢出来消除化学品的进一步扩散。一般要防止进入限制性空间，减少蒸气。少量泄漏，可用惰性物质或不燃材料吸收，使用洁净无火花工具收集；大量泄漏可用沙袋或其他材料筑坝拦截飘散流淌的液体，或挖沟导流将物料导向安全地点。

处理泄漏物，通常有以下几种方法：

（1）围堤堵截。筑堤堵截泄漏液体或者引流到安全地点。储罐区发生液体泄漏时，要及时关闭雨水阀，防止物料沿明沟外流。

（2）稀释与覆盖。向有害物蒸气云喷射雾状水，加速气体向高空扩散。对于可燃物，也可以在现场释放大量水蒸气或氮气，破坏燃烧条件。对于液体泄漏，为降低物料向大气中的蒸发速度，可用泡沫或其他覆盖物品覆盖外泄的物料，在其表面形成覆盖层，抑制其蒸发。

（3）收集。对于大型泄漏，可用隔膜泵将泄漏出的物料抽入容器内或槽车内；当泄漏量小时，可用沙子、吸附材料、中和材料等吸收中和。

（4）大量水体泄漏。沿河两岸进行警戒，严禁取水、用水、捕捞等活动；在下游筑坝拦截污染水，同时在上游开渠引流，让清洁水改走新河道；根据泄漏物的化学特性，在水体中加入适当物质消除污染，降低有害物浓度，泄漏物有较强挥发性和毒性时，要监测大气中有害物浓度，防止二次事故发生。

（5）废弃。将收集的泄漏物运至废物处理场所处置。用消防水冲洗剩下的少量物料，冲洗水排入污水系统处理。

（三）中毒的预防措施与应急处置

1．预防措施

危险化学品中毒的发生必须具备某些条件：生产环境中存在某种有毒化学物质，而且这种化学物质要达到可导致人中毒的浓度或数量，生产者必须接触一定的时间且吸收了达到或超过中毒量的有毒物质。所以，职业中毒的发生实际上是有毒物质、生产环境及劳动者三者之间相互作用的结果，只要切断三者之间的联系，职业中毒是完全可以预防的。

在预防毒物中毒危害时，应按照源头消除毒物、降低毒物浓度、加强个人防护三方面制定预防措施。

2．中毒的应急处置

危险化学品事故现场的中毒、窒息事故大多是在现场突然发生异常情况时，由于设备损坏或泄漏导致大量毒物外溢所造成。及时、正确地抢救伤员，能够挽救重危中毒患者生命、减轻中毒程度、防止合并症的发生，为进一步治疗创造有利条件。

发生毒物泄漏事故时，现场人员应分头采取以下措施：按报送程序向有关部门领导报告；通知停止周围一切可能危及安全的动火、产生火花的作业，消除一切火源；通知附近无关人员迅速离开现场，严禁闲人进入毒区等。

1）进入现场急救的人员应遵守的规定

（1）参加抢救人员必须听从指挥，抢救时必须分组有序进行，不能慌乱；

（2）救护者应戴好防毒面具或氧气呼吸器、穿好防毒服后，从上风向快速进入事故现场；

（3）迅速将伤员从上风向转移到空气新鲜的安全地点；

（4）救护人员在工作时，应注意检查个人防护装备的使用情况，如发现异常或感到身体不适时要迅速离开染毒区；

（5）假如有多个中毒或受伤的人员被送到救护点，应按照"先救命、后治病，先重后轻、先急后缓"的原则分类对伤员进行救护。

2）现场急性中毒的处理

（1）将染毒者迅速撤离现场，转移到上风向或侧上风向空气无污染地区。

（2）有条件时应立即进行呼吸道及全身防护，防止继续吸入有毒气体。

（3）对呼吸、心跳停止者，应立即进行人工呼吸、心脏按压，采取心肺复苏措施，并给予吸氧。

（4）误食有毒物质中毒时，如果病人清醒宜给予催吐，催吐方法可将手指放入患者之舌根部位，刺激咽喉使其呕吐；或者购买吐根糖浆备用，发生意外时让患者服下，可达到催吐目的；如果患者昏迷则需侧躺送医，以免自然呕吐时，将呕吐物吸入气管里面。

（5）如果皮肤接触有毒物质，应先除去污染衣物，用流动的清水或肥皂反复冲洗 15～30min，并注意清除毛发及指甲内残留物。

（6）如果眼睛污染，应立即用流动的清水由眼内往眼外冲洗 15～20min。一旦眼睛冲洗过后还有刺激、痛、肿、流泪及畏光等症状时，须及时就医继续治疗。

3．窒息性气体中毒的现场急救

一氧化碳、硫化氢、氮气、光气、双光气、二氧化碳及氰化物气体等统称窒息性气体，它们引起急性中毒事故的共同特点是突发性、快速性和高度致命性，常常来不及抢救。因此，一旦发现此类窒息性气体中毒，贸然进入毒源区，非但救不了他人，反而会危害自己。应当采取"一戴、二隔、三救出"的急救措施。

"一戴"。施救者应立即佩戴好输氧或送风式防毒面具。无条件可佩戴简型防毒口罩，但需注意口罩型号要与防护的毒物种类相符，腰间系好安全带或绳索，方可进入高浓度毒源区域施救。由于防毒口罩对毒气滤过率有限，佩戴者不宜在毒源区时间过久，必要时可轮流或重复进入。毒源区外人员应严密观察、监护，并拉好安全带的一端，发现危情迅速令其撤出或将其牵拉出。

"二隔"。由施救人员携带送风式防毒面具或防毒口罩，并尽快将其戴在中毒者口鼻上，紧急情况下也可用便携式供氧装置为其吸氧。此外，毒源区域迅速通风或用鼓风机向中毒者方向送风也有明显效果。

"三救出"。抢救人员在"一戴、二隔"的基础上，将中毒者迅速移离毒源区，进一步作医疗急救。一般以2名施救者抢救一名中毒者为宜，可缩短救出时间。

（四）危险化学品伤害的现场急救原则

化学事故一般包括火灾、爆炸、泄漏、中毒、窒息、灼伤等类型。一旦发生化学事故，迅速控制泄漏源，采取正确有效的防火防爆、现场环境处置、抢险人员个体防护措施，对于遏制事故发展、减少事故损失、防止次生事故发生，具有十分重要的作用。

危险化学品对人体会造成的伤害有中毒、窒息、冻伤、化学灼伤、烧伤等。急性中毒后现场抢救不及时或处置不恰当都会引起死亡。现场急救必须遵循"先救人后救物，先救命后疗伤"的基本原则，同时还应注意以下几点。

1. 救护者应做好个人防护

危险化学品事故发生后，化学品会经呼吸系统和皮肤侵入人体。因此，救护者必须充分了解化学品的种类、性质和毒性，在进入事故区抢救之前，首先要做好个体防护，选择并正确佩戴好合适的防毒面具和防护服。

2. 切断毒物来源

救护人员在进入事故现场后，应迅速采取果断措施切断毒物的来源，防止毒物继续外逸，对已经逸散出来的有毒气体，应立即采取措施降低其在空气中的浓度，为进一步开展抢救工作创造有利条件。

3. 迅速将中毒者移离危险区

迅速将中毒者转移至空气清新的安全地带。在搬运过程中要沉着、冷静，不要强抢硬拉，防止造成骨折。如已有骨折或外伤，则要注意包扎和固定。

4. 采取正确的方法，对患者进行紧急救护

把患者从现场中抢救出来后，不要慌里慌张急于打电话叫救护车，应先松懈患者的衣扣和腰带，维护呼吸道畅通，注意保暖；去除患者身上的毒物，防止毒物继续侵入人体。对患者的病情进行初步检查，重点检查患者是否有意识障碍，呼吸和心跳是否停止，然后检查有无出血、骨折等。根据患者的具体情况，选用适当的方法，尽快开展现场急救。

5. 送医

经现场处理后，迅速护送到医院进一步救治。

对于一氧化碳中毒者，应选择有高压氧舱的医院。

第六节　重大危险源管理

一、重大危险源概念

重大危险源是指长期地或临时地生产、加工、使用或储存危险化学品，且危险化学品的数量等于或超过临界量的单元。

重大危险源一旦发生事故，往往是群死、群伤的火灾、爆炸、中毒等灾难性事故。为了加强危险化学品重大危险源的安全监督管理，防止和减少危险化学品事故的发生，保障人民群众生命财产安全，根据《中华人民共和国安全生产法》和《危险化学品安全管理条例》等有关法律、行政法规，国家安全生产监督管理总局于 2011 年 7 月 22 日审议通过了《危险化学品重大危险源监督管理暂行规定》（国家安全生产监督管理总局第 40 号令），该规定自 2011 年 12 月 1 日起实施。

二、重大危险源管理的要求

《安全生产法》明确规定经营单位对重大危险源应当登记建档，进行定期检测、评估、监控，并制定应急预案，告知从业人员和相关人员在紧急情况下应当采取的应急措施。生产经营单位应当按照国家有关规定将本单位重大危险源及有关安全措施、应急措施报安全生产监督管理部门和有关部门备案。

《危险化学品安全管理条例》规定危险化学品生产装置或者储存数量构成重大危险源的危险化学品储存设备（运输工具加油站、加气站除外），与人员密集场所、公共设施、饮用水源、水厂及水源保护区、车站、码头、机场及通信干线、通信枢纽、铁路线路、道路交通干线、水路交通干线、地铁风亭及地铁站出入口、基本农田保护区、基本草原、畜禽遗传资源保护区、畜禽规模化养殖场（养殖小区）、渔业水域及种子、种畜禽、水产苗种生产基地、河流、湖泊、风景名胜区、自然保护区、军事禁区、军事管理区的距离，必须符合国家有关规定。生产、储存危险化学品的企业，应当委托具备国家规定的资质条件的机构，对本企业的安全生产条件每 3 年进行一次安全评价，提出安全评价报告。安全评价报告的内容应当包括对安全生产条件存在的问题进行整改的方案。危险化学品应当储存在专用仓库、专用场地或者专用储存室（统称专用仓库）内，并由专人负责管理；剧毒化学品及储存数量构成重大危险源的其他危险化学品，应当在专用仓库内单独存放，并实行双人收发、双人保管制度。危险化学品的储存方式、方法及储存数量应当符合国家标准或者国家有关规定。

三、重大危险源的评估

根据危险物质及其临界量进行重大危险源辨识后，危险化学品单位应当对重大危险源进行安全评估并确定重大危险源等级。

（一）重大危险源分级

根据其危险程度，重大危险源分为一级、二级、三级和四级，其中一级为最高级别。采用单元内各种危险化学品实际存在量与其在《危险化学品重大危险源辨识》（GB 18218—

2009)中规定的临界量比值,经校正后的比值之和 R 作为分级指标,危险化学品重大危险源级别和 R 值的对应关系如表 3-7 所示。

表 3-7　危险化学品重大危险源级别和 R 值的对应关系

危险化学品重大危险源级别	一级	二级	三级	四级
R 值	$R \geqslant 100$	$100 > R \geqslant 50$	$50 > R \geqslant 10$	$R < 10$

重大危险源有下列情形之一的,应当委托具有相应资质的安全评价机构,按照有关标准的规定采用定量风险评价方法进行安全评估,确定个人和社会风险值:

(1) 构成一级或者二级重大危险源,且毒性气体实际存在量与其在《危险化学品重大危险源辨识》(GB 18218—2009)中规定的临界量比值之和大于或等于 1 的。

(2) 构成一级重大危险源,且爆炸品或液化易燃气体实际存在量与其在《危险化学品重大危险源辨识》(GB 18218—2009)中规定的临界量比值之和大于或等于 1 的。

(二) 重大危险源评估报告

重大危险源安全评估报告应当客观公正、数据准确、内容完整、结论明确、措施可行,并包括下列内容:

(1) 评估的主要依据;
(2) 重大危险源的基本情况;
(3) 事故发生的可能性及危害程度;
(4) 个人风险和社会风险值;
(5) 可能受事故影响的周边场所、人员情况;
(6) 重大危险源辨识、分级的符合性分析;
(7) 安全管理措施、安全技术和监控措施;
(8) 事故应急措施;
(9) 评估结论与建议。

四、重大危险源登记建档要求

生产经营单位对重大危险源应当登记建档,重大危险源档案应包括以下内容:

(1) 辨识、分级记录;
(2) 重大危险源基本特征表;
(3) 涉及的所有化学品安全技术说明书;
(4) 区域位置图、平面布置图、工艺流程图和主要设备一览表;
(5) 重大危险源安全管理规章制度及安全操作规程;
(6) 安全监测监控系统,措施说明、检测、检验结果;
(7) 重大危险源事故应急预案、评审意见、演练计划和评估报告;
(8) 安全评估报告或者安全评价报告;
(9) 重大危险源关键装置、重点部位的责任人、责任机构名称;
(10) 重大危险源场所安全警示标志的设置情况;
(11) 其他文件、资料。

五、重大危险源安全管理

危险化学品单位应当建立完善重大危险源安全管理规章制度和安全操作规程，并采取有效措施保证其得到执行。

危险化学品单位应当根据构成重大危险源的危险化学品种类、数量、生产、使用工艺或者相关设备、设施等实际情况，按照以下要求建立健全安全监测监控体系，完善控制措施。

（1）重大危险源配备温度、压力、液位、流量、组分等信息的不间断采集和监测系统以及可燃气体和有毒有害气体泄漏检测报警装置，并具备信息远传、连续记录、事故预警、信息存储等功能；一级或者二级重大危险源，具备紧急停车功能。记录的电子数据的保存时间不少于 30 天。

（2）重大危险源的化工生产装置装备满足安全生产要求的自动化控制系统；一级或者二级重大危险源，装备紧急停车系统。

（3）对重大危险源中的毒性气体、剧毒气体和易燃气体等重点设施，设置紧急切断装置；毒性气体的设施，设置泄漏物紧急处置装置。涉及毒性气体、液体气体、剧毒气体的一级或者二级重大危险源，配备独立的安全仪表系统。

（4）重大危险源中储存剧毒物质的场所或者设施，设置视频监控系统。

（5）安全监测监控系统符合国家标准或者行业标准的规定。

（6）危险化学品单位应当按照国家有关规定，定期对重大危险源的安全设施和安全监测监控系统进行检测、检验，并进行经常性维护、保养，保证重大危险源的安全设施和安全监测监控系统有效、可靠运行。维护、保养、检测应当做好记录，并由有关人员签字。

（7）危险化学品单位应当明确重大危险源中关键装置、重点部位的责任人或者责任机构，并对重大危险源的安全生产状况进行定期检查，及时采取措施消除事故隐患。事故隐患难以立即排除的，应当及时制定治理方案，落实整改措施、责任、资金、时限和预案。

（8）危险化学品单位应当对重大危险源的管理和操作岗位人员进行安全操作技能培训，使其了解重大危险源的危险特性，熟悉重大危险源安全管理规章制度和安全操作规程，掌握本岗位的安全操作技能和应急措施。

（9）危险化学品单位应当在重大危险源所在场所设置明显的安全警示标志，写明紧急情况下的应急处置方法。

六、重大危险源应急预案

危险化学品单位应当依法制定重大危险源事故应急预案，建立应急救援组织或者配备应急救援人员，配备必要的防护装备及应急救援器材、设备、物资，并保障其完好和方便使用。应当将重大危险源可能发生的事故后果和应急措施等信息，以适当方式告知可能受影响的单位、区域及人员。

对存在吸入性有毒、有害气体的重大危险源，危险化学品单位应当配备便携式浓度检测设备、空气呼吸器、化学防护服、堵漏器材等应急器材和设备；涉及剧毒气体的重大危险源，还应当配备两套以上（含两套）气密性化学防护服；涉及易燃易爆气体或者易燃液体蒸气的重大危险源，还应当配备一定数量的便携式可燃气体检测设备。

危险化学品单位对重大危险源专项应急预案，每年至少进行一次应急预案演练；对重大危险源现场处置方案，每半年至少进行一次应急预案演练。

第七节　职业危害及预防

一、粉尘类职业危害及预防

（一）电焊烟尘

1．理化特性

在温度高达 3000～6000℃的电焊过程中，焊接原材料中金属元素蒸发后的气体，在空气中迅速氧化、凝聚，从而形成金属及其化合物的微粒。这种烟尘含有二氧化硅、氧化锰、氟化物、臭氧、各种微量金属和氮氧化物的混合物烟尘或气溶胶，逸散在作业环境中。

职业接触限值：总尘 PC-TWA 4mg/m^3。

2．健康危害

吸入电焊烟尘会引起头晕、头痛、咳嗽、胸闷气短等，长期吸入会造成肺组织纤维性病变，即焊工尘肺，且常伴随锰中毒、氟中毒和金属烟热等并发症。电焊工尘肺的发病发展缓慢，病程较长，一般发病工龄为 15～25 年。

3．导致的职业病

电焊工尘肺病。

4．应急处置

电焊作业中如发生不适症状或中毒现象，应立即停止工作，脱离现场到空气新鲜处，并及时送医院就医。

5．预防措施

（1）在自然通风较差的场所以及封闭或半封闭结构中进行焊接作业时，应安装固定或移动式的机械通风设备。

（2）使用自动焊接机，减少作业人员与电焊烟尘的接触机会。改进焊接工艺，减少封闭结构施工，以改善作业人员的作业条件。选择无毒或低毒的电焊条，降低焊接危害。

（3）焊接作业人员应使用符合要求的防尘面罩。在封闭或半封闭机构内工作时，还需佩戴使用送风式防护面罩。

（二）矽尘

1．职业接触限值

矽尘（10%≤游离 SiO$_2$ 含量≤50%）：总尘 PC-TWA 1mg/m^3，呼尘 PC-TWA 0.7mg/m^3。

矽尘（50%＜游离 SiO$_2$ 含量≤80%）：总尘 PC-TWA 0.7mg/m^3，呼尘 PC-TWA 0.3mg/m^3。

矽尘（游离 SiO$_2$ 含量＞80%）：总尘 PC-TWA 0.5mg/m^3，呼尘 PC-TWA 0.2mg/m^3。

2．健康危害

矽尘能通过呼吸、吞咽、皮肤、眼睛或直接接触进入人体，其中呼吸系统为主要途径。长期接触或吸入高浓度的矽尘，可引起矽肺、呼吸系统及皮肤肿瘤和局部刺激作用引发的病变等病症。

3．导致的职业病

矽肺病。

4．应急处置

定期体检，早期诊断，早期治疗。发现身体状况异常时要及时去医院检查治疗。

5．预防措施

（1）采取湿式作业、密闭尘源、通风除尘，对除尘设施定期维护和检修，确保除尘设施运转正常。

（2）加强个体防护，接触粉尘从业人员应穿戴工作服、工作帽，减少身体暴露部位，根据粉尘性质，佩戴多种防尘口罩，以防止粉尘从呼吸道进入，造成危害。

二、化学因素类职业危害及预防

（一）硫化氢

1．理化特性

硫化氢广泛存在于天然气开采行业中，是一种无色、剧毒、有臭鸡蛋味的可燃气体，毒性较一氧化碳大5～6倍，几乎与氰化氢的毒性相同。硫化氢分子式为H_2S，比空气重，常聚集在地势低洼的地方，不易扩散；能溶于水、乙醇及甘油中，但不稳定，只要条件适当，即使轻轻地震动含有硫化氢的液体，也可使硫化氢气体挥发到大气中。硫化氢燃烧时有蓝色火焰，生成SO_2，也是一种有毒气体。硫化氢溶于水后生成氢硫酸，会腐蚀管线及设备内壁，严重时还会导致穿孔泄漏，造成事故。

2．健康危害

硫化氢是强烈的神经毒物，对黏膜有明显的刺激作用，较低浓度即可引起呼吸道及眼睛伤害。高浓度时表现为中枢神经系统症状和窒息症状，浓度达到$1000mg/m^3$（700ppm）以上时，人很快就会失去知觉，几秒钟就可能出现窒息、呼吸和心跳停止。如果没有外来人员及时采取措施抢救，中毒者一般无法自救，最终由于呼吸和心跳停止而迅速死亡。当遇到硫化氢浓度在$1500mg/m^3$（1000ppm）以上的毒气时，仅吸一口气，就可能导致死亡。

硫化氢（H_2S）对人体的影响，见表3-8。

表3-8 硫化氢对人体的影响

含量，ppm	状态	时间
10	容许浓度	8h
50～100	轻微的眼部和呼吸不适	1h
200～300	明显的眼部和呼吸不适	1h
500～700	意识丧失或死亡	30～60min
>1000	意识丧失或死亡	几分钟

注：对于标况下H_2S，1ppm约为$1.5mg/m^3$。

3．导致的职业病

职业性急性硫化氢中毒。

4．应急处置

发现有人硫化氢中毒，立即撤离硫化氢泄漏环境，发出警报。正确佩戴空气呼吸器返回现场，将中毒者抬离至安全区域，松解衣裤，清除口腔异物，维持呼吸道通畅。如中毒者没有停止呼吸，应使中毒者处于放松状态，解开其衣扣，保持呼吸道畅通，并给予输氧。如果中毒者已经停止呼吸和心跳，应立即进行胸外心脏按压，有条件的可使用呼吸器代替人工呼吸，直至心跳和呼吸恢复正常。及时向应急部门汇报并拨打附近医疗机构的电话。

5．预防措施

（1）在含硫化氢环境中生产时，应采取以下安全防护措施：

① 巡检要求：硫化氢场所应双人巡检，一人操作一人监护。

② 严格执行安全技术操作规程，避免设备和管道超温、超压运行。

③ 自动控制系统应进行定期检查、调校和检验。

④ 对重要的液位控制系统，其液位变送器的误差应及时调校。

⑤ 对硫化氢、甲烷等有毒可燃气体的浓度监测报警装置进行定期检查、测试、更新。

⑥ 对安全控制和排放系统应定期试排，以保证排放阀处于正常状态，点火设施完好。

⑦ 设备检修时采用增湿措施放置，防止硫化亚铁自燃。

⑧ 应加强对各类阀门的日常检修和维护工作，保证阀门严密，开关灵活。

⑨ 脱硫、硫黄回收、尾气处理、污水处理等有害作业场所，应按在岗人数配置正压式空气呼吸器和防爆电筒，以备紧急情况下使用。

⑩ 应经常检查空气呼吸器等防护器材，使之处于良好备用状态。

⑪ 分析化验室应保证通风设施完好，保持空气流通。

⑫ 分析人员抽取有毒介质试样时，应严格按操作规程要求进行操作。

（2）在含硫化氢环境中作业，应采取以下安全防护措施：

① 根据不同作业环境配备相应的硫化氢监测仪及防护装置，并落实人员管理，使硫化氢监测仪及防护装置处于备用状态。

② 作业环境应设立风向标。

③ 重点监测区应设置醒目的标志、硫化氢探头、报警器及排风扇。

④ 进行检修和抢险作业时，应携带硫化氢监测仪和正压式空气呼吸器。

⑤ 当浓度达到 15mg/m³ 预警时，作业人员应检查泄漏点，准备防护用具，迅速打开排风扇，实施应急程序；当浓度达到 30mg/m³ 报警时，迅速打开排风扇，疏散下风向人员，作业人员应戴上防护用具，进入紧急状态，启动应急程序。

（二）二氧化硫

1．理化特性

二氧化硫分子式为 SO_2，无色气体，比空气重；不可燃，由硫化氢燃烧形成；易溶于水和油，溶解度随溶液温度升高而降低；有硫燃烧的刺激性气味，具有窒息作用，在鼻和喉黏膜上形成亚硫酸。

2．健康危害

急性中毒：吸入一定浓度的二氧化硫会引起人身伤害甚至死亡。暴露浓度低于 54mg/m³

（20ppm），会引起眼睛、喉、呼吸道的炎症，胸痉挛和恶心。暴露浓度超过 54mg/m³（20ppm）时，可引起明显的咳嗽、打喷嚏、眼部刺激和胸痉挛。暴露于 135mg/m³（50ppm）中，会刺激鼻和喉，流鼻涕、咳嗽和反射性支气管缩小，使支气管黏液分泌增加，肺部空气呼吸难度增加（呼吸受阻），大多数人都不能在这种空气中承受 15min 以上。

慢性中毒：有报告指出，长时间暴露于二氧化硫中可能导致鼻咽炎和、嗅、味觉的改变，气短和呼吸道感染危害增加，有些人明显对二氧化硫过敏。肺功能检查发现，在短期和长期暴露后功能有衰减。

3．导致的职业病

职业性二氧化硫中毒。

4．应急处置

若发生皮肤接触，立即脱去污染的衣着，用大量流动清水冲洗并就医。若发生眼睛接触，应提起眼睑，用流动清水或生理盐水冲洗，并就医。若发生吸入，应迅速脱离现场至空气新鲜处，保持呼吸道通畅。若呼吸困难，则给予输氧。若呼吸停止，则立即进行人工呼吸并就医。

发生二氧化硫泄漏时，迅速撤离泄漏污染区人员至上风处，并立即进行隔离，严格限制出入。应急处置人员佩戴正压式空气呼吸器，穿防毒服，从上风处进入现场。尽可能切断泄漏源。用覆盖层盖住泄漏点附近的下水道等地方，防止气体进入。合理通风，加速扩散。向泄漏环境中喷雾状水进行稀释、溶解。构筑围堤或挖坑收集产生的大量废水。如有可能，用捉捕器使气体通过次氯酸钠溶液。漏气容器要妥善处理，修复、检验后再用。

5．预防措施

（1）严加密闭，提供充分的局部排风和全面通风。

（2）设置安全淋浴和洗眼设备。

（3）空气中二氧化硫浓度超标时，佩戴自吸过滤式防毒面具（全面罩）。

（4）紧急事态抢救或撤离时，佩戴正压式空气呼吸器，穿聚乙烯防毒服，戴橡胶手套。

（5）工作现场禁止吸烟、进食和饮水。工作完毕，淋浴更衣。保持良好的卫生习惯。

（三）一氧化碳

1．理化特性

一氧化碳分子式 CO，无色气体，微溶于水，溶于乙醇、苯，遇明火、高热能燃烧、爆炸。

工作场所空气中时间加权平均容许浓度（PC-TWA）不超过 20mg/m³，短时间接触容许浓度（PC-STEL）不超过 30mg/m³。直接致害浓度（LDLH）为 1700mg/m³，无警示性。

2．健康危害

一氧化碳可经呼吸道进入人体，主要损害神经系统，表现为剧烈头痛、头晕、心悸、恶心、呕吐、无力、脉快、烦躁、步态不稳、抽搐、大小便失禁、休克，可致迟发性脑病。

一氧化碳（CO）对人体的影响，见表 3-9。

表 3-9 一氧化碳对人体的影响

含量，ppm	状态	时间
50	容许浓度	8h
200	轻度头痛，不适	3h
600	头痛，不适	1h
1000～2000	混乱，恶心，头痛	2h
1000～2000	站立不稳，蹒跚	1.5h
1000～2000	轻度心悸	30min
2000～2500	昏迷，失去知觉	30min

注：对于标况下 CO，1ppm 约为 1.25mg/m^3。

3．导致的职业病

职业性一氧化碳中毒。

4．应急处置

抢救人员穿戴防护用具，加强通风。迅速将患者移至空气新鲜处；注意保暖、安静；及时给氧，必要时用合适的呼吸器进行人工呼吸；心脏骤停时，立即做心肺复苏术后送医院；立即与医疗急救单位联系抢救。

5．预防措施

（1）严加密闭、局部排风、呼吸防护。

（2）禁止明火、火花、高热，使用防爆电器和照明设备。

（3）工作场所禁止饮食、吸烟。

（四）氨

1．理化特性

氨气无色、有强烈刺激性气味，易溶于水、乙醇、乙醚，常用作制冷剂及制取铵盐和氮肥。

2．健康危害

低浓度氨对黏膜有刺激作用；高浓度可造成组织溶解坏死，引起反射性呼吸停止。氨可致急性中毒，严重者发生中毒性肺水肿，或有呼吸窘迫综合征，伤者剧烈咳嗽、咯大量粉红色泡沫痰、呼吸窘迫、谵妄、昏迷、休克等；液氨或高浓度氨可致眼灼伤、皮肤灼伤。

3．导致的职业病

职业性化学中毒（氨中毒）。

4．应急处置

（1）迅速撤离泄漏污染区人员至上风处，并立即隔离泄漏区域，严格限制出入。

（2）切断泄漏源、火源等。

（3）应急处理人员佩戴自给式正压式空气呼吸器，穿防静电工作服。

（4）合理通风，加速扩散。如有可能，将残余气或漏出气用排风机送至适合区域，比如水洗塔或与塔相连的通风橱内。

（5）高浓度泄漏区，喷含盐酸的雾状水中和、稀释、溶解。

（6）构筑围堤或挖坑收集产生的大量废水。

（7）漏气容器要妥善处理，修复、检验后再用。

5．预防措施

（1）使用符合法规要求的罐车装运，装卸、运输前应报有关部门批准。搬运时轻装轻卸，防止钢瓶及附件破损。

（2）严加密闭，加强设备设施管理，提供充分的局部排风和全面通风。

（3）做好个体防护，如提供安全淋浴和洗眼设备、戴化学安全防护眼镜、穿防静电工作服、戴橡胶手套。

（4）保持良好的卫生习惯。工作现场禁止吸烟、进食和饮水。工作完毕，淋浴更衣。

（5）配备相应品种和数量的消防器材及泄漏应急处理设备。空气中浓度超标时，建议佩戴过滤式防毒面具（半面罩）。紧急事态抢救或撤离时，必须佩戴正压式空气呼吸器。

（6）操作人员必须经过专门培训，严格遵守操作规程。

（五）化学性眼部灼烧

化学性眼部灼伤是指工作中眼部直接接触碱性、酸性或其他含有化学物质的气体、液体或固体所致眼组织的腐蚀破坏性损害。

在日常生活和劳动生产的过程中，人们与化学物质接触的机会很多。化学性眼灼伤多因工业生产使用的原料、化学成品或剩余的废料直接接触眼部而引起化学性结膜角膜炎、眼灼伤。随着化学工业的发展，化学性眼灼伤有逐年增多的趋势。

1．健康危害

化学性眼部灼伤约占眼外伤的10%左右，致眼损伤的化学物质主要为酸碱类化学物质（如硫酸、硝酸、盐酸、氨水、烧碱、甲醛、酚、硫化氢等），多为液体或气体。由于眼球组织脆弱，耐受力差，受伤的程度往往比身体其他部位更为严重。轻者可能仅有刺激症状，如眼红、眼痛、灼热感或异物感、流泪、眼睑痉挛等，不会留下后患。而重者病程长，后遗症严重，视力难以恢复，甚至可能失明、眼球萎缩，难以治愈。

2．预防措施

（1）加强安全防护教育，严格执行操作规程。化学性眼部灼伤中，很多情况是工作粗心大意、违反安全操作规程所致。

（2）员工操作时戴防护眼镜或防护面罩，以防止化学物质溅到眼内或烧伤面部。

（3）教育孩子不要玩化学物品，家中的化学物品要妥善保管。

（4）对防护设备要进行改进并定期维修，防止化学物质泄漏。

三、物理因素类职业危害及预防

（一）噪声

1．理化特性

噪声是声强和频率的变化都无规律、杂乱无章的声音。

工业企业内各类工作场所噪声限值应符合表3-10要求。

表 3-10　各类工作场所噪声限值

工作场所	噪声限值 dB（A）
生产车间	85
车间内值班室、观察室、休息室、办公室、实验室、设计室室内背景噪声级	70
正常工作状态下精密装配线、精密加工车间、计算机房	70
主控室、集中控制室、通信室、电话总机室、消防值班室，一般办公室、会议室、设计室、实验室室内背景噪声级	60
医务室、教室、值班宿舍室内背景噪声级	55

注：（1）生产车间噪声限值为每周工作 5d，每天工作 8h 等效声级；对于每周工作 5d，每天工作时间不是 8h，需计算 8h 等效声级；对于每周工作日不是 5d，需计算 40h 等效声级。
（2）室内背景噪声级指室外传入室内的噪声级。

2．健康危害

噪声损害人的听力，可造成人体听力损失，损害心血管。长期接触噪声可引起头痛、耳鸣、惊慌、记忆减退，甚至引起神经官能症，也能导致心跳加速、血管痉挛、高血压、冠心病、食欲下降、月经失调等。超过 115dB 的噪声可造成耳聋。

3．导致的职业病

职业性噪声聋。

4．应急处置

使用耳塞、耳罩、防声帽等，并紧闭门窗。如发现听力异常，及时到医院检查、确诊。

5．预防措施

（1）控制噪声源。根据生产工艺情况采用技术控制或消除噪声源，从源头上解决噪声危害。

（2）控制噪声的传播。应用吸声和消声技术设备，阻断噪声的传播。

（3）执行噪声职业卫生要求。严格执行我国颁布的《工作场所有害因素职业接触限值 第 2 部分：物理因素》（GBZ 2.2—2007）中噪声的职业接触限值要求，即每周工作 5d，每天工作 8h，稳态噪声限值为 85dB。

（4）加强健康监护。严格就业前健康检查，凡是有听觉器官疾患、中枢神经系统、心血管系统器质性疾患或自主神经功能失调者，均不宜参加噪声作业。

（5）健康教育及个体防护。加强职业健康教育，合理安排噪声作业工人休息，使其听觉疲劳得以恢复。

（二）高温

1．健康危害

高温可使作业人员感到热、头晕、心慌、烦、渴、无力、疲倦等不适，在生理功能上也有一系列的改变，具体如下：

（1）体温调节障碍。体温调节主要受气象条件和劳动强度两个因素的影响。在血液循环、汗液分泌和神经系统的作用下，体温一般可控制和保持在很小的波动范围内。不过，人体的体温调节能力是有一定限度的，当身体获热与产热大于散热时，就会使得体内蓄热量不断增加，以致体温明显升高。

（2）大量水盐丧失，可引起水盐代谢平衡紊乱，导致体内酸碱平衡和渗透压失调。

（3）心律脉搏加快，皮肤血管扩张及血管紧张度增加，加重心脏负担，血压下降。但重体力劳动时，血压也可能增加。

（4）消化道血流量减少，唾液、胃液分泌减少，胃液酸度减低，淀粉酶活性下降，胃肠蠕动减弱，造成消化不良和其他胃肠道疾病增加。口渴引起饮水中枢兴奋也会抑制食欲。

（5）高温条件下人体的水分主要经汗腺排出，肾血流量和肾小球过滤率下降，排尿量显著减少，如不及时补充水分，可使尿液浓缩，肾脏负担加重，甚至可导致肾功能不全，尿中出现蛋白、红细胞等。

（6）神经系统可出现中枢神经系统抑制，注意力和肌肉的工作能力、动作的准确性和协调性及反应速度降低，容易发生工伤事故。

（7）高温环境下发生的一系列生理变化超过机体的正常调节功能，会导致中暑。

2．导致的职业病

高温中暑。

3．应急处置

将中暑者移至阴凉、通风处，同时垫高头部、解开衣服，用毛巾或冰块敷头部、腋窝等处，并及时送医院。

4．预防措施

（1）供给含盐饮料和补充营养。

（2）做好个人防护，如高温作业工作服，应以耐热、导热系数小而透气性能好的织物制成，宜宽大又不妨碍操作。

（3）制定合理的劳动休息制度，布置合理的工休地点。

（4）加强医疗预防工作，对高温作业工人应进行上岗前和入暑前体检，凡有心血管疾病、中枢神经系统疾病、消化系统疾病、重病恢复期及体弱者，均不宜从事高温作业。

（5）改进工艺，控制高温、热辐射的产生和影响，减轻劳动强度。合理设计和改革工艺过程，尽量实现机械化、自动化和遥控操作，以减少工人接触高温热辐射的机会，以及避免机体因过劳而加速中暑的发生。

（6）合理布置和疏散热源。

（7）隔热，可以使用隔热材料、水和空气作为隔热层。

（8）通风降温，除自然通风外，机械通风可选择风扇、喷雾风扇、集中式全面或局部冷却送风系统等。

（三）振动

1．职业接触限值

手传振动 4h 等能量频率计权振动加速度限值 $5m/s^2$。

2．健康危害

振动对人体是全身性的影响，长期接触较强的局部振动，可以引起外周和中枢神经系统的功能改变，自主神经功能紊乱，外周循环功能改变，外周血管发生痉挛，出现典型的雷诺现象。典型临床表现为振动性白指（VWF）。

3．导致的职业病

手臂振动病。

4．应急处理

根据病情进行综合性治疗，应用扩张血管及营养神经的药物，改善末梢循环。必要时进行外科治疗。患者应加强个人防护，注意手部和全身保暖，减少白指的发作。

5．预防措施

（1）在可能的条件下以液压、焊接、粘结代替铆接；设计自动、半自动操作或操纵装置，防止直接接触振动。

（2）机器设置隔振地基，墙壁装设隔振材料。

（3）调整劳动休息制度，减少接触振动时间。

（4）就业前体检。

（四）电焊弧光

1．健康危害

焊接过程的弧光由紫外线、红外线和可见光组成，属于电磁辐射范畴。光辐射作用到人体上，被体内组织吸收，引起组织的热作用、光化学作用，能导致人体组织发生急性或慢性损伤。

对视觉器官的影响：强烈的电焊弧光对眼睛会产生急、慢性损伤，引起眼睛畏光、流泪、疼痛、晶体改变等症状，致使视力减退，重者可导致角膜结膜炎（电光性眼炎）或白内障。

对皮肤组织的影响：强烈的电焊弧光对皮肤会产生急、慢性损伤，出现皮肤烧伤感、红肿、发痒、脱皮，形成皮肤红斑病，严重可诱发皮肤癌变。

2．导致的职业病

电光性眼炎、白内障。

3．预防措施

（1）焊工必须使用镶有特制护目镜片的面罩或头盔，穿好工作服，戴好防护手套和焊工防护鞋。

（2）多台焊机作业时，应设置不可燃或阻燃的防护屏。

（3）采用吸收材料作室内墙壁饰面，以减少弧光的反射。

（4）保证工作场所的照明，消除因焊缝视线不清、点火后戴面罩的情况发生。

（5）改革工艺，变手式焊为自动或半自动焊，使焊工可在远离施焊地点作业。

四、放射因素类职业危害及预防

（一）电离辐射

1．理化特性

电离辐射具有波的特性和穿透能力，分为外照射和内照射。

2．健康危害

电离辐射可引起放射病，短时间内接受照射可引起机体急性损伤，长时间接受照射可引起慢性放射性损伤，造血障碍，白细胞减少。

3．导致的职业病

职业性放射性疾病。

4．应急处置

急性损伤应立即脱离辐射源，防止被照皮肤再次受到照射或刺激；疑有放射性核素沾染皮肤时，应及时清洗，并予以去污处理；对危及生命的损害（如休克、外伤和大出血），应先进行抢救处理。

对职业性放射工作人员，Ⅰ度慢性放射性皮肤损伤患者，应妥善保护局部皮肤，避免外伤及过量照射，并作长期观察；Ⅱ度损伤者，应视皮肤损伤面积的大小和轻重程度，减少射线接触或脱离放射性工作，并给予积极治疗；Ⅲ度损伤者，应脱离放射性工作，并及时给予局部和全身治疗。对久治不愈的溃疡或严重的皮肤组织增生或萎缩性病变，应尽早手术治疗。

5．预防措施

（1）时间防护：尽量减少在辐射场所逗留的时间，准备充分，操作迅速、熟练，也可采用轮流、替换制，减少每个人的暴露时间，注意职业病防治。

（2）距离防护：增加作业人员与辐射源之间的距离。一般认为距离增加一倍，剂量减少为原来的四分之一。

（3）屏蔽防护：在人与辐射源之间设置合适的防护屏蔽，防护材料为铅、铁、水泥等。

（4）对作业人员培训，严格执行操作规程。

（5）定期参加职业健康检查，有血液系统疾病、晶体浑浊、肝肾疾病、内分泌疾病、皮肤疾病及严重的呼吸、消化、泌尿、免疫系统疾病和神经精神异常者，不能从事放射作业。

（二）电磁辐射

1．理化特性

工频电磁场（EMF）是一些围绕在任何一种电气设备周围的人们肉眼所不能看见的"力"线，输电线、电缆和电气设备都会产生工频电磁场。在人们身边还有很多其他的电器会产生工频电磁场，如电视机、电吹风、电冰箱、计算机等。

2．健康危害

射频辐射主要对神经系统、心血管系统、免疫系统、眼睛和生殖系统有影响。

微波辐射对神经系统、心血管系统、眼睛和生殖系统会产生较大影响，还可对内分泌、消化、血液等系统产生影响，对人体免疫系统也有影响。

高强度极低频磁场对神经和肌肉产生刺激并导致中枢神经系统的神经细胞兴奋。

3．导致的职业病

职业性放射性疾病。

4．预防措施

（1）指定专人负责工作环境电磁辐射管理，根据企业实际运行情况、设备电磁辐射状况及工作场所的电磁辐射水平，制定本企业的电磁辐射防护措施。

（2）增加辐射源与操作人员之间的距离，能够有效降低工作人员受电磁辐射的影响。

（3）采用屏蔽措施阻止电磁辐射。

（4）根据工作场所的电磁辐射场强，确定选用相应的电磁防护用品，包括防护服、防护眼镜及辐射防护屏等。

第四章

工艺设备安全

第一节　液体及气体输送设备

在炼油化工生产过程中，由于其原料、中间产品和最终产品大都是液体或气体，因此，液体和气体的输送是炼油化工生产过程中不可缺少的重要环节。通常将液体加压及输送设备称为泵，气体压缩及输送的设备为压缩机和风机。

一、泵

（一）概述

泵是输送流体或使流体增压的机械。它将原动机的机械能或其他外部能量传送给液体，使液体能量增加。泵主要用来输送水、油、酸碱液、乳化液、悬乳液和液态金属等液体，也可输送液气混合物及含悬浮固体物的液体。泵的分类方式有很多，根据泵的工作原理可将泵分为容积式泵、叶片式泵和其他类型泵三大类。

1. 容积式泵

容积式泵依靠体积产生周期性变化的工作容积吸入和排出液体，当工作容积增大时，泵吸入液体；减小时，泵排出液体。根据工作机构的运动特点又将这种类型泵分为往复式泵和回转式泵。其中，往复式泵是通过活塞的往复运动直接以压力能形式向液体提供能量，属于这种类型的泵有活塞泵、柱塞泵、隔膜泵等；回转式泵是通过改变工作腔的容积向液体提供能量，属于这种类型的泵有齿轮泵、螺杆泵、滑片泵等。往复泵如图4-1所示。

2. 叶片式泵

叶片式泵都是依靠一个或数个高速旋转的叶轮推动液体流动，实现液体输送的。根据液体在泵内的流动方向又将叶片式泵分为离心泵、轴流泵、混流泵和旋涡泵。其中，离心泵中液体在泵内作径向流动，推动液体流动的力为叶轮旋转时产生的离心力；轴流泵中液体在泵内作轴向流动，推动液体流动的力为叶轮旋转时产生的轴向推力；混流泵中液体在泵内与泵轴成一定角度流动，推动液体流动的力为叶轮旋转时产生的离心力与轴向推力的合力；旋涡泵中液体在泵内作纵向旋涡流动，依靠叶轮旋转时推动液体产生的旋涡运动吸入和排出液体。离心泵如图4-2所示。

图4-1 往复泵

图4-2 离心泵

3．其他类型泵

其他类型泵大都是依靠另一种流体（液、气）的静压能或动能来输送液体的。因此，又称为流体动力作用泵，如喷射泵、水锤泵等。

（二）泵类设备本体安全

泵类设备本体安全的危害因素辨识与风险防控如表4-1所示。

表4-1 泵类设备本体安全的危害因素辨识与风险防控

危害事件	危害因素	风险防控措施
密封泄漏	密封不良	1. 正确安装、使用合格的密封； 2. 做好巡检维护

续表

危害事件	危害因素	风险防控措施
振动超标	机械性振动	1. 加强检修后质量验收； 2. 加强振动检测
抱轴、泄漏	轴承缺陷	1. 使用合格的轴承； 2. 加强润滑管理及振动检测
机械伤害	运动物伤害，防护罩缺陷	1. 提高设备防护措施； 2. 紧固防护罩
物体打击	联轴器缺陷	检修机泵后对中，检查联轴器连接情况
噪声	机械性噪声	1. 做好实时监测； 2. 采取降噪措施； 3. 做好员工劳保防护，如耳塞
触电	泵体或电缆漏电	1. 做好巡检维护； 2. 加强绝缘测量

（三）泵类设备操作安全

泵类设备的操作包括开停、切换、检维修等。泵类设备操作安全的危害因素辨识与风险防控如表 4-2 所示。

表 4-2　泵类设备操作安全的危害因素辨识与风险防控

危害事件	危害因素	风险防控措施
火灾、爆炸	1. 易燃易爆介质； 2. 油气泄漏； 3. 误操作造成跑、窜油； 4. 工具不防爆； 5. 动火不符合要求	1. 安装可燃气报警器，每 2h 巡检一次，发现泄漏及时上报处理； 2. 按操作程序卡操作； 3. 严格按照防爆要求使用防爆工具； 4. 严格按照动火要求办理作业许可
中毒和窒息	1. 有毒介质； 2. 误操作造成跑、窜油； 3. 不正确地使用个人防护用品	1. 提高员工防范意识； 2. 按操作程序卡操作； 3. 严格按照规定配备并穿戴好劳动保护用品
触电	1. 雷击； 2. 泵开关损坏，电线裸露，静电接地不完善	1. 严格按照规定配备并穿戴好劳动保护用品； 2. 发现漏电情况及时联系电工检修
物体打击	1. 不正确地使用工具，工具不适合或操作不当； 2. 管线保温铁皮等物体坠落，造成物体打击； 3. 未使用公司提供的个人防护用品	1. 配备标准工具，按要求操作，操作时旁边不得站人； 2. 及时处理有可能坠落的物体； 3. 严格按照规定配备并穿戴好劳动保护用品
机械伤害	操作员与转动部位接触造成夹击、碰撞、卷入、绞伤等伤害	1. 严格按照规定配备并穿戴好劳动保护用品； 2. 注意力集中

二、压缩机

（一）概述

用于气体压缩及输送的设备称为压缩机。压缩机根据工作原理的区别，分为容积式和速度式两大类。

1. 容积式压缩机

容积式压缩机的工作原理类似于容积式泵，依靠工作容积的周期性变化吸入和排出气体。根据工作机构的运动特点可分为往复式压缩机和回转式压缩机两种类型。其中，往复式压缩机通过运动部件的往复来回运动实现对气体的压缩，往复式压缩机的主要构件有气缸、活塞、连杆、曲轴、吸入活门和排出活门；回转式压缩机由机壳与定轴转动的一个或几个转子构成压缩容积，依靠转子转动过程中产生的工作容积变化来压缩气体。往复式压缩机如图 4-3 所示。

图 4-3 往复式压缩机

2．速度式压缩机

速度式压缩机依靠一个或几个高速旋转的叶轮推动气体流动，通过叶轮对气体作功，首先使气体获得动能，然后使气体在压缩机流道内作减速流动，再将动能转变为气体的静压能，根据气体在压缩机内的流动方向，将速度式压缩机分为离心式和轴流式两类。其中，离心式压缩机中气压的提高是靠叶轮旋转、扩压器扩压而实现的，气体在压缩机中作径向流动，离心式压缩机在现代大型化的石油化工生产中应用非常广泛；轴流式压缩机中转鼓上所装的螺旋桨式叶片推动气体作轴向流动，机壳上装置的静叶片起减速导流作用。离心式压缩机如图 4-4 所示。

图 4-4 离心式压缩机

（二）压缩机本体安全

压缩机本体安全的危害因素辨识与风险防控如表 4-3 所示。

表 4-3 压缩机本体安全的危害因素辨识与风险防控

危害事件	危害因素	风险防控措施
机械伤害	防护罩缺陷	1．防护罩紧固； 2．不间断巡检
抱轴	轴承缺陷	定期加油、测温
振动超标	机械性振动	1．加强检修后质量验收； 2．加强振动检测
噪声	机械性噪声	1．做好实时监测； 2．采取降噪措施； 3．做好员工劳保防护，如耳塞
触电	机体或电缆漏电	1．做好巡检维护； 2．加强绝缘测量
密封泄漏	密封不良	1．正确安装、使用合格的密封； 2．做好巡检维护
轴瓦超温	轴瓦缺陷	加强巡检和温度测量
轴承损坏	轴承缺陷	定期添加润滑油，每月更换一次润滑油

（三）压缩机操作安全

压缩机的操作包括开停、切换、检维修等。压缩机操作安全的危害因素辨识与风险防控如表 4-4 所示。

表 4-4 压缩机操作安全的危害因素辨识与风险防控

危害事件	危害因素	风险防控措施
物体打击、火灾、爆炸	操作错误	1．严格按照规定配备并穿戴好劳动保护用品； 2．加强设备防护检查； 3．配备标准工具，按要求使用工具操作； 4．严格执行操作卡操作，步步确认
窒息、火灾、爆炸	1．设备设施缺陷； 2．压缩气体	1．DCS 监控； 2．严格执行操作规程； 3．不间断巡检制度
机械伤害	1．设备缺陷； 2．防护缺陷； 3．运动物伤害	1．穿戴好劳动保护用品； 2．加强设备防护检查； 3．DCS 监控； 4．严格执行操作规程
滑跌	1．作业场地杂乱； 2．作业场地不平	1．合理设计工作场所； 2．地面杂物及时清理； 3．规范现场管理

三、风机

(一) 概述

风机是依靠输入的机械能,提高气体压力并排送气体的机械,它是一种从动的流体机械。风机按照结构可分为离心式风机、轴流式风机、罗茨鼓风机和其他类型风机。

1. 离心式风机

离心式风机是根据动能转换为势能的原理,利用高速旋转的叶轮将气体加速,然后减速、改变流向,使动能转换成势能(压力)。在单级离心式风机中,气体从轴向进入叶轮,气体流经叶轮时改变成径向,然后进入扩压器。在扩压器中,气体改变了流动方向造成减速,这种减速作用将动能转换成压力能。压力增高主要发生在叶轮中,其次发生在扩压过程。在多级离心式风机中,用回流器使气流进入下一叶轮,产生更高压力。离心式风机由机壳、主轴、叶轮、轴承传动机构及电机等组成。离心式风机如图4-5所示。

图4-5 离心式风机

2. 轴流式风机

轴流式风机的气流与风叶的轴同方向,如电风扇、空调外机风扇就是轴流方式运行风机。原理是当叶轮旋转时,气体从进风口轴向进入叶轮,受到叶轮上叶片的推挤而使气体的能量升高,然后流入导叶;导叶将偏转气流变为轴向流动,同时将气体导入扩压管,进一步将气体动能转换为压力能,最后引入工作管路。

普通型轴流风机可用于一般工厂、仓库、办公室、住宅内等场所的通风换气,也可用于空冷风机、蒸发器、冷凝器、喷雾降等。防腐、防爆型轴流风机采用防腐材料及防爆措施,并匹配防爆电机,可用于输送易爆、易挥发、具有腐蚀性的气体。

轴流式空冷风机如图4-6所示。

3. 罗茨鼓风机

罗茨鼓风机也称作罗茨风机,利用两个或者三个叶形转子在气缸内作相对运动来压缩和输送气体的回转压缩机。这种鼓风机结构简单,制造方便,适用于低压力场合的气体输送和加压,也可用作真空泵。罗茨鼓风机如图 4-7 所示。

图 4-6 轴流式空冷风机

图 4-7 罗茨鼓风机

(二)风机本体安全

风机本体安全的危害因素辨识与风险防控如表 4-5 所示。

表 4-5 风机本体安全的危害因素辨识与风险防控

危害事件	危害因素	风险防控措施
泄漏	密封不良	1. 使用合格的密封; 2. 做好巡检维护; 3. 泵壳螺栓紧固
振动超标	机械性振动	1. 做好检修后质量验收; 2. 做好振动检测
超温、抱轴	轴承或轴承箱缺陷	1. 使用合格的轴承箱; 2. 做好润滑管理及振动检测

续表

危害事件	危害因素	风险防控措施
机械伤害	防护罩缺陷或运动物伤害	1. 防护罩紧固； 2. 提高员工防范意识； 3. 做好巡检维护； 4. 提高设备防护措施
噪声	机械性噪声	1. 做好实时监测； 2. 采取降噪措施； 3. 做好员工劳保防护，如耳塞
触电	机体或电缆漏电	1. 做好巡检维护； 2. 加强绝缘测量
超温、异响	电机风扇缺陷	1. 做好巡检维护； 2. 发现异响故障及时联系检修

（三）风机操作安全

风机的操作包括开停机、切换、检维修等。风机操作安全的危害因素辨识与风险防控如表4-6所示。

表4-6　风机操作安全的危害因素辨识与风险防控

危害事件	危害因素	风险防控措施
触电	机体或电缆漏电	1. 认真检查机泵，发现漏电现象及时联系电工进行处理； 2. 静电接地设施完好； 3. 佩戴劳动保护用品
物体打击	设备设施缺陷或作业场地狭窄	1. 执行操作时，思想要集中； 2. 做好巡检维护，发现设备问题或隐患，及时汇报处理； 3. 严格按照规定配备并穿戴好劳动保护用品
机械伤害	运动物伤害或防护缺陷	1. 进入作业现场，女职工长发及时盘收； 2. 靠近转动部位时，不能戴手套，且严禁接触转动部位； 3. 确认设备防护罩等防护措施完好； 4. 加强巡检，有缺陷的设备及时完善
擦伤、扭伤等人身伤害	设备设施缺陷或作业场所环境不良	1. 设备设施缺陷及时汇报修复处理； 2. 严格按照规定配备并穿戴好劳动保护用品； 3. 保持现场卫生良好，清除现场杂物等障碍，规范现场管理

第二节　热能设备

一、管式加热炉

管式加热炉是炼油厂和石油化工厂的重要设备之一，它利用燃料在炉膛内燃烧时产生的高温火焰与烟气作为热源，来加热管路中流动的油品，使其达到工艺规定的温度，以供给原油或油品进行分馏、裂解和反应等加工过程中所需要的热量，保证生产正常进行。管式加热炉按炉体形状可以分为：箱式炉（方箱炉、斜顶炉）、立式炉、圆筒炉和无焰炉等。

（一）概述

1．箱式炉

1）方箱炉

方箱炉历史比较悠久，是应用于石油炼制比较早的炉型。

（1）结构。方箱炉如图4-8所示，长、宽、高大致相近，辐射室和对流室用火墙隔开，火嘴装于侧壁，烟囱设于炉外，炉管为水平排列。

图4-8　方箱炉

（2）特点。由于使用方箱炉时间较长，所以操作经验比较成熟，但是钢材消耗量大，占地面积大，尤其是辐射管离火嘴远，受热差。火墙顶部的几排管子，由于受到高温烟气的直接冲刷，极易产生局部过热，管子很容易烧坏，使检修周期大大缩短。

2）斜顶炉

方箱炉的致命缺点是火墙上方的炉管局部过热。为了避免这一缺点，减少死角，使炉管受热均匀，由方箱炉发展为箱式斜顶炉。

（1）结构。全炉大体上分三个部分，即两侧是宽大的辐射室，中间窄的部分是对流室，两侧壁上各装有一排火嘴。

（2）特点。由于辐射室顶与水平呈30°角的倾斜面，使顶部辐射管避免了明显的局部过热，受热较方箱炉均匀，炉管表面热强度较方箱炉有所提高（由于斜顶炉的出现，人们开发了石油的热裂解加工技术），但是烟气对火墙顶部的辐射管冲刷仍较厉害，受热仍不够均匀，占地面积大，结构很复杂，所用钢材较多。

2．立式炉

为了提高炉管的表面热强度，缩小炉膛体积，以降低炉子的造价，但炉膛缩小，势必要改变火焰的位置，否则易于引起局部过热，于是人们开发了立式炉。

1）结构

立式炉由型钢柱支撑，炉墙用耐火砖砌成。立式炉的外形为长方体，可分为上、中、下三部分，下部为辐射室，中部为对流室，上部为烟囱。辐射室中间有一隔墙（有的不设隔墙），把炉膛分成窄长的两部分。辐射管横排在炉膛两侧的墙上，用管架固定。炉底有两排火嘴,火焰直喷向隔墙,然后贴墙而上。对流管设置在辐射室上边,排列方向与辐射管相同,炉管用管板固定,有的立式炉在对流室还装有过热蒸汽管(装置所用过热蒸汽来自此处)。炉管用回弯头连接,一般辐射管的材质为 Cr5Mo 合金钢,对流管为碳钢。

2)特点

由于火焰垂直向上,与烟气流动方向一致。近年来,国内设计并广泛采用了一种新型立式炉,辐射室内的辐射管由水平安放改为垂直安放,做到了火焰与炉管平行,连成片状燃烧,因此受热比较均匀,炉管表面热强度高,辐射室宽度可以变窄,炉膛体积可以缩小,占地面积也小。由于烟气上升的特性,烟气阻力较小,烟囱高度可以降低。立式炉虽然较方箱炉和斜顶炉传热均匀,炉管表面热强度较高,但上下部炉管还存在着热强度不均匀性。此外,因对流室和烟囱都布置在炉子上部,炉架需支撑整个炉体,负荷很重,钢架庞大,消耗钢材多。

3. 圆筒炉

为了缩小炉膛体积,又力求受热均匀,于是出现了圆筒炉。

1)结构

圆筒炉如图 4-9 所示。辐射室是一种用钢板卷成的圆筒体,内衬有耐火砖或陶瓷粒蛭石耐热混凝土,辐射炉管沿炉墙周围排成一圈,炉底有火嘴。

长方形的对流室在辐射室上部,外面是钢板,内衬耐火砖,对流室炉管大部分为横排。有时为了提高传热效率,对流室的对流管外焊有钉头或翅片,此种炉管称为钉头管或翅片管。辐射炉管的材质一般采用 Cr5Mo 或碳钢,而对流管一般采用 10 号碳钢。

2)特点

由于火嘴在底部,火焰向上喷射,所以火焰是和炉管平行的。对于较大的圆筒炉,在炉上部装有对流室,圆筒炉火焰与周围的各炉管是等距离的,所以同一水平截面上,各炉管的热强度是较均匀分布的,但是炉管沿管长的热强度分布不均匀,为了解决这一问题,在辐射室上部悬挂着高铬镍合金钢做成的圆锥。由于它的再辐射作用,使炉管不仅在径向热强度分布均匀,而且在轴向的热强度分布也趋于均匀。但是辐射锥是铬镍合金,其费用昂贵,造价较高。一般热负荷大于 $0.4 \times 10^4 kW$ 的圆筒炉,不采用辐射锥。

图 4-9 圆筒炉

圆筒炉具有结构简单、紧凑、占地面积小、投资省、施工快、热损失少等优点。由于圆筒炉的炉墙面积与炉管的表面积的比例较其他炉型低,炉墙的再辐射作用相应减弱了,故其炉管表面积热强度较其他炉型低。另外,立管用机械除焦也较困难,所以圆筒炉适用于油品的纯加热。

(二)管式加热炉本体安全

管式加热炉本体安全的危害因素辨识与风险防控如表 4-7 所示。

表 4-7　管式加热炉本体安全的危害因素辨识与风险防控

危害事件	危害因素	风险防控措施
泄漏	炉管耐腐蚀性差	1. 停产检修对炉管检测； 2. 不间断巡检
热能损失、灼伤	炉墙保温缺陷	利用检修修复炉墙，提高验收质量
火灾	炉管出入口法兰密封不良	1. 提高检修验收质量； 2. 不间断巡检
滑跌	1. 作业场地杂乱； 2. 地面开口缺陷	1. 合理设计工作场所； 2. 地面杂物及时清理； 3. 规范现场管理

（三）管式加热炉操作安全

管式加热炉的操作有加热炉的点火、停炉等。管式加热炉操作安全的危害因素辨识与风险防控如表 4-8 所示。

表 4-8　管式加热炉操作安全的危害因素辨识与风险防控

危害事件	危害因素	风险防控措施
着火、爆炸	明火	1. 提高员工防范意识； 2. 多点采样，气体分析合格后进行操作； 3. 严格执行操作规程； 4. 严格按照规定配备并穿戴好劳动保护用品
灼烫	高温物质	1. DCS 监控； 2. 严格执行操作规程； 3. 关键设备特护管理制度； 4. 不间断巡检制度； 5. 提高员工防范意识； 6. 严格按照规定配备并穿戴好劳动保护用品
爆炸、物体打击、着火、中毒	操作错误	1. 提高员工防范意识； 2. 不间断巡检，发现泄漏及时上报处理； 3. 严格执行操作规程
中毒和窒息	有毒介质	1. 提高员工防范意识； 2. 不间断巡检，发现泄漏及时上报处理； 3. 严格执行操作规程； 4. 严格按照规定配备并穿戴好劳动保护用品

二、换热器

（一）概述

将一温度较高的热流体的热量传给另一温度较低的冷流体的设备称为换热设备。换热设备的形式很多，按用途可分为加热器、冷却器、冷凝器和重沸器。主要用于加热物料的称为加热器；用水等冷却剂来冷却物料的则称为冷却器，像分馏塔的馏出线冷却器等；热的流体是气态，经过换热后被冷凝成为液态的称为冷凝器，如分馏塔塔顶汽油冷凝器等；液体被加热而蒸发成为气态的称为重沸器（再沸器）或汽化器。

换热器按照结构可分为管壳式（固定管板式、U 形管式和浮头式）、板式（螺旋式、平板式）、热管式和其他形式（套管式、喷淋式、夹套式、蛇管式等）换热器。

1. 管壳式换热器

管壳式或列管式换热器是目前在炼油化工生产中应用最广泛的传热设备，与其他各种换热器相比，主要优点是单位体积所具有的传热面积大以及传热效果好。此外，其结构简单，制造的材料范围较广泛，操作弹性也较大，因此在高温、高压和大型装置上多采用管壳式换热器，如图 4-10 所示。

2. 板式换热器

板式换热器是一种新型的高效换热器，是由一组长方形的薄金属传热板片和密封垫片以及压紧装置所组成，其结构（图 4-11）类似板框压滤机。板片为 1~2mm 厚的金属薄板，板片表面通常压制成为波纹形或槽形，每两块板的周边上安上垫片，通过压紧装置压紧，使两块板面之间形成了流体的通道。每块板的四个角上各开一个通孔，借助于垫片的配合，使两个对角方向的孔与板面上的流道相通，而另外的两个孔与板面上的流道隔开，这样，使冷、热流体分别在同一块板的两侧流过。

图 4-10　管壳式换热器　　　　图 4-11　板式换热器

3. 板翅式换热器

板翅式换热器如图 4-12 所示，它是一种新型的高效换热器。这种换热器的基本结构是在两块平行金属板（隔板）之间放置一种波纹状的金属导热翅片，在翅片两侧各安置一块金属平板，两边以侧条密封而组成单元体，对各个单元体进行不同的组合和适当的排列，并用钎焊焊牢，组成板束，把若干板束按需要组装在一起，然后焊在带有流体进、出口的集流箱上便构成逆流、错流、错逆流结合的等多种形式的板翅式换热器。

4. 热管式换热器

热管式换热器是用一种被称为热管的新型换热元件组合而成的换热装置，如图 4-13 所示。它是由管壳、封头、吸液芯、工质等组成。管内有工质，工质被吸附在多孔的毛细吸液芯内，一般为气、液两相共存，并处于饱和状态。对应于某一个环境温度，管内有一个与之相应的饱和蒸气压力。热管与外部热源（T1）相接触的一端称为蒸发段，与被加热体（T2）相接触的一端称为冷凝段。热管从外部热源吸热，蒸发段吸液芯中的工质蒸发，局部空间的蒸气压力升高，管子两端形成压差，蒸气在压差作用下被驱送到冷凝段，其热量通过热管表面传输给被热体，热管内工质冷凝后又返回蒸发段，形成一个闭式循环。热管的管条一般由导热性能好、耐压、耐热应力、防腐的不锈钢、铜、铅、镍、铌、钽或玻璃、陶瓷等材料构成。热管既可组装成换热器使用，也可单独使用。热管换热器的主要优点是传热能力大，结构简单，工作可靠，不需要输送泵和密封、润滑部件等，特别适用于工业尾气余热的回收。

图 4-12　板翅式换热器　　　　图 4-13　热管式换热器

（二）换热器本体安全

换热器本体安全的危害因素辨识与风险防控如表 4-9 所示。

表 4-9　换热器本体安全的危害因素辨识与风险防控

危害事件	危害因素	风险防控措施
介质泄漏	设备设施缺陷，密封不良	1. 使用合格的垫片； 2. 提高员工防范意识； 3. 做好巡检维护，发现泄漏及时上报处理
内部泄漏、窜压	质量缺陷，强度不够，焊接缺陷，冬季冻凝	1. 不间断巡检； 2. 做好检修后质量验收； 3. 定期校验及检测，每年利用停产机会对换热器进行检查
热量损失、腐蚀设备	保温缺陷	不间断巡检，发现问题及时上报
雷击	防雷接地缺陷	1. 不间断巡检； 2. 定期进行接地检测

（三）换热器操作安全

换热器操作有投用、切除、检维修等。换热器操作安全的危害因素辨识与风险防控如表 4-10 所示。

表 4-10　换热器操作安全的危害因素辨识与风险防控

危害事件	危害因素	风险防控措施
中毒	物料有毒有害	1. 严格按操作规程操作； 2. 严格按照规定配备并穿戴好劳动保护用品； 3. 加强培训，提高业务技能； 4. 可燃气体报警仪的配备及维护
着火爆炸	物料易燃易爆	1. 严格按照规定配备并穿戴好劳动保护用品； 2. 按操作程序卡步步确认； 3. 加强培训，提高业务技能； 4. 可燃气体报警仪的配备及维护； 5. 消防设施、器材的配备及维护

续表

危害事件	危害因素	风险防控措施
摔伤、扭伤、擦伤等其他伤害	作业环境不良	1. 及时清理并保持环境整洁； 2. 严格按照规定配备并穿戴好劳动保护用品； 3. 定期排查整治安全隐患
灼烫	高温	1. 严格按操作规程操作； 2. 严格按照规定配备并穿戴好劳动保护用品； 3. 定期排查整治安全隐患
物体打击	运动物伤害	1. 及时清理及保持环境整洁； 2. 严格按照规定配备并穿戴好劳动保护用品； 3. 定期排查整治安全隐患； 4. 加强培训，正确使用劳动工具
物料互窜，泄漏	违章操作	1. 严格按操作规程操作； 2. 严格按照规定配备并穿戴好劳动保护用品； 3. 加强培训，提高业务技能
触电	机体或电缆漏电，违章操作	1. 定期排查安全治理安全隐患； 2. 加强绝缘测量

第三节　塔设备

一、概述

在炼油、化工及轻工等工业生产中，气、液两相直接接触进行传质传热的过程是很多的，如精馏、吸收、解吸、萃取等。这些过程都是在一定的压力、温度、流量等工艺条件下，在一定的设备内完成的。由于其过程中两种介质主要发生的是物质的交换，所以也将实现这些过程的设备称为传质设备；从外形上看这些设备都是竖直安装的圆筒形容器，且长径比较大，形如塔，故习惯上称其为塔设备。

塔设备能够为气、液或液、液两相进行充分接触提供适宜的条件，即充分的接触时间、分离空间和传质传热的面积，从而达到相际间质量和热量交换的目的，实现工艺所要求的生产过程，生产出合格的产品。所以塔设备的性能对整个装置的产品产量、质量、生产能力和消耗定额，以及"三废"处理和环境保护等方面都有着重大的影响。

随着炼油、化工生产工艺的不断改进和发展，与之相适应的塔设备也形成了形式繁多的结构和类型，以满足各种特定的工艺要求。为了便于研究和比较，可以从不同的角度对塔设备进行分类。如按工艺用途分类，按操作压力分类，也可按其内部结构进行分类。

（一）按用途分类

1. 精馏塔

利用液体混合物中各组分挥发度的不同来分离其各组分的操作称为蒸馏，反复多次蒸馏的过程称为精馏，实现精馏操作的塔设备称为精馏塔。例如，常减压装置中的常压塔、减压塔，可将原油分离为汽油、煤油、柴油及润滑油等；铂重整装置中的各种精馏塔，可以分离出苯、甲苯、二甲苯等。

2. 吸收塔、解吸塔

利用混合气中各组分在溶液中溶解度的不同，通过吸收液来分离气体的工艺操作称为吸收；将吸收液通过加热等方法使溶解于其中的气体释放出来的过程称为解吸。实现吸收和解吸操作过程的塔设备称为吸收塔、解吸塔。例如，催化裂化装置中的吸收、解吸塔，从炼厂气中回收汽油、从裂解气中回收乙烯和丙烯，以及气体净化等都需要吸收、解吸塔。

3. 萃取塔

对于各组分间沸点相差很小的液体混合物，利用一般的分馏方法难以奏效，这时可在液体混合物中加入某种沸点较高的溶剂（称为萃取剂），利用混合液中各组分在萃取剂中溶解度的不同，将它们分离，这种方法称为萃取（也称为抽提）。实现萃取操作的塔设备称为萃取塔，如丙烷脱沥青装置中的抽提塔等。

4. 洗涤塔

用水除去气体中无用的成分或固体尘粒的过程称为水洗，所用的塔设备称为洗涤塔。

（二）按结构形式分类

按塔的内部构件结构形式，可将塔设备分为两大类：板式塔和填料塔，结构如图4-14所示。

板式塔是一种逐级（板）接触的气液传质设备。塔内以塔板为基本构件，气体自塔底以鼓泡或喷射的形式穿过塔板上的液层，使气液相密切接触而进行传质传热，两相的浓度呈阶梯式变化。

填料塔属于微分接触型的气液传质设备。塔内以填料为气液接触和传质的基本元件。液体在填料表面呈膜状自上而下流动，气体呈连续相自下而上与液体做逆流流动，并进行气液两相间的传质与传热，两相的浓度或温度沿塔高呈连续变化。

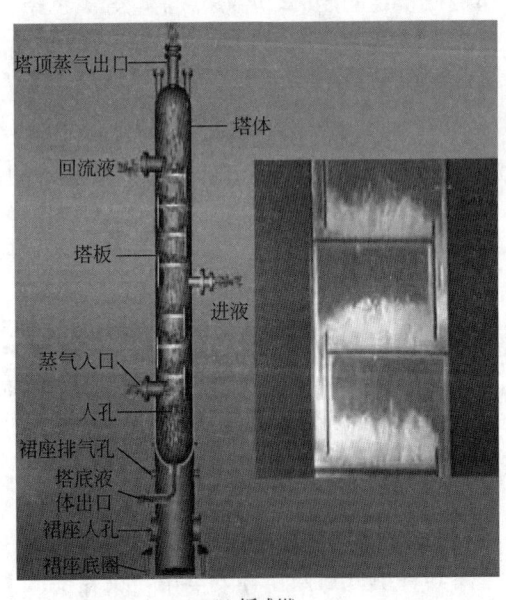

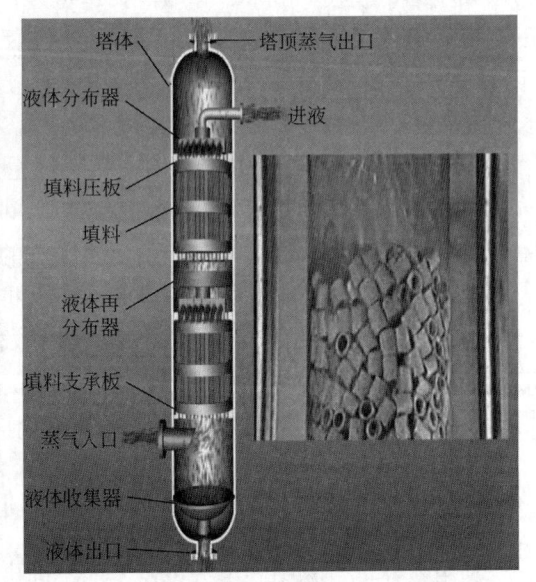

(a) 板式塔   (b) 填料塔

图4-14　板式塔与填料塔

二、塔设备本体安全

塔设备本体安全的危害因素辨识与风险防控如表 4-11 所示。

表 4-11 塔设备本体安全的危害因素辨识与风险防控

危害事件	危害因素	风险防控措施
泄漏、火灾	腐蚀缺陷	1. 不间断巡检； 2. DCS 监控； 3. 严格按照规定配备并穿戴好劳动保护用品； 4. 现场可燃气报警仪； 5. 消防设施、器材的配备及维护
灼烫	高温	1. 严格按照规定配备并穿戴好劳动保护用品； 2. 提高设备防护措施； 3. 加强培训，提高业务技能
泄漏	密封不良	1. 使用合格的垫片； 2. 做好检修后质量验收； 3. 定期排查整治安全隐患
油气浪费	安全阀失灵	定期检查火炬系统
物体打击、热量损失、腐蚀、泄漏	保温缺陷	1. 定期排查整治安全隐患； 2. 严格按照规定配备并穿戴好劳动保护用品
雷击	防雷接地缺陷	1. 定期排查安全治理安全隐患； 2. 每半年进行一次接地检测
高处坠落	防护栏缺陷	加强维护管理

三、塔设备操作安全

塔设备的操作有净化风吹扫、氮气置换、开工升温升压、停工降温降压等。塔设备操作安全的危害因素辨识与风险防控如表 4-12 所示。

表 4-12 塔设备操作安全的危害因素辨识与风险防控

危害事件	危害因素	风险防控措施
火灾、爆炸	易燃易爆介质，违章操作	1. 严格按照规定配备并穿戴好劳动保护用品； 2. 按操作程序卡步确认； 3. 加强培训，提高业务技能； 4. 定期巡检，发现泄漏及时处理； 5. 可燃气体报警仪的配备及维护； 6. 消防设施、器材的配备及维护
灼烫	高温介质，违章操作	1. 严格按照规定配备并穿戴好劳动保护用品； 2. 按操作程序卡步确认； 3. 加强培训，提高业务技能； 4. 可燃气体报警仪的配备及维护； 5. 消防设施、器材的配备及维护； 6. 对高温设备和管线进行有效标识
冻伤	液化气体，违章操作	1. 严格按照规定配备并穿戴好劳动保护用品； 2. 严格按操作规程操作； 3. 定期巡检，发现泄漏及时处理； 4. 可燃气体报警仪的配备及维护； 5. 阀门、法兰、垫片及时更换

续表

危害事件	危害因素	风险防控措施
高处坠落	注意力不集中，违章操作	1. 严格按照规定配备并穿戴好劳动保护用品； 2. 注意力集中，精神状态不适合工作时可以请假； 3. 严格按操作规程操作
触电	机体或电缆漏电，违章操作	1. 严格按操作规程操作； 2. 严格按照规定配备并穿戴好劳动保护用品； 3. 定期对电气设备的漏电保护装置进行检查
辐射	电离辐射	1. 对员工进行放射知识培训； 2. 严格按照规定配备并穿戴好劳动保护用品； 3. 定期对电离辐射的防护设施检查； 4. 相关操作员工定期进行体检； 5. 减少在有辐射平台上的无关活动
摔伤、扭伤、擦伤等其他伤害	作业区环境不良，违章操作	1. 及时清理并保持环境整洁； 2. 严格按照规定配备并穿戴好劳动保护用品； 3. 定期排查整治安全隐患

第四节　反应设备

　　石油化工生产过程主要由物理加工过程和化学加工过程所组成。物理加工过程可通过精馏、吸收、萃取、过滤、干燥等化工单元操作来完成。化学加工过程则是在反应设备内，通过一定的反应条件来实现。反应设备的主要作用是提供反应场所，并维持一定的反应条件，使化学反应过程按预定的方向进行，得到合格的反应产物。

　　反应设备一般可根据用途、操作方式、结构等不同方法进行分类。根据用途可把反应设备分为催化裂化反应器、加氢裂化反应器、催化重整反应器、氨合成塔、管式反应炉、氯乙烯聚合釜等类型。根据操作方式可把反应设备分为连续式操作反应设备、间歇式操作反应设备和半间歇式操作反应设备等类型。最常见的是按反应设备的结构来分类，可分为釜式反应器、管式反应器、塔式反应器、固定床反应器、流化床反应器等类型。

一、概述

（一）釜式反应器

　　釜式反应器也称搅拌釜式、槽式、锅炉反应器，主要由壳体、密封装置、搅拌器和换热装置等部件组成，是各类反应器中结构较为简单、应用最为广泛的一种反应设备，如图 4-15 所示。其特点是操作灵活、弹性大，温度、压力范围广，适用性较强。主要用于均一液相的均相反应过程和气—液、液—固、液—液等非均相的反应过程。其中，均相反应指物系内部各处物料性质均匀，也不存在相界面的反应。非均相反应指物系内部存在明显界面的反应。

图 4-15　釜式反应器

（二）管式反应器

管式反应器一般是由多根细管串联或并联构成的一种反应器，如图 4-16 所示。其结构特点是反应器的长度和直径之比较大，一般可达 50～100。常用的有直管式、U 形管式、盘管式和多管式等几种形式。管式反应器的主要特点是反应物浓度和反应速度只与管长有关，而不随时间变化。反应物的反应速度快，在管内的流速高，适用于大型化、连续化的生产过程，生产效率高。

图 4-16　管式反应器

（三）塔式反应器

塔式反应器的高径比介于釜式和管式反应器之间，为 8～30，如图 4-17 所示，主要用于气液反应，常用的有填料塔和板式塔。

填料塔是在圆筒体塔内装有一定厚度的填料层及液体喷淋液体再分布及填料支承等装置，其特点是气液返混少，溶液不易起泡，耐腐蚀和压降小。板式塔是在圆筒体塔内装有多层塔板和溢流装置，在各层塔板上维持一定的液体量，气体通过塔板时，气液相在塔板上进行反应。其特点是气、液逆向流动接触面大、返混小，传热传质效果好，液相转化率高。

图 4-17　塔式反应器

（四）固定床反应器

固定床反应器是指流体通过静止不动的固体物料所形成的床层而进行化学反应的设备。以气固反应的固定床反应器最常见。固定床反应器根据床层数的多少又可分为单段式和多段式两种类型。单段式一般为高径比不大的圆筒体，在圆筒体下部装有栅板等板件，其上为催化剂床层，均匀地堆置一定厚度的催化剂固体颗粒。单段式固定床反应器结构简单、造价便宜、反应器体积利用率高。多段式是在圆筒体反应器内设有多个催化剂床层，在各床层之间可采用多种方式进行反应物料的换热。其特点是便于控制调节反应温度，防止反应温度超出允许范围，但结构较单段式复杂。

（五）流化床反应器

细小的固体颗粒被运动着的流体携带，具有像流体一样能自由流动的性质，称为固体的流态化。一般把反应器和在其中呈流态化的固体催化剂颗粒合在一起，称为流化床反应器。

流化床反应器多用于气固反应过程，一般都由壳体、内部构件、固体颗粒装卸设备及气体分布、传热、气固分离装置等构成。

流化床反应器气固湍动、混合剧烈，传热效率高，床层内温度较均匀，避免了局部过热，反应速度快。流态化可使催化剂作为载热体使用，便于生产过程实现连续化、大型化和自动控制。但流化床使催化剂的磨损较大，对设备内壁的磨损也较严重；另外，也易产生气固的返混，使反应转化率受到一定的影响。

二、反应设备本体安全

反应设备本体安全的危害因素辨识与风险防控如表 4-13 所示。

表 4-13　反应设备本体安全的危害因素辨识与风险防控

危害事件	危害因素	风险防控措施
泄漏、火灾、爆炸	密封不良	1. 不间断巡检； 2. DCS 监控 3. 严格按照规定配备并穿戴好劳动保护用品； 4. 现场配备可燃气报警仪； 5. 消防设施、器材的配备及维护
泄漏或超压	安全阀缺陷，进料流控阀失灵，反应器焊道存在缺陷	1. 严格按照规定配备并穿戴好劳动保护用品； 2. 定期检验安全阀、进料流控阀； 3. 使用合格的垫片； 4. 做好检修后质量验收
泄漏、灼伤、火灾、中毒、窒息	高温高压介质，易燃易爆介质，有毒介质	1. 不间断巡检； 2. 定期排查整治安全隐患； 3. 严格按照规定配备并穿戴好劳动保护用品
热能损失、灼伤	保温缺陷	1. 定期排查安全治理安全隐患； 2. 加强保温修复和检修后质量验收
高处坠落	防护栏缺陷	加强维护管理
触电	反应机体或电缆漏电	1. 做好巡检维护； 2. 加强绝缘测量

三、反应设备操作安全

反应设备的操作有净化风吹扫、氮气置换、装卸催化剂、预反应器蒸汽蒸煮、反应进料、开工升温升压、停工降温降压等。反应设备操作安全的危害因素辨识与风险防控如表 4-14 所示。

表 4-14　反应设备操作安全危害因素辨识与风险防护

危害事件	危害因素	风险防控措施
火灾、爆炸	易燃易爆介质，违章操作	1. 严格按照规定配备并穿戴好劳动保护用品； 2. 按操作程序卡步步确认； 3. 加强培训，提高业务技能； 4. 定期巡检，发现泄漏及时处理； 5. 可燃气体报警仪的配备及维护； 6. 消防设施、器材的配备及维护
灼烫	高温介质，违章操作	1. 严格按照规定配备并穿戴好劳动保护用品； 2. 按操作程序卡步步确认； 3. 加强培训，提高业务技能； 4. 可燃气体报警仪的配备及维护； 5. 消防设施、器材的配备及维护； 6. 对高温设备和管线进行有效标识
冻伤	液化气体，违章操作	1. 严格按照规定配备并穿戴好劳动保护用品； 2. 严格按操作规程操作； 3. 定期巡检，发现泄漏及时处理； 4. 可燃气体报警仪的配备及维护； 5. 阀门、法兰、垫片及时更换
高处坠落	注意力不集中，违章操作	1. 严格按照规定配备并穿戴好劳动保护用品； 2. 注意力集中，精神状态不适合工作时可以请假； 3. 严格按操作规程操作

续表

危害事件	危害因素	风险防控措施
触电	机体或电缆漏电，违章操作	1. 严格按操作规程操作； 2. 严格按照规定配备并穿戴好劳动保护用品； 3. 定期对电气设备的漏电保护装置进行定期检查
缺氧窒息	使用氮气	1. 严格按操作规程操作； 2. 严格按照规定配备并穿戴好劳动保护用品； 3. 严格按照规定配备并使用空气呼吸器； 4. 注意观察有无氮气泄漏，操作时站在上风向
窒息、中毒	有毒介质	1. 严格按操作规程操作； 2. 有毒气体报警仪的配备及维护； 3. 阀门、法兰、垫片定期检查更换； 4. 严格按照规定配备并使用空气呼吸器
超温、超压	物料比失常	1. 严格按操作规程操作； 2. 严格按照规定配备并穿戴好劳动保护用品； 3. DCS 监控； 4. 使用流量报警系统； 5. 使用高、低温报警系统
辐射	电离辐射	1. 对员工进行放射知识培训； 2. 严格按照规定配备并穿戴好劳动保护用品； 3. 定期对电离辐射的防护设施检查； 4. 相关操作员工定期进行体检； 5. 减少在有辐射平台上的无关活动
摔伤、扭伤、擦伤等其他伤害	作业区环境不良，违章操作	1. 及时清理并保持环境整洁； 2. 严格按照规定配备并穿戴好劳动保护用品； 3. 定期排查整治安全隐患

第五节 储存设备

一、概述

（一）外形和分类

储存设备主要是用来盛装生产和生活用的原料气体、液体、液化气体等的容器，在石油石化行业储存设备主要是各种形式的储罐，如图4-18所示。

图 4-18 储罐

由于储存介质的不同，储罐的形式也是多种多样的。

储罐按位置分类：可分为地上储罐、地下储罐、半地下储罐、海上储罐、海底储罐等。

储罐按油品分类：可分为原油储罐、燃油储罐、润滑油罐、食用油罐、消防水罐等。

储罐按用途分类：可分为生产油罐、存储油罐等。

储罐按形式分类：可分为立式储罐、卧式储罐等。

储罐按结构分类：可分为固定顶储罐、浮顶储罐、球形储罐等。

储罐按大小分类：100m³ 以上为大型储罐，多为立式储罐；100m³ 以下的为小型储罐，多为卧式储罐。

目前我国使用范围最广泛、制作安装技术最成熟的是浮顶储罐和卧式储罐。

（二）拱顶储罐

拱顶储罐是指罐顶为球冠状、罐体为圆柱形的一种钢制容器。拱顶储罐制造简单、造价低廉，所以在国内外许多行业应用最为广泛，最常用的容积为 1000～10000m³，目前国内拱顶储罐的最大容积已经达到 30000m³。

罐底：罐底由钢板拼装而成，罐底中部的钢板为中幅板，周边的钢板为边缘板。边缘板可采用条形板，也可采用弓形板。一般情况下，储罐内径＜16.5m 时，宜采用条形边缘板；储罐内径≥16.5m 时，宜采用弓形边缘板。

罐壁：罐壁由多圈钢板组对焊接而成，分为套筒式和直线式。

套筒式罐壁板环向焊缝采用搭接，纵向焊缝为对接。拱顶储罐多采用该形式，其优点是便于各圈壁板组对，采用倒装法施工比较安全。

直线式罐壁板环向焊缝为对接。优点是罐壁整体自上而下直径相同，特别适用于内浮顶储罐，但组对安装要求较高、难度也较大。

罐顶：罐顶有多块扇形板组对焊接而成球冠状，罐顶内侧采用扁钢制成加强筋，各个扇形板之间采用搭接焊缝，整个罐顶与罐壁板上部的角钢圈（或称锁口）焊接成一体。

（三）浮顶储罐

浮顶储罐是由漂浮在介质表面上的浮顶和立式圆柱形罐壁所构成。浮顶随罐内介质储量的增加或减少而升降，浮顶外缘与罐壁之间有环形密封装置，罐内介质始终被内浮顶直接覆盖，减少介质挥发。

罐底：浮顶罐的容积一般都比较大，其底板均采用弓形边缘板。

罐壁：采用直线式罐壁，对接焊缝宜打磨光滑，保证内表面平整。浮顶储罐上部为敞口，为增加壁板刚度，应根据所在地区的风载大小，罐壁顶部需设置抗风圈梁和加强圈。

浮顶：浮顶分为单盘式浮顶、双盘式浮顶和浮子式浮顶等形式。

单盘式浮顶：由若干个独立舱室组成环形浮船，其环形内侧为单盘顶板。单盘顶板底部设有多道环形钢圈加固。其优点是造价低、好维修。

双盘式浮顶：由上盘板、下盘板和船舱边缘板所组成，由径向隔板和环向隔板隔成若干独立的环形舱。其优点是浮力大、排水效果好。

（四）内浮顶储罐

内浮顶储罐是在拱顶储罐内部增设浮顶而成，罐内增设浮顶可减少介质的挥发损耗，外部的拱顶又可以防止雨水、积雪及灰尘等进入罐内，保证罐内介质清洁。这种储罐主要用于储存轻质油，如汽油、航空煤油等。内浮顶储罐采用直线式罐壁，壁板对接焊制，拱顶按拱顶储罐的要求制作。目前国内的内浮顶有两种结构：一种是与浮顶储罐相同的钢制浮顶；另一种是拼装成型的铝合金浮顶。

（五）卧式储罐

卧式储罐的容积一般都小于 $100m^3$，通常用于生产环节或加油站。卧式储罐环向焊缝采用搭接，纵向焊缝采用对接。圈板交互排列，取单数，使端盖直径相同。卧式储罐的端盖分为平端盖和碟形端盖，平端盖卧式储罐可承受 40kPa 内压，碟形端盖卧式储罐可承受 0.2MPa 内压。地下卧式储罐必须设置加强环，加强还用角钢煨制而成。

二、储存设备本体安全

储存设备本体安全的危害因素辨识与风险防控如表 4-15 所示。

表 4-15　储存设备本体安全的危害因素辨识与风险防控

危害事件	危害因素	风险防控措施
泄漏	耐腐蚀性差，密封不良	1. 不间断巡检； 2. 使用在线腐蚀监测系统； 3. 定期进行测厚检查； 4. 进行防腐喷涂； 5. 现场安装可燃气报警仪； 6. 消防设施、器材的配备及维护
高处坠落	旋梯缺陷，防护栏缺陷	1. 不间断巡检； 2. 加强维护管理
触电	罐体或电缆漏电	1. 做好巡检维护； 2. 加强绝缘测量
雷击	防雷接地缺陷	1. 做好巡检维护； 2. 定期进行防雷接地监测
超压或罐抽瘪	呼吸阀缺陷，安全阀缺陷，阻火器缺陷	1. 不间断巡检； 2. 加强维护管理

三、储存设备操作安全

储存设备的操作有油罐脱水、收油、送油、切换、倒油、投用、停用等。储存设备操作安全的危害因素辨识与风险防控如表 4-16 所示。

表 4-16　储存设备操作安全的危害因素辨识与风险防控

危害事件	危害因素	风险防控措施
火灾、爆炸	易燃易爆介质，静电和杂散电流，违章操作	1. 严格按照规定配备并穿戴好劳动保护用品； 2. 按操作程序卡步步确认； 3. 加强培训，提高业务技能； 4. 定期巡检，发现泄漏及时处理； 5. 操作前员工触摸人体静电消除器释放静电； 6. 可燃气体报警仪的配备及维护； 7. 消防设施、器材的配备及维护

续表

危害事件	危害因素	风险防控措施
窒息、中毒	有毒介质	1. 严格按操作规程操作； 2. 有毒气体报警仪的配备及维护； 3. 阀门、法兰、垫片定期检查更换； 4. 严格按照规定配备及使用空气呼吸器
超压、物料互窜	违章操作	1. 严格按操作规程操作； 2. DCS 监控； 3. 使用超压报警系统； 4. 加强计量监测
高处坠落	注意力不集中，违章操作	1. 严格按照规定配备并穿戴好劳动保护用品； 2. 注意力集中，精神状态不适合工作时可以请假； 3. 严格按操作规程操作
触电	机体或电缆漏电，违章操作	1. 严格按操作规程操作； 2. 严格按照规定配备并穿戴好劳动保护用品； 3. 定期对电气设备的漏电保护装置进行定期检查
摔伤、扭伤、擦伤等其他伤害	作业区环境不良，违章操作	1. 及时清理并保持环境整洁； 2. 严格按照规定配备并穿戴好劳动保护用品； 3. 定期排查整治安全隐患

第六节　管道与阀门

管道是炼化设备的重要组成部分，原油及其他辅助生产介质从不同的管道进入生产装置，炼制成不同产品，再进入罐区，最后装车外运。可见管道是炼油生产的大动脉，它将整个生产联结起来构成一个整体。所以保持管路的畅通，是保证炼油生产正常进行的重要环节。阀门是一种通用机械产品，也是炼油管道中常用的重要附件，在管路中起切断或连通管内介质的流动、调节其流量和压力、改变或控制流动方向等作用。

一、管道

（一）概述

炼化装置介质种类繁多，各类介质的特性不同，在管路中的状态、温度、压力也不尽相同，管道按不同的分类方法有不同的类型。分类的目的在于便于合理设计、安装、检修和管理。按管道的用途可将其分为工艺管道和辅助管道，工艺管道包括原油管道、半成品及成品油管道等，是炼化企业的主要管道；辅助管道是指一切辅助生产的管道，包括燃料系统、蒸汽及冷凝水系统、冷却水系统、排污系统及供风系统等，根据管道中介质压力的高低可将管道分为高压、中压、低压及真空管道，不同管道的级别分类如表 4-17 所示。

表 4-17　不同管道的级别分类

级别名称		设计压力 p，MPa
真空管道		p 小于标准大气压
低压管道		$0 < p < 1.6$ MPa
中压管道	1	1.6 MPa $\leqslant p < 4.0$ MPa
	2	4.0 MPa $\leqslant p < 10.0$ MPa
高压管道		10.0 MPa $\leqslant p \leqslant 35$ MPa

炼油、石油化工管道输送的介质一般都是易燃、可燃性介质，有些物料属于剧毒介质，这类管道即使压力很低，但一旦发生泄漏或损坏后果是很严重的，因此对这类管道不仅要考虑温度和压力的影响，还要考虑介质性质的影响。《石油化工剧毒、易燃、可燃介质管道施工及验收规范》(SHJ 501—1985)根据被输送介质的温度、闪点、爆炸下限、毒性及管道的设计压力将石油化工管道分为 A、B、C 三级，不同类别管道的适用范围如表 4-18 所示。

表 4-18　不同类别管道的适用范围

管道类别	适用范围
A	1. 剧毒介质管道； 2. 设计压力大于或等于 10MPa 的易燃、可燃介质管道
B	1. 介质闪点低于 28℃ 的易燃介质管道； 2. 介质爆炸下限低于 10% 的管道
C	1. 介质闪点 28～60℃ 的易燃、可燃介质管道； 2. 介质爆炸下限高于或等于 10% 的管道

（二）管道本体安全

管道本体安全的危害因素辨识与风险防控如表 4-19 所示。

表 4-19　管道本体安全的危害因素辨识与风险防控

危害事件	危害因素	风险防控措施
泄漏、火灾	腐蚀缺陷，密封不良	1. 不间断巡检； 2. DCS 监控； 3. 使用合格的垫片； 4. 现场配备可燃气报警仪； 5. 消防设施、器材的配备及维护； 6. 严格按照规定配备并穿戴好劳动保护用品
冻凝破裂	保温破损	1. 不间断巡检； 2. 发现保温破损时及时上报修复； 3. 做好检修后质量验收； 4. 严格按照规定配备并穿戴好劳动保护用品

（三）管道操作安全

管道操作有介质输送、投用、停用、检维修等。管道操作安全的危害因素辨识与风险防控如表 4-20 所示。

表 4-20　管道操作安全的危害因素辨识与风险防控

危害事件	危害因素	风险防控措施
物料互窜	违章操作	1. 严格按操作规程操作； 2. 操作前先考虑排空排压； 3. 管道更换品种做好置换工作
火灾、爆炸	易燃易爆性介质，违章操作	1. 严格按照规定配备并穿戴好劳动保护用品； 2. 按操作程序卡步步确认； 3. 加强培训，提高业务技能； 4. 定期巡检，发现泄漏及时处理； 5. 可燃气体报警仪的配备及维护； 6. 消防设施、器材的配备及维护

续表

危害事件	危害因素	风险防控措施
灼烫	高温介质，违章操作	1．严格按照规定配备并穿戴好劳动保护用品； 2．按操作程序卡步步确认； 3．加强培训，提高业务技能； 4．可燃气体报警仪的配备及维护； 5．消防设施、器材的配备及维护； 6．对高温设备和管道进行有效标识
冻伤	液化气体，违章操作	1．严格按照规定配备并穿戴好劳动保护用品； 2．严格按操作规程操作； 3．定期巡检，发现泄漏及时处理； 4．可燃气体报警仪的配备及维护； 5．阀门、法兰、垫片及时更换
高处坠落	注意力不集中，违章操作	1．严格按照规定配备并穿戴好劳动保护用品； 2．注意力集中，精神状态不适合工作时可以请假； 3．严格按操作规程操作
窒息、中毒	有毒介质	1．严格按操作规程操作； 2．有毒气体报警仪的配备及维护； 3．阀门、法兰、垫片定期检查更换； 4．严格按照规定配备并使用空气呼吸器
摔伤、扭伤、擦伤等其他伤害	作业区环境不良，违章操作	1．及时清理并保持环境整洁； 2．严格按照规定配备并穿戴好劳动保护用品； 3．定期排查整治安全隐患

二、阀门

（一）概述

阀门是管道输送系统中控制流体在管路内流动的装置，主要作用是启闭、调节流量。阀门广泛用于化工、石油、轻工、冶金等工业生产及供热、给排水等民用设施中。阀门种类繁多，这里仅对管道输送系统中的通用阀门和特种用途阀门作介绍。

1．通用阀门

管道系统中的通用阀门，按其主要功能分为流体切断阀、流量调节阀、流向限制阀三大类。

（1）流体切断阀。其功能是切断管道中的流体流动。几乎所有阀门都有切断管道流体的作用，但其结构和性能各不相同。切断阀有闸阀、截止阀、旋塞阀、球阀、柱塞阀、蝶阀等。

（2）流量调节阀。流量调节阀在完全关闭时，也能切断管道中的流体，但其主要功能是在运行过程中可以达到调节流量的目的。这类阀门有截止阀、节流阀、柱塞阀、球阀、蝶阀等。

（3）流向限制阀。其功能是具有控制流体流动方向的作用。这类阀门有以下两种：止回阀、换向阀。

2．特种用途阀门

专用阀门具有专一功能，可在特殊条件下使用，这类阀门主要有以下几种。

（1）蒸汽疏水阀，专门用于排放蒸汽凝结水的阀门。

(2) 减压阀，专门用于降低流体压力的阀门。

(3) 减温减压阀，专门用于降低蒸汽温度和压力的阀门。

(4) 膜式控制阀，能自动监测、自动控制流量、温度与压力的阀门。

(5) 低温阀，工作温度低于-40℃的专用阀门。

（二）阀门本体安全

阀门本体安全的危害因素辨识与风险防控如表 4-21 所示。

表 4-21 阀门本体安全的危害因素辨识与风险防控

危害事件	危害因素	风险防控措施
泄漏、火灾	腐蚀缺陷，密封不良	1. 不间断巡检； 2. 使用合格的垫片； 3. 现场配备可燃气报警仪； 4. 消防设施、器材的配备及维护； 5. 严格按照规定配备并穿戴好劳动保护用品
泄漏、灼伤、火灾、中毒、窒息	高温高压介质，易燃易爆介质，有毒介质	1. 不间断巡检； 2. 定期排查整治安全隐患； 3. 严格按照规定配备并穿戴好劳动保护用品
物料互窜、泄漏、火灾	控制器缺陷	1. 不间断巡检； 2. 做好检修后质量验收； 3. 严格按照规定配备并穿戴好劳动保护用品

（三）阀门操作安全

阀门操作有阀门的开关、切换、检维修等。阀门操作安全的危害因素辨识与风险防控如表 4-22 所示。

表 4-22 阀门操作安全的危害因素辨识与风险防控

危害事件	危害因素	风险防控措施
窒息中毒	有毒有害介质，违章操作	1. 严格按操作规程操作； 2. 严格按照规定配备并穿戴好劳动保护用品； 3. 加强培训，提高业务技能； 4. 可燃气体报警仪的配备及维护
火灾爆炸	易燃易爆介质，违章操作	1. 严格按照规定配备并穿戴好劳动保护用品； 2. 按操作程序卡步步确认； 3. 加固现场劳动保护； 4. 加强培训，提高业务技能； 5. 可燃气体报警仪的配备及维护； 6. 消防设施、器材的配备及维护
摔伤、扭伤、擦伤等其他伤害	作业环境不良	1. 及时清理及保持环境整洁； 2. 严格按照规定配备并穿戴好劳动保护用品； 3. 定期排查整治安全隐患
灼烫	高温介质，违章操作	1. 严格按操作规程操作； 2. 严格按照规定配备并穿戴好劳动保护用品； 3. 定期排查整治安全隐患
物体打击	运动物伤害	1. 及时清理及保持环境整洁； 2. 严格按照规定配备并穿戴好劳动保护用品； 3. 定期排查整治安全隐患； 4. 加强培训，正确使用劳动工具

续表

危害事件	危害因素	风险防控措施
物料互窜，泄漏	违章操作	1. 严格按操作规程操作； 2. 严格按照规定配备并穿戴好劳动保护用品； 3. 加强培训，提高业务技能
触电	机体或电缆漏电	1. 定期排查安全治理安全隐患； 2. 加强绝缘测量

第七节　电气仪表

一、电气设备

（一）概述

电气设备是在电力系统中对发电机、变压器、电力线路、断路器等设备的统称。电气设备包括一次设备和二次设备。

一次设备主要是发电、变电、输电、配电、用电等直接产生、传送、消耗电能的设备，比如说发电机、变压器、架空线、配电柜、开关柜等。

二次设备就是起控制、保护、计量等作用的设备。大楼里的或者一般厂房比如说电缆、配电柜、电动机、开关插座、灯具、空调、电热水器、电表、摄像机、电话、电脑等都是二次设备。

（二）安全防护基本要素

1．电气绝缘

保持配电线路和电气设备的绝缘良好，是保证人身安全和电气设备正常运行的最基本要素。电气绝缘的性能是否良好，可通过测量其绝缘电阻、耐压强度、泄漏电流和介质损耗等参数来衡量。

2．安全距离

电气安全距离，是指人体、物体等接近带电体而不发生危险的安全可靠距离。例如，带电体与地面之间、带电体与带电体之间、带电体与人体之间、带电体与其他设施和设备之间，均应保持一定距离。通常，在配电线路和变、配电装置附近工作时，应考虑线路安全距离，变、配电装置安全距离，检修安全距离和操作安全距离等。

3．安全载流量

导体的安全载流量，是指允许持续通过导体内部的电流量。持续通过导体的电流如果超过安全载流量，导体的发热将超过允许值，导致绝缘损坏，甚至引起漏电和发生火灾。因此，根据导体的安全载流量确定导体截面和选择设备是十分重要的。

4．标志

明显、准确、统一的标志是保证用电安全的重要因素。标志一般有颜色标志、标示牌标志和型号标志等。颜色标示表示不同性质、不同用途的导线；标示牌标志一般作为危险场所的标志；型号标志作为设备特殊结构的标志。

（三）安全技术基本要求

电气事故统计资料表明，由于电气设备的结构有缺陷、安装质量不佳、不能满足安全要求而造成的事故所占比例很大。因此，为了确保人身和设备安全，在安全技术方面对电气设备有以下基本要求：

（1）对裸露于地面和人身容易触及的带电设备，应采取可靠的防护措施。

（2）设备的带电部分与地面及其他带电部分应保持一定的安全距离。

（3）易产生过电压的电力系统，应有避雷针、避雷线、避雷器、保护间隙等过电压保护装置。

（4）低压电力系统应有接地、接零保护装置。

（5）对各种高压用电设备应采取装设高压熔断器和断路器等不同类型的保护措施；对低压用电设备应采用相应的低电器保护措施进行保护。

（6）在电气设备的安装地点应设安全标志。

（7）根据某些电气设备的特性和要求，应采取特殊的安全措施。

（四）电气事故分类及原因分类

电气事故按发生灾害的形式，可以分为人身事故、设备事故、电气火灾和爆炸事故等；按发生事故时的电路状况，可以分为短路事故、断线事故、接地事故、漏电事故等；按事故的严重性，可以分为特大性事故、重大事故、一般事故等；按伤害的程度，可以分为死亡、重伤、轻伤三种。

如果按事故基本原因，电气事故可分为以下几类：

（1）触电事故。人身触及带电体（或过分接近高压带电体）时，由于电流流过人体而造成的人身伤害事故。触电事故是由于电流能量施于人体而造成的。触电又可分为单相触电、两相触电和跨步电压触电三种。

（2）雷电和静电事故。局部范围内暂时失去平衡的正、负电荷，在一定条件下将电荷的能量释放出来，对人体造成的伤害或引发的其他事故。雷击常可摧毁建筑物，伤及人、畜，还可能引起火灾；静电放电的最大威胁是引起火灾或爆炸事故，也可能造成对人体的伤害。

（3）射频伤害。电磁场的能量对人体造成的伤害，亦即电磁场伤害。在高频电磁场的作用下，人体因吸收辐射能量，各器官会受到不同程度的伤害，从而引起各种疾病。除高频电磁场外，超高压的高强度工频电磁场也会对人体造成一定的伤害。

（4）电路故障。电能在传递、分配、转换过程中，由于失去控制而造成的事故。线路和设备故障不但威胁人身安全，而且也会严重损坏电气设备。

以上四种电气事故，以触电事故最为常见。但无论哪种事故，都是由于各种类型的电流、电荷、电磁场的能量不适当释放或转移而造成的。

（五）不同电气设备的危害因素辨识与风险评价

不同电气设备的危害因素辨识与风险防控如表 4-23 所示。

表 4-23　不同电气设备危害因素辨识与风险防控

设备名称	危害事件	危害因素	风险防控措施
60kV 电压互感器	短路、崩烧、火灾	设备设施缺陷（过负荷、绝缘性能降低）	1. 定期进行检修、试验； 2. 做好巡检维护保持安全距离，发现问题及时报告，由电业局处理
	漏油、火灾	设备设施缺陷（油温升高）	
	触电、崩烧	设备设施缺陷（老化有裂纹、损纹放电）	
SF6 断路器	操作失灵（断路器拒合拒动）、SF6 漏气	设备工具附件缺陷、腐蚀品、有毒物品	1. 检修时加强对断路器内部机构的检查和检修，紧固所有螺丝； 2. 检修时参照"变配电所高压开关柜检修作业规程"进行检修； 3. 定期检修，检修随大修共同进行； 4. 做好巡检维护
	操作失灵（断路器拒合拒动）、短路、断路、接地、火灾	带电部位裸露、漏电、设备设施缺陷（绝缘性能降低、接触不良）	
电容器	短路、爆炸、火灾、渗油	设备设施缺陷（过电压、温度过高、受潮、内部缺陷）	1. 用内部熔断器保护可以避免爆炸，按电气规程规定选用相符合的熔断器； 2. 改善电容器的工作环境，防止日晒和受潮，保持通风良好或加装排风扇和空调； 3. 消除电容器过电压，紧固电容器所有螺丝； 4. 加强巡检和观察，及时更换漏油严重和质量不好的电容器； 5. 防火安全措施齐全； 6. 定期检修、试验，检修时参照"电力电容器检修作业规程"操作； 7. 做好巡检维护
	漏油、爆炸、火灾	设备设施缺陷（室内的温度、湿度、气压不适、日光暴晒、内部故障）	
	瓷套破裂、外壳损伤、渗油	设备设施缺陷（外力碰撞、老化）	
电抗器	匝间短路、短路、火灾、爆炸	设备设施缺陷（过电压、温度过高、表面污尘受潮、内部缺陷、沿面放电、电火花、焊接质量）	1. 紧固电抗器所有紧固件； 2. 降低电抗器运行环境温度，防止日晒、受潮，电抗器室内保持通风良好，整洁无杂物； 3. 防火安全措施齐全； 4. 定期检修、试验； 5. 做好巡检维护
	噪声伤害	设备设施缺陷（磁回路故障、电磁性噪声、铁芯未压紧或压件松动）	
	接地崩烧	设备设施缺陷（老化、破损）	
60kV 变压器	火灾、大面积停电	设备设施缺陷（过电压、部件损坏、绝缘不良）	1. 定期检修、试验，定期进行电气联锁保护试验； 2. 巡检时对变压器异常状态进行排查，及时处理故障； 3. 防火安全措施齐全； 4. 检修时参照"变压器检修作业规程"操作； 5. 做好巡检维护，发现问题向电业局报告
	铁芯过热、短路、火灾、大面积停电	设备设施缺陷（电磁性噪声、铁芯未压紧或压件松动、空载损耗增加）	
	继电器动作或内部闪络	设备设施缺陷（套管故障、跑油、漏油）	
	继电器动作或内部闪络	设备设施缺陷（引线故障、油温升高、磁路故障）	
高压开关柜高压变频器柜	短路、断线	设备设施缺陷（过电压、零部件损坏）	1. 定期做电气设备预防性试验； 2. 检修时，按"高压配电柜检修作业规程"规定进行操作； 3. 做好巡检维护
	短路、断线	设备设施缺陷（过电压、绝缘不良）	
6kV 电压互感器、6kV 电流互感器	短路崩烧、漏油、火灾	设备设施缺陷（绝缘性能降低）	1. 定期耐压试验； 2. 不得带负荷分、合闸； 3. 雷雨天停止操作，应及时穿绝缘靴、绝缘手套； 4. 做好巡检维护； 5. 加强检查，周期性进行检修
	触电、崩烧	设备设施缺陷（老化有裂纹、损纹放电）	

续表

设备名称	危害事件	危害因素	风险防控措施
高压异步电动机	声音异常、振动	设备设施缺陷（地脚螺栓松动、地线断裂、机械性振动）	1. 每天使用测振仪器监测电动机振动情况，对因地脚松动造成的电动机振动要对地脚螺栓进行紧固； 2. 检修时参照"防爆电动机检修作业规程"进行操作，做好电动机的加油润滑工作； 3. 检修时紧固电动机地脚及地线螺栓； 4. 电动机上方装设吊装梁； 5. 做好巡检维护
	短路、单相、过热、触电	设备设施缺陷（接线柱螺栓松动）、漏电	
	声音异常、烧毁电动机、短路、单相、断线、脱焊、触电	设备设施缺陷（绝缘不良）、漏电	
	振动、声音异常、烧毁电动机、轴承抱轴、轴承跑套、电动机过热	设备设施缺陷（电磁性振动、轴承老化、轴承缺油）	
高压同步电动机	声音异常、振动、触电	设备设施缺陷（地脚螺栓松动、地线断裂、机械性振动）	1. 每天使用测振仪器监测电动机振动情况，对因地脚松动造成的电动机振动要对地脚螺栓进行紧固； 2. 检修参照"同步电动机检修作业规程"进行操作； 3. 检修时紧固电动机地脚及地线螺栓； 4. 电动机上方装设吊装梁； 5. 做好巡检维护
	短路、单相、过热、触电	设备设施缺陷（接线柱螺丝松动）、漏电	
	声音异常、烧毁电动机、短路、断线、脱焊、触电	设备设施缺陷（绝缘不良）、漏电	
	声音异常、烧毁电动机、轴承抱轴、轴承跑套、过热、振动	设备设施缺陷（电磁性振动、轴承老化、轴承缺油）	
	电磁系统故障、短路、断线、脱焊	设备设施缺陷（绝缘不良）、带电部位裸露、漏电	
	电磁系统故障、操作失灵	设备设施缺陷（内部组件损坏）	
6kV变压器	继电器动作或变压器着火引起大面积停电	设备设施缺陷（绝缘不良、断路）	1. 定期检修、试验，定期进行电气联锁保护试验； 2. 巡检时对变压器异常声音进行排查，及时处理故障； 3. 防火安全措施齐全； 4. 检修时参照"变压器检修作业规程"操作； 5. 做好巡检维护
	铁芯过热、短路、火灾、大面积停电	设备设施缺陷（绝缘不良、空载损耗增加）	
	继电器动作或内部闪络	设备设施缺陷（套管故障、漏油、跑油）	
		设备设施缺陷（绝缘不良）	
		设备设施缺陷（油温升高）	
低压开关柜BSL低压开关柜低压变频柜	短路、断线	设备设施缺陷（绝缘不良、零部件损坏）	1. 巡检时用测温仪对开关进行检测，对过热和绝缘老化的电气元件进行及时更换和处理； 2. 紧固开关上所有螺丝； 3. 检修参照"低压配电柜检修作业规程"进行操作； 4. 做好巡检维护
		设备设施缺陷（接触不良、绝缘不良）	
		设备设施缺陷（过电压、零部件损坏）	
		设备设施缺陷(过电压、绝缘不良)	
低压电动机	声音异常、振动	设备设施缺陷（地脚螺栓松动、地线断裂、机械性振动）	1. 每天使用测振仪器监测电动机振动情况，对因地脚松动造成的电动机振动要对地脚螺栓进行紧固； 2. 检修参照"防爆电动机检修作业规程"进行操作； 3. 检修时紧固电动机地脚及地线螺栓； 4. 电动机上方装设吊装梁； 5. 做好巡检维护
	短路、过热、触电	设备设施缺陷（接线柱螺丝松动）、漏电	
	声音异常、烧毁电动机、短路、断线、脱焊、触电	设备设施缺陷（绝缘不良）、漏电	
	振动、声音异常、烧毁电动机、轴承抱轴、轴承跑套、电动机过热	设备设施缺陷（电磁性振动、轴承老化、轴承缺油）	
	无电动机运行状态显示、触电	设备设施缺陷（零部件老化损坏、潮湿）、漏电	
	短路、断线、接地、触电	设备设施缺陷（绝缘不良）、带电部位裸露、漏电	

二、仪表设备

(一) 概述

仪表设备是指显示数值的仪器总称，包括压力仪表、温度仪表和流量仪表，以及各种分析仪器等。仪表设备按功能可分为：检测（传感、转换、变送）仪表，控制（运算、调节）仪表（含显示仪表），执行（器）仪表（含执行机构和调节阀，调功器、变频器也可归此）。

在正常使用条件下，仪表测量结果的准确程度称为仪表的准确度。引用误差越小，仪表的准确度越高，而引用误差与仪表的量程范围有关，所以在使用同一准确度的仪表时，往往采取压缩量程范围，以减小测量误差。

在工业测量中，为了便于表示仪表的质量，通常用准确度等级来表示仪表的准确程度。准确度等级是衡量仪表质量优劣的重要指标之一。我国工业仪表等级分为 0.1，0.2，0.5，1.0，1.5，2.5，5.0 七个等级，并标志在仪表刻度标尺或铭牌上。仪表准确度习惯上称为精度，准确度等级习惯上称为精度等级。

(二) 几种仪表简介

1. 压力仪表

压力仪表指以弹性元件为敏感元件，测量并指示环境压力的仪表，应用极为普遍。它几乎遍及所有的工业流程和科研领域。压力仪表包括：压力计、压力表、压力变送器、差压变送器、压力校验仪表、减压器、胎压计、气压自动调节控制仪器、液压自动调节控制仪器、压力传感器等。

1）压力表

生产现场常用的压力表为弹簧管压力表。弹簧管压力表具有安装使用方便、刻度清晰、简单牢固、测量范围较广等优点。弹簧管压力表是由外壳、弹簧管、指针、扇形齿轮、中心齿轮、拉杆、游丝、刻度盘、接头、固定座等组成，如图 4-19 所示。

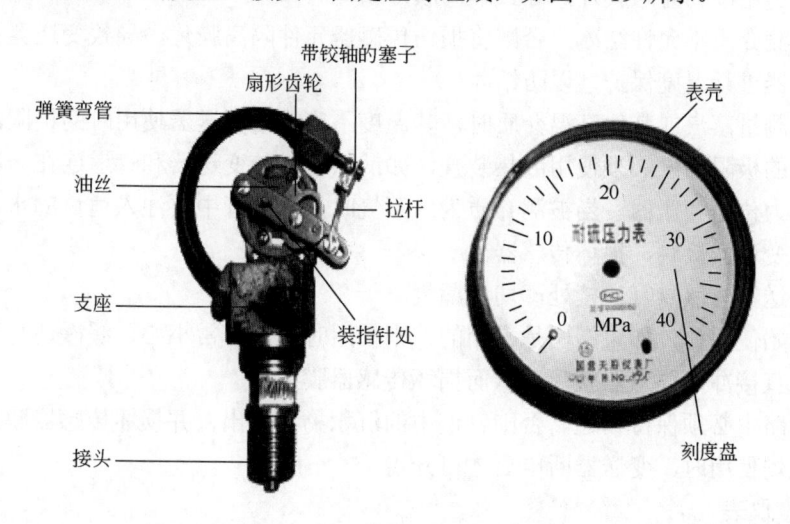

图 4-19 弹簧管压力表结构图

2）压力（差压）变送器

压力（差压）变送器是由压力传感器、模数转换两部分组成。传感器部分对压力信号进行测量并将信号传给模数转换部分，模数转换部分将测得的压力信号转换成便于远距离传输的 4～20mA 电流信号，再通过信号电缆送往上位机。其外形如图 4-20 所示。

由于石油石化工作环境是易燃易爆的，所以选用的变送器要考虑安全性，一般所选变送器的防爆类型是本体安全型的，它和隔爆型的特点分别为：

（1）隔爆型：是指在仪表壳体内能承受内部发生爆炸压力，内部发生爆炸并不引起外部规定的爆炸性混合物发生爆炸的变送器类型，其标志为 d。

（2）本安型：是指电路系统，在正常工作和规定的故障状态下的电火花和热效应均不能点燃规定的爆炸性混合物的变送器类型，其标志为 ia 或 ib 或 ic。ia 最高，ic 最低。

图 4-20　压力（差压）变送器

安全操作注意事项：

（1）切勿用高于 36V 电压加到变送器上，导致变送器损坏。

（2）切勿用硬物碰触膜片，导致隔离膜片损坏。

（3）被测介质不允许结冰，否则将损伤传感器元件隔离膜片，导致变送器损坏，必要时需对变送器进行温度保护，以防结冰。

（4）在测量蒸汽或其他高温介质时，其温度不应超过变送器使用时的极限温度，高于变送器使用的极限温度必须使用散热装置，如散热管，使变送器和管道连在一起，并使用管道上的压力传至变压器。当被测介质为水蒸气时，散热管中要注入适量的水，以防过热蒸汽直接与变送器接触，损坏传感器。

（5）变送器与散热管连接处，切勿漏气。

（6）开始使用前，如果阀门是关闭的，则使用时应该非常小心、缓慢地打开阀门，以免被测介质直接冲击传感器膜片，从而损坏传感器膜片。

（7）管路中必须保持畅通，否则管道中的沉积物会弹出，并损坏传感器膜片。

（8）现场使用时，变送器断电后才可开盖。

2. 温度仪表

温度仪表采用模块化结构方案，结构简单、操作方便、性价比高，适用于塑料、食品、包装机械等行业，也适用于需要进行多段曲线程序升/降温控制的系统。温度仪表通常分一次仪表与二次仪表。一次仪表通常为：热电偶、热电阻、双金属温度计、就地温度显示仪等；二次仪表通常为温度记录仪、温度巡检仪、温度显示仪、温度调节仪、温度变送器等。

1）温度计

常规的玻璃温度计和金属温度计采用的都是热胀冷缩的原理来测量温度的。

（1）玻璃温度计：感应部分是一个充满液体的玻璃球或柱，与感应部分相连的示度部分是一端封闭、粗细均匀的玻璃毛细管，测温液体通常用水银、酒精或甲苯等。由于玻璃球内液体的热胀系数远大于玻璃，毛细管中的液柱会随温度变化而升降。常用的玻璃温度计有最高温度表、最低温度表和干湿球温度表。

（2）金属温度计：能够自动记录气温连续变化的仪器。感应元件是双金属片，由膨胀系数相差较大的两片金属焊接成，将其一端固定，另一端随温度变化而发生位移，位移量与气温接近线性关系，如图 4-21 所示。

图 4-21　金属温度计

安全操作注意事项：

（1）用于测量液体、蒸汽和气体介质。

（2）在选型时应注意所测量的介质温度，根据介质温度选择合适的量程，被测介质温度绝对不能超过温度计的最大刻度。

（3）注意连接方式，看是螺纹连接还是法兰连接。

（4）确定是否需要保护套，根据现场情况而定。

（5）温度计不要接触容器壁。

（6）不要把温度计当搅拌棒用。

（7）测温的感应部分要完全浸到介质里。

（8）读温度的时候不要把温度计拿出来再读。

2）温度变送器

温度变送器是由温度感应单元传感器、模数转换两部分组成的，如图 4-22 所示。传感器部分对温度进行测量并将其感应信号传给模数转换部分，模数转换部分将测得的感应信号转换成便于远距离传输的 4~20mA 电流信号，再通过信号电缆送往上位机。常用温度变送器按制造原理可分为热电阻和热电偶两种。

图 4-22　温度变送器

安全操作注意事项：
（1）温度变送器的供电电源不得有尖峰，否则容易损坏变送器。
（2）变送器的校准应在加电 5min 后进行，并且要注意当时环境温度。
（3）测高温时（>100℃）传感器腔与接线盒间应用填充材料隔离，防止接线盒温度过高烧坏变送器。
（4）在干扰严重的情况下使用传感器，外壳应牢固接地避免干扰，电源及信号输出应采用 ϕ10mm 屏蔽电缆传输，压线螺母应旋紧以保证气密性。
（5）只有 RWB 型温度变送器有 0～10mA 输出，为三线制，在量程值的 5%以下，由于三极管的关断特性造成不线性。
（6）温度变送器每 6 个月应校准一次，如果 DWB 因受电路限制不能进行线性修正，最好按说明选择量程以保证其线性。
（7）在被测对象温度随时间变化的场合，需注意测温元件的滞后能否适应测温要求。
（8）测温范围的大小和精度符合要求。
（9）被测对象的环境条件对测温元件不能有损害。
（10）测温元件大小应适当。

3. 流量仪表

流量仪表又称为流量计。常用的流量仪表有：电磁流量计、涡街流量计、浮子流量计、科氏力质量流量计、热式（气体）质量流量计、超声波流量计、涡轮流量计等。流量计广泛应用于工业生产过程，及能源计量、环境保护工程交通运输、生物技术、科学实验、海洋气象、江河湖泊等领域。使用于流量测量的仪表很多，按其测量原理和结构的不同，可以分为节流式（差压式）、转子式、涡轮式、腰轮式、涡街式流量计等。在天然气采输工业中，使用最广泛的是差压式流量计，它与节流装置配套使用，可测量气体、液体的流量等。

1）节流式流量测量装置

节流式流量测量装置如图 4-23 所示。节流装置是造成流束局部收缩的装置，其形式很多，目前已标准化的有 4 种，即标准孔板、喷嘴、文丘里喷嘴和文丘里管，均称为标准节流装置。

孔板是一块中心带孔的圆形金属薄板，其光洁度很高，进口边缘尖锐，无毛刺、缺口、圆角等，出口为喇叭形，常用耐腐蚀、耐磨损的不锈钢制成。

充满管道的天然气，在流经管道内的节流件（如孔板）时，由于孔道变小，流束截面突然收缩，从而使得流过孔板处的流速增加，静压力降低，在孔板的前、后便产生了压力差（孔板后的压力小于孔板前的压力），即 $p_2<p_1$（简称差压）。流量越大，差压就越大，所以通过测量差压就可计算出天然气的流量，这就是孔板差压流量计的测量原理。

图 4-23　节流式流量测量装置

安全操作注意事项：
（1）确保信号线、电源线正确连接。
（2）开启进、出口阀门，进、出口阀门开度要一致。
（3）打开不锈钢三阀组平衡阀，缓慢开启孔板高低压端的阀门，待流体通过流量计后关闭不锈钢三阀组平衡阀即可。

2）超声式流量测量装置

多声道超声波流量计是通过测量高频声音脉冲的传播时间来推算气体流量的，如图 4-24 所示。传播时间是通过在管道上成对的换能器之间传送和接收到的声音脉冲进行测量的。向下游传送的脉冲被气流加速，而向上游传送的脉冲因逆着气流方向而被减速。传播时间的差异与沿着声道方向的天然气平均流速相关，因而用数值计算技术计算天然气的轴向平均流速，并通过流量计计算线性条件下的气体的体积流量。

安全操作注意事项：
（1）注意适用范围，适用于温度小于 200℃ 的流体。
（2）测量线路要严格按照标准接线，确保测量线路的准确。
（3）确保所有的电缆连接可靠。
（4）正确连接接地。

3）旋进旋涡流量计

图 4-24　超声式流量测量装置

智能型旋进旋涡流量计主要由壳体（文丘里管）、旋涡发生体、导流体、频率感测件（压电晶体）、微处理器、温度及压力传感器等部件组成。

安全操作注意事项：
（1）确保测量管内介质满管，衬里和电极上避免结垢。
（2）确保所有的电缆连接可靠。
（3）正确连接接地。
（4）励磁线圈对地绝缘。

（三）仪表设备本体安全

仪表设备本体安全的危害因素辨识与风险防控如表 4-24 所示。

表 4-24　仪表设备本体安全的危害因素辨识与风险防控

危害事件	危害因素	风险防控措施
泄漏、火灾	腐蚀缺陷，密封不良	1. 不间断巡检； 2. 使用合格的垫片； 3. 现场配备可燃气报警仪； 4. 消防设施、器材的配备及维护； 5. 严格按照规定配备并穿戴好劳动保护用品
泄漏、灼伤、火灾、中毒、窒息	高温高压介质，易燃易爆介质，有毒介质	1. 不间断巡检； 2. 定期排查整治安全隐患； 3. 严格按照规定配备并穿戴好劳动保护用品
系统失常	设备附件缺陷	1. 使用完好的设备附件； 2. 做好检修后质量验收； 3. 定期排查整治安全隐患

（四）仪表设备操作安全

仪表设备操作有安装、拆卸、调校等。仪表设备操作安全的危害因素辨识与风险防控如表 4-25 所示。

表 4-25　仪表设备操作安全的危害因素辨识与风险防控

危害事件	危害因素	风险防控措施
火灾、爆炸	易燃易爆性介质，违章操作	1. 严格按照规定配备并穿戴好劳动保护用品； 2. 按操作程序卡步步确认； 3. 加强培训，提高业务技能； 4. 定期巡检，发现泄漏及时处理； 5. 可燃气体报警仪的配备及维护； 6. 消防设施、器材的配备及维护
灼烫	高温介质，违章操作	1. 严格按照规定配备并穿戴好劳动保护用品； 2. 按操作程序卡步步确认； 3. 加强培训，提高业务技能； 4. 可燃气体报警仪的配备及维护； 5. 消防设施、器材的配备及维护； 6. 对高温设备和管线进行有效标识
冻伤	液化气体，违章操作	1. 严格按照规定配备并穿戴好劳动保护用品； 2. 严格按操作规程操作； 3. 定期巡检，发现泄漏及时处理； 4. 可燃气体报警仪的配备及维护； 5. 阀门、法兰、垫片及时更换
窒息、中毒	有毒介质	1. 严格按操作规程操作； 2. 有毒气体报警仪的配备及维护； 3. 阀门、法兰、垫片定期检查更换； 4. 严格按照规定配备并使用空气呼吸器
触电	机体或电缆漏电，违章操作	1. 严格按操作规程操作； 2. 严格按照规定配备并穿戴好劳动保护用品； 3. 定期对电气设备的漏电保护装置进行检查
高处坠落	注意力不集中，违章操作	1. 严格按照规定配备并穿戴好劳动保护用品； 2. 注意力集中，精神状态不适合工作时可以请假； 3. 严格按操作规程操作
摔伤、扭伤、擦伤等其他伤害	作业区环境不良，违章操作	1. 及时清理并保持环境整洁； 2. 严格按照规定配备并穿戴好劳动保护用品； 3. 定期排查整治安全隐患

第五章 危险作业管理

第一节　作业许可管理

作业许可（PTW）是指在从事高危作业（如进入受限空间作业、动火作业、挖掘作业、高处作业、移动式吊装作业、临时用电作业、管线打开作业等）及缺乏工作程序（规程）的非常规作业等之前，为保证作业安全，进行风险评估、安全确认和有效沟通，必须取得授权许可方可实施作业的一种安全管理制度，是控制作业现场风险的一项重要的安全措施。

作业许可证是作业许可实施过程中产生的票证，所有的签字方（包括申请人、批准人以及相关方）都可以将其要求表达在这个票证中，并将这些要求在作业人员中进行沟通和传达，并在现场确认这些要求是否得到落实。

一、作业许可的范围

（1）在所辖区域内或在已交付的在建装置区域内，进行下列工作均应实行作业许可管理，办理作业许可证。

① 非计划性维修工作（未列入日常维修计划的工作）；
② 由承包商完成的非常规作业；
③ 未形成作业指导书的作业；
④ 偏离安全标准、规则、程序要求的作业；
⑤ 交叉作业；
⑥ 生产运行单位在承包商作业区域进行的作业。

（2）如果工作中包含下列作业，还应同时办理相应的专项作业许可证。

① 进入受限空间；
② 挖掘作业；
③ 高处作业；
④ 移动式吊装作业；
⑤ 管线打开；

⑥ 临时用电；
⑦ 动火作业。

二、作业许可的管理环节

（1）作业许可证申请；
（2）书面审查；
（3）现场核查；
（4）许可证审批；
（5）许可证取消；
（6）许可证延期和关闭。

三、作业许可的执行与监督

（1）作业的执行人员必须经过安全与技能的教育培训，特种作业人员必须持国家及地方政府有关部门颁发的特种作业操作资格证书。

（2）作业过程中必须有安全监督人员进行现场监控，监控的主要内容包括：作业细节是否符合规定文件要求，作业许可证是否按规定填写、批准、签发，并且在有效期内。

（3）在作业过程中出现异常情况，应立即停止作业，并通知现场安全监督人员，由安全监督人员和现场作业负责人决定是否采取变更程序或应急措施。

第二节　进入受限空间作业

一、概念

一切通风不良、容易造成有毒有害气体集聚和缺氧的设备、设施和场所都称为受限空间。在受限空间的作业都称为受限空间作业。受限空间可为生产区域内的炉、塔、罐、仓、槽车、管道、烟道、隧道、下水道、沟、坑、井、池、涵洞等封闭或半封闭的空间或场所，亦可围堤、动土或开渠、惰性气体吹扫空间等可能会遇到类似于进入受限空间时发生的潜在危害的特殊区域。

受限空间是指符合以下所有物理条件外，还至少存在以下危险特征之一的作业空间。

（1）物理条件（必须同时符合以下3条）：
① 有足够的空间，让员工可以进入并进行指定的工作；
② 进入和撤离受到限制，不能自如进出；
③ 并非设计用来给员工长时间在内工作的空间。

（2）危险特征（还须至少符合以下特征之一）：
① 存在或可能产生有毒有害气体或机械、电气等危害；
② 存在或可能产生掩埋作业人员的物料；
③ 内部结构（如内有固定设备或四壁向内倾斜收拢）可能将作业人员困在其中。

（3）其他受限空间界定。

有些区域或地点不符合受限空间的定义，但是可能会遇到类似于进入受限空间时发生的潜在危害（如把头伸入 30cm 直径的管道、洞口、氮气吹扫过的罐内）。在这些情况下，应进行工作危害分析，采用进入受限空间作业许可证控制此类作业风险。

① 围堤符合下列条件的，视为受限空间：高于 1.2m 的垂直墙壁围堤，且围堤内外没有到顶部的台阶（不利于快速撤离）。

② 动土符合下列条件之一的动土或开渠，可视为受限空间：

a．动土深度大于 1.2m，或作业时人员的头部在地面以下的；

b．在动土或开渠区域内，身体处于物理或化学危害之中（如地下油气管道、电缆会造成人员油气中毒、火灾爆炸、人员触电等危害）；

c．在动土或开渠区域内，可能存在比空气重的有毒有害气体；

d．在动土或开渠区域内，没有撤离通道的（在动土开渠时，必须留有梯子、台阶等一定数量的进出口，用于安全进出）。

二、受限空间分类

（1）密闭设施设备：船舱、储罐、车载槽罐、反应塔（釜）、冷藏箱、压力容器、管道、烟道、锅炉等。

（2）地下有限空间：地下管道、地下室、地下仓库、暗沟、地坑、废井、地窖、污水池（井）、沼气池、化粪池、下水道等。

（3）地上有限空间：储藏室、发酵池、垃圾站、温室、冷库、粮仓、封闭车间、封闭实验室等。

三、受限空间主要危害因素

进入受限空间作业可能存在的危险，包括但不限于以下方面：

（1）缺氧（空气中的含氧量<18%）。正常氧气浓度为 18%～21%。当氧浓度低于 18% 时，缺氧环境的潜在危险会对生命构成威胁，严重时会导致窒息死亡。受限空间通风不良、燃烧或者氧化导致消耗氧气、泄漏的气体或蒸气会使氧气含量下降或被其他可燃物及惰性气体（如氮气）置换等都会引起缺氧。

（2）富氧（氧浓度高于 23.5%）。富氧环境会增加燃烧的可能性，从而引发火灾、爆炸事故。受限空间富氧环境的形成一般与氧焊、切割作业有关，如氧气管破裂及氧气瓶置于受限空间内发生的氧气泄漏、用纯净氧气吹洗密闭空间、吹洗氧气管道方法不当等。

（3）易燃易爆气体（沼气、氢气、乙炔气或汽油挥发物等）。可燃性气体主要是采用的防腐油漆含有大量挥发性有机溶剂、有可燃性气体泄漏、存放易挥发的危险化学品以及清洗后残留的易燃蒸气等原因引起的，可燃性气体或蒸气在密闭空间中产生并聚积，与空气混合并达到爆炸极限范围，从而形成爆炸性混合气体。如果一旦有点火源存在，就会立即引起爆炸。焊接、电火花，甚至静电都可能成为点火源。

（4）有毒气体或蒸气（一氧化碳、硫化氢、焊接烟气等）。泄漏的气体或蒸气，有机物分解所产生的一氧化碳、硫化氢都是致命的气体；清洁剂与某些物质反应会产生有毒气体；焊接气割时的不完全燃烧会产生大量一氧化碳，还会产生其他有毒气体。硫化氢和一氧化碳对人体的影响见第三章第七节职业危害及预防。

(5) 物理危害。极端的温度；噪声；湿滑的作业面；坠落、尖锐锋利的物体。

(6) 吞没危险。储存在筒仓或容器中的松散物，如谷物、沙子、煤渣等；管道或阀门中可能释放有害物质；下水道水流。

(7) 接触化学品。以下渠道会使人接触并受到化学品的危害：眼/皮肤接触；吸收；吞食；吸入；注射。危害可能会在接触或暴露化学品后几个小时后才显现出来，也有可能会立即表现，应尽快得到医疗救助。

四、受限空间作业安全措施

（一）配备通风设施

通风设施如图 5-1 所示。

通风注意事项：

（1）机械强制通风，通风次数每小时不得少于 3～5 次；

（2）严禁使用纯氧通风换气；

（3）对可能存在可燃、可爆气体机械通风时，应采用防爆通风机械；

（4）使用风机进行强制通风时，要充分考虑有限空间内部机构结构和风管的位置设定，以保障风机的换气效率。

图 5-1　通风设施

（二）气体检测

凡是有可能存在缺氧、富氧、有毒有害气体、易燃易爆气体、粉尘等，事前应进行气体检测，注明检测时间和结果；受限空间内气体检测 30min 后，仍未开始作业，应重新进行检测；如果作业中断，再次进入之前应重新进行气体检测。

检测标准：氧浓度应保持在 18%～21%；有毒有害气体浓度应符合国家相关规定要求；易燃易爆气体或液体挥发物的浓度都应满足以下条件：

（1）当爆炸下限≥4%时，浓度＜0.5%（体积分数）；

（2）当爆炸下限＜4%时，浓度＜0.2%（体积分数）。

气体检测设备必须经有检测资质单位检测合格，每次使用前应检查，确认其处于正常状态。气体取样和检测应由培训合格的人员进行，取样应有代表性，取样点应包括受限空间的顶部、中部和底部。检测次序应是氧含量、易燃易爆气体浓度、有毒有害气体浓度。

（三）配备个体防护用品

受限空间作业应配备空气呼吸器、长管式防毒面具、救生绳、安全梯等。

在缺氧、有毒环境下，使用隔离式呼吸器，不能使用过滤式呼吸器；隔离式防毒面具要自供空气（氧气），不能使用染毒空气。

在对受限空间进行初次气体检测或不确定空间内有毒有害气体浓度的情况下，进入者必须穿戴正压式呼吸器或长管式呼吸器。

（四）配备安全照明和防爆工器具

（1）受限空间作业场所的电气设备设施宜具有防爆、防静电功能。

（2）进入金属容器（炉子、塔、罐等）和特别潮湿、工作场地狭窄的非金属容器内作业照明电压≤12V。

（3）使用电动工具或照明电压大于12V时，应按规定安装漏电保护器。

（4）受限空间内进行焊接作业时，电焊机需加防触电保护器。

（5）作业人员应穿戴防静电服装，使用防爆工具。

（五）配备应急联络器和消防器材

作业人员应配备对讲机等应急联络器材，作业现场应配备灭火器等消防器材。

（六）设置醒目的安全警示标志

受限空间安全警示标志有作业告知牌、危险警示牌等，如图5-2所示。

图 5-2　作业告知牌和危险警示牌

第三节　挖掘作业

一、概念

挖掘作业是指在生产、作业区域使用人工或推土机、挖掘机等施工机械，通过移除泥土形成沟、槽、坑或凹地的挖土、打桩、地锚入土作业；或建筑物拆除以及在墙壁开槽打眼，并因此造成某些部分失去支撑的作业。

二、基本要求

（1）挖掘作业实行作业许可管理，应针对作业内容进行工作前安全分析，开展危害因素辨识，作业前应按要求办理挖掘作业许可证。

（2）挖掘作业许可证是现场作业的依据，只限在指定的地点和时间范围内使用，且不得涂改、代签。

（3）对有规程可依且风险管控要求不高的区域进行挖掘作业，按照规程执行，可不办理挖掘作业许可证。

（4）挖掘工作开始前应根据工作前安全分析，制定安全措施，必要时制定挖掘方案。

（5）挖掘工作开始前应根据最新的地下设施布置图，确认地下设施的位置、走向及可能存在的危害，必要时可采用探测设备进行探测，不具备条件时应用手工工具（如铲子、锹、尖铲）来确认1.2m以内的任何地下设施的正确位置和深度。

（6）对地下情况复杂、危险性较大的挖掘项目，施工区域主管部门根据情况，组织电力、生产、机动设备、调度、消防和隐蔽设施的主管单位联合进行现场地下设施交底，根据施工区域地质、水文、地下管道、埋地电力电缆、永久性标桩、地质和地震部门设置的长期观测孔等情况，向施工单位提出具体要求。

（7）施工区域所在单位应指派监督人员，对开挖地点、邻近区域和保护系统进行检查，发现异常情况，应立即停止作业。连续挖掘超过一个班次的挖掘作业，每日作业前应进行安全检查。

（8）所有暴露后的地下设施都应及时予以确认，并采取有效的保护措施；不能辨识时，应立即停止作业，并报告批准人和监督人。

（9）在坑、沟、槽内作业时应正确穿戴安全帽、防护鞋、手套等个人防护装备。作业相关人员不应在坑、沟、槽内休息，不得在升降设备、挖掘设备下或坑、沟、槽上端边沿站立、走动。

（10）在油气场所等危险区域从事挖掘作业应使用防爆工具。

（11）挖掘作业现场应设置警戒隔离带和警示标志。

（12）施工结束后，应根据要求及时回填，并恢复地面设施。

（13）挖掘深度等于或大于1.2m时，应同时执行进入受限空间作业许可管理。

三、挖掘作业安全要求

（一）保护系统

（1）对于挖掘深度6m以内的作业，为防止挖掘作业面发生坍塌，应根据土质的类别设置斜坡和台阶、支撑和挡板等保护系统。对于挖掘深度超过6m所采取的保护系统，应由技术负责人设计。

（2）在稳固岩层中挖掘或挖掘深度小于1.5m，且已经过专业技术人员检查，认定没有坍塌可能性时，不需要设置保护系统。作业负责人应在挖掘作业许可证上说明理由。

（3）应根据现场土质的类型，确定斜坡或台阶的坡度允许值（高宽比）。技术负责人设计斜坡或台阶，制定施工方案，并以书面形式保存在作业现场。

（4）在挖掘开始之前，技术负责人应根据土质类型确定是否需要支撑和挡板。在选择液压支撑、沟槽千斤顶和挡板等保护措施时，应遵循制造商的技术要求和建议。

（5）保护性支撑系统的安装应自上而下进行，支撑系统的所有部件应稳固相连。严禁用胶合板制作构件。

（6）如果需要临时拆除个别构件，应先安装替代构件，以承担加载在支撑系统上的负荷。工程完成后，应自下而上拆除保护性支撑系统，回填和支撑系统的拆除应同步进行。

（7）挖出物或其他物料至少应距坑、沟槽边沿 1m，堆积高度不超过 1.5m，坡度不大于 45°，不得堵塞下水道、窨井以及作业现场的逃生通道和消防通道。

（8）在坑、沟槽的上方、附近放置物料和其他重物或操作挖掘机械、起重机、卡车时，应在边沿安装板桩并加以支撑和固定，设置警示标志或障碍物。

（二）邻近结构物

（1）挖掘前应确定附近结构是否需要临时支撑。必要时由有资质的专业人员对邻近结构物的基础进行评价并提出保护措施建议。

（2）如果挖掘作业危及邻近的房屋、墙壁、道路或其他结构物，应使用支撑系统或其他保护措施，如支撑、加固或托顶替换基础来确保这些结构物的稳固性，并保护员工免受伤害。

（3）不得在邻近建筑物基础的水平面下或挡土墙的底脚下进行挖掘，除非在稳固的岩层上挖掘或已经采取了下列预防措施：

① 提供诸如托换基础的支撑系统；
② 建筑物距挖掘处有足够的距离；
③ 挖掘工作不会对员工造成伤害。

（4）在铁路路基 2m 内的挖掘作业，须经铁路管理部门审核同意。

（三）进、出口

（1）挖掘深度超过 1.2m 时，应在合适的距离内提供梯子、台阶或坡道等，用于安全出入。

（2）在深度≥1.2m、水平最大间距≥7m 的人工施工作业坑、沟内，必须提供两个方向的逃生通道。

（3）对于作业场所不具备设置逃生通道的，应设置逃生梯等逃生装置。

（4）作业场所不具备设置进、出口条件，应设置逃生梯、救生索及机械升降装置等，并安排专人监护作业，始终保持有效的沟通。

（5）当允许人员、设备在挖掘处上方通过时，应提供带有标准栏杆的通道或桥梁，并明确通行限制条件。

（四）排水

（1）雷雨天气应停止挖掘作业；雨后复工时，应检查受雨水影响的挖掘现场，监督排水设备的正确使用，检查土壤稳定和支撑牢固情况。发现问题，应及时采取措施，防止骤然崩坍。

（2）如果有积水或正在积水，应采用导流渠、构筑堤防或其他适当的措施，防止地表水或地下水进入挖掘处，并采取适当的措施排水，方可进行挖掘作业。

（五）危险性气体环境

（1）对深度超过 1.2m，可能存在危险性气体的挖掘现场，应进行气体检测。

（2）在填埋区域及危险化学品生产、储存区域，可能产生危险性气体和易燃易爆场所，进入狭小、风险和危害未确定的空间进行挖掘时，应对作业环境持续进行气体检测，并采取相关防护及保护措施，如使用呼吸器、通风设备和防爆工具等。

（六）标志与警示

（1）采用机械设备挖掘时，应确认活动范围内没有障碍物（如架空线路、管架等）。

（2）挖掘作业现场应设置护栏、盖板和明显的警示标志。在人员密集场所或区域施工时，夜间应进行警示。

（3）挖掘作业如果阻断道路，应设置明显的警示和禁行标志，对于确需通行车辆的道路，应铺设临时通行设施，限制通行车辆吨位，并安排专人指挥车辆通行。

（4）采用警示路障时，应将其安置在距开挖边缘至少 1.5m 之外。如果采用废石堆作为路障，其高度不得低于 1m。在道路附近作业时应穿戴警示背心。

（5）运输挖出物的车辆必须保持离坑道 3m 的距离（为支撑车辆提供特别装置情况的除外），必要时采用醒目的围栏设施。

（七）特殊作业

（1）在野外长输管线管沟开挖、穿越公路、穿越河流、野外基坑、已建管线旁 5m 外施工，可不办理挖掘工作许可证，但现场安全管理标准不应低于票据管理的标准，承包商应有作业程序或专项方案。

（2）新建项目施工单位提出申请，申请人组织工艺设备、电气仪表、生产运行、公用工程、安全等专业人员对挖掘工作计划进行现场勘查确认，进一步明确隐蔽设施的位置等信息及应采取的安全措施，由各专业人员签字确认后，批准人批准实施。

（3）在有潜在危险的设备周围工作时，应确认是否需要安装检测设备或指派专人监督挖掘工作。挖掘作业涉及阻断道路时，普通道路要制定相应交通疏通方案并报当地交通管理部门备案，取得其帮助。

（4）若存在多人同时作业或上下交叉作业时，应保证作业人员之间具有足够的安全间距（2.5m 以上），以防止意外伤人；多台机械开挖时，最小间距 10m。

（5）如果需要或者允许人员、设备跨越坑、槽、井、沟等，必须提供带扶手的通道或桥梁。

第四节　高处作业

一、概念

高处作业是指任何可能导致人员坠落 2m 及以上距离的作业（包括在孔洞附近区域作业或安装拆除栏杆等作业）。坠落高度基准面是指可能坠落范围内最低处的水平面。

高处作业类型有临边作业、洞口作业、攀登作业、悬空作业、交叉作业等。

（1）临边作业是指施工现场中，工作面边沿无围护设施或围护设施高度低于 80cm 的高处作业。

（2）洞口作业是指孔、洞口旁边的高处作业，包括施工现场及通道旁深度在 2m 及 2m 以上的桩孔、沟槽与管道孔洞等边沿作业。

（3）攀登作业是指借助建筑结构或脚手架上的登高设施或采用梯子或其他登高设施在攀登条件下进行的高处作业。

（4）悬空作业是指在周边临空状态下进行高处作业，其特点是在操作者无立足点或无牢靠立足点条件下进行高处作业。

（5）交叉作业是指在施工现场的上下不同层次，于空间贯通状态下同时进行的高处作业。

二、高处作业主要危害因素

（一）发生地点

发生地点主要包括：临边地带、作业平台、高空吊篮、脚手架、梯子等。

（二）人的行为

人的行为包括：高处作业人员未佩戴（或不规范佩戴）安全带；使用不规范的操作平台；使用不可靠立足点；冒险或认识不到危险的存在；身体或心理状况不健康。

（三）管理方面

管理方面包括：未及时为作业人员提供合格的个人防护用品；监督管理不到位或对危险源视而不见；教育培训（包括安全交底）未落实、不深入或教育效果不佳；未明示现场危险。

三、高处作业安全措施

控制高空作业风险应通过采取消除坠落危害、坠落预防和坠落控制等措施来实现。高处作业人员应接受培训，患有高血压、心脏病、贫血、癫痫、严重关节炎、手脚残疾、饮酒或服用嗜睡、兴奋等药物的人员及其他禁忌高处作业的人员不得从事高处作业。

（一）消除坠落危害

（1）在作业项目的设计和计划阶段应评估工作场所和作业过程高处坠落的可能性，制定设计方案，选择安全可靠的工程技术措施和作业方式，避免高处作业。

（2）在设计阶段应考虑减少或消除攀爬临时梯子的风险，确定提供永久性楼梯和护栏。在安装永久性护栏系统时，应尽可能在地面进行。

（3）在与承包商签订合同阶段凡涉及高处作业，尤其是屋顶作业、大型设备的施工、架设钢结构等作业，应制定坠落保护计划。

（4）项目设计阶段，设计人员应能够辨识坠落危害，熟悉坠落预防技术、坠落保护设备的结构和操作规程。安全专业人员应在项目规划的早期阶段，推荐合适的坠落保护措施与相关设备。

（二）坠落预防

（1）如果不能完全消除坠落危害，应通过改善工作场所的作业环境来预防坠落，如安装楼梯、护栏、屏障、行程限制系统、逃生装置等，如图5-3所示。

图5-3　升降梯和高处作业吊篮

（2）应避免临边作业，尽可能在地面预制好装设缆绳、护栏等设施的固定点，避免在高处进行作业。如必须进行临边作业时，必须采取可靠的防护措施。

（3）应预先评估，在合适位置预制锚固点、吊绳及安全带的固定点。

（4）尽可能采用脚手架、操作平台和升降机等作为安全作业平台。高空电缆桥架作业（安装和放线）应设置作业平台。

（5）禁止行为：

① 禁止在不牢固的结构物（如石棉瓦、木板条等）上进行作业。

② 禁止在平台、孔洞边缘、通道或安全网内休息；楼板上的孔洞应设盖板或围栏。

③ 禁止在屋架、桁架的上弦、支撑、檩条、挑架、挑梁、砌体、不固定的构件上行走或作业。

（三）坠落控制

如不能完全消除和预防坠落危害，应评估工作场所和作业过程的坠落危害，选择安装使用坠落保护设备，如安全带、安全绳、缓冲器、抓绳器、吊绳、锚固点、安全网（图5-4）等。

图5-4　安全网

应使用个人坠落保护装备，包括锚固点、连接器、全身式安全带、吊绳、带有自锁钩的安全绳、抓绳器、缓冲器、缓冲安全绳或其组合。使用前，应对坠落保护装备的所有附件进行检查。

第五节　移动式吊装作业

一、概念

移动式起重机即自行式起重机，包括履带起重机、轮胎起重机，不包括桥式起重机、龙门式起重机、固定式桅杆起重机、悬挂式伸臂起重机以及额定起重量不超过1t的起重机。

二、基本要求

（1）移动式起重机吊装作业实行作业许可管理，吊装前需办理吊装作业许可证。

（2）起重机司机应取得资质证书，身体和心理条件满足要求。

（3）使用前起重机各项性能均应检查合格。吊装作业应遵循制造厂家规定的最大负荷能力，以及最大吊臂长度限定要求。随机备有安全警示牌、使用手册、载荷能力铭牌并根据现场情况设置。

（4）禁止起吊超载、质量不清的货物和埋置物件。在大雪、暴雨、大雾等恶劣天气及风力达到五级及以上时应停止起吊作业，并卸下货物，收回吊臂。

（5）任何情况下，严禁起重机带载行走；无论何人发出紧急停车信号，都应立即停车。

（6）在可能产生易燃易爆、有毒有害气体的环境中工作时，应进行气体检测。

（7）起重机吊臂回转围内应采用警戒带或其他方式隔离，无关人员不得进入该区域内。

（8）如果起重机遭受了异常应力或载荷的冲击，或吊臂出现异常振动、抖动等，在重新投入使用前，应由专业机构进行彻底的检查和修理。在加油时起重机应熄火，在行驶中吊钩应收回并固定牢固。

三、移动式起重机检查

（1）使用前的外观检查。设备技术人员、起重机司机应对新购置的、大修改造后的、移动到另一个现场的、连续使用时间在1个月以上的起重机进行外观检查，如钢丝绳、吊索吊钩、固定销、支腿垫板等。

（2）经常性检查。起重机司机每天工作前应对控制装置、吊钩、钢丝绳（包括端部的固定连接、平衡滑轮等）和安全装置进行检查，发现异常时应在操作前排除。若使用中发现安全装置（如上限位装置、过载装置等）损坏或失效，应立即停止使用。每次检查及相应的整改情况均应填写检查表并保存。

（3）定期性检查。起重机应进行定期检查，检查周期可根据起重机的工作频率、环境条件确定，但每年不得少于1次。检查内容由企业根据起重机的种类、使用年限等情况综合确定。此项检查应由本单位专业维修人员或企业指定维修机构进行。起重机还应接受政府部门的定期检验，从启用到报废，应定期检查并保留检查记录。

四、吊装作业"十不吊"

（1）信号指挥不明不准吊；

（2）斜牵斜挂不准吊；

（3）吊物重量不明或超负荷不准吊；

（4）散物捆扎不牢或物料装放过满不准吊；

（5）吊物上有人不准吊；

（6）埋在地下物不准吊；

（7）安全装置失灵或带病不准吊；

（8）现场光线阴暗看不清吊物起落点不准吊；

（9）棱刃物与钢丝绳直接接触无保护措施不准吊；

（10）六级以上强风不准吊。

第六节 管线打开作业

一、概念

管线打开是指采取任何方式改变封闭管线或设备及其附件的完整性，包括通过火焰加热、打磨、切割或钻孔等方式使一个管线的组成部分形体分离。

管线中危险物料是指因其化学、物理或毒性特性，能够产生或带来危害的物质，如腐蚀物、有毒液体/固体、有毒/挥发气体、热介质（≥60℃）、低温介质、氧化剂、易燃物、高压系统中介质和窒息物。

清洁管线是指符合下列三项条件：（1）系统温度低于 60℃，高于-10℃；（2）已达到大气压力；（3）管线内介质的毒性、腐蚀性、易燃性等危险已减低到可接受的水平（以化学物质全技术说明书为准）。

受控排放是指在两个截止阀之间设排放口，排放口装有截止阀并保持敞开，或在两个截止阀之间装压力表检测阀间压力。

双重隔离是指符合下列条件之一：（1）双阀一导淋：双截止阀关闭、双阀之间的导淋常开；（2）截止阀加盲板或盲法兰。

管线打开作业是指采取下列方式（包括但不限于）改变封闭管线或设备及其附件的完整性：

（1）解开法兰；

（2）从法兰上去掉一个或多个螺栓；

（3）打开阀盖或拆除阀门；

（4）去除阀帽和单向阀的盖子；

（5）转换八字盲板；

（6）打开管接、断开细管（活接头）；

（7）去掉盲板、盲法兰、堵头和管帽；

（8）断开仪表、润滑、控制系统管线，如引压管、润滑油管等，断开加料和卸料临时管线（包括任何连接方式的软管）；

（9）用机械方法或其他方法穿透管线；

（10）开启检查孔。

二、基本要求

（1）管线打开实行作业许可，作业前应办理作业许可证。凡是没有办理作业许可证，没有按要求编制安全工作方案，没有落实安全措施，禁止管线打开作业。当管线打开作业涉及高处作业、动火作业、进入受限空间作业等，应同时办理相关作业许可证。

（2）管线打开作业前，作业单位应进行风险评估，根据风险评估的结果制定相应控制措施，必要时编制安全工作方案。

（3）作业前安全工作方案应与所有相关人员沟通，必要时应专门进行培训，确保所有相关人员熟悉相关的 HSE 要求。

三、管线打开作业安全措施

（一）设计要求

在项目的设计阶段，即应考虑消除或降低因管线打开产生的风险，需要考虑的隔离和清理内容如下：

（1）选择隔离的优先次序为：双截止阀；单截止阀；凝固（固化）工艺介质；其他。

（2）应考虑隔离和清理，包括但不限于以下内容：

① 为清理管线增加连接点，同时要考虑可能产生泄漏的风险；

② 能够隔离第二能源。

（二）作业前准备

（1）管线打开作业前，作业单位应进行风险评估，根据风险评估的结果制定相应控制措施，必要时编制安全工作方案。

（2）作业前安全工作方案应与所有相关人员沟通，必要时应专门进行培训，确保所有相关人员熟悉相关的 HSE 要求。

（3）清理。

① 需要打开的管线或设备必须与系统隔离，其中的物料应采用排尽、冲洗、置换、吹扫等方法除尽。清理合格应符合以下要求：

a. 系统温度介于-10～60℃之间；

b. 已达到大气压力；

c. 与气体、蒸汽、雾沫、粉尘的毒性、腐蚀性、易燃性有关的风险已降低到可接受的水平。

② 管线打开前并不能完全确认已无危险，应在管线打开之前做好以下准备：确认管线（设备）清理合格；采用凝固（固化）工艺介质的方法进行隔离时应充分考虑介质可能重新流动；如果不能确保管线（设备）清理合格，如残存压力或介质在死角截留、未隔离所有压力或介质的来源、未在低点排凝和高点排空等，应停止工作，重新制定工作计划，明确

控制措施，消除或控制风险。

（4）隔离。

所有要准备进行管线打开的系统必须进行隔离。

（5）个人防护。

无论系统是否已做好准备，都必须准备好使用个人防护装备。

（三）管线打开

（1）所有的管线打开都被视为具有潜在的液体、固体或气体等危险物料意外释放的可能性。

（2）明确管线打开的具体位置。

（3）必要时在受管线打开影响的区域设置路障或警戒线，控制无关人员进入。

（4）管线打开过程中发现现场工作条件与安全工作方案不一致时（如导淋阀堵塞或管线不合格），应停止作业，并进行再评估，重新制定安全工作方案，办理相关作业许可证。

（5）打开注意事项：

① 人员应避免站在管内物质可能喷出的位置；

② 从设备/管线最小部分着手，以便有效控制意外发生；

③ 打开管线前从情况的最坏角度考虑管线内泄漏物质的毒性、体积、温度及压力等；

④ 当螺栓严重腐蚀时，考虑发生意外时的控制措施。

（6）区域控制注意事项：

① 可能喷溅和受影响的区域必须有足够的围栏/围绳和警示。

② 围栏的区域大小应考虑被开启设备/管线的尺寸、其中危害物质、可能的意外泄流量、压力以及风向、可能受影响的区域等。

③ 无关人员不得进入围栏区域，任何人进入正在进行管线打开的围栏区域内，必须穿着与打开人员一致的防护装备。

（四）工作交接

当作业需超过一个班时间才能完成时，要进行书面工作交接，工作交接的关键要素包括下列各项。

（1）内容：隔离位置、已做的清理、确认方法、设备状况、资料。

（2）沟通：系统或设备状况和残留物料危险。

（3）保存：交接资料及签字记录。

（4）在开始作业前，验证系统或设备是可以继续安全地作业。

（5）所有涉及作业的人员应在交接班的文件上进行确认。

（五）作业后的完善工作

（1）管线及设备是否可安全操作。

（2）环境整洁是否达到标准。

（3）所有残留化学品是否被清理干净。

（4）围绳/栏是否已移除。

第七节 临时用电作业

一、概念

(1) 临时用电作业是指在生产或施工区域内临时性使用非标准配置 380V 及以下的低电压电力系统不超过 6 个月的作业。

(2) 非标准配置的临时用电线路是指除按标准成套配置的,有插头、连线、插座的专用接线排和接线盘以外的,所有其他用于临时性用电的电气线路,包括电缆、电线、电气开关、设备等(简称临时用电线路)。

(3) 手持式电动工具按电击保护方式分为:Ⅰ类工具、Ⅱ类工具、Ⅲ类工具。

① Ⅰ类工具是指工具在防止触电的保护方面不仅依靠基本绝缘,而且还包含一个附加的安全预防措施,其方法是将可触及的可导电的零件与已安装的固定线路中的保护(接地)导线连接起来,以这样的方法来使可触及的可导电的零件在基本绝缘损坏的事故中不成为带电体。

② Ⅱ类工具是指工具在防止触电的保护方面不仅依靠基本绝缘,而且还提供双重绝缘或加强绝缘的附加安全预防措施,没有保护接地或依赖安装条件的措施。Ⅱ类工具分绝缘外壳Ⅱ类工具和金属外壳Ⅱ类工具。Ⅱ类应在工具的明显部位标有Ⅱ类结构符号。

③ Ⅲ类工具是指工具在防止触电的保护方面依靠由安全特低电压供电和在工具内部不会产生比安全特低电压高的电压。

二、临时用电作业主要危害因素

临时用电作业时,如果没有有效的个人防护装备和防护措施,容易造成人员伤亡、设备损坏,还有可能造成火灾爆炸。

(一)触电事故

1. 电击

电击是指电流通过人体内部,对人体内器官造成的伤害。人受到电击后,可能会出现肌肉抽搐、昏厥、呼吸停止或心跳停止等现象;严重时,甚至危及生命。大部分触电死亡事故都是电击造成的,通常说的触电事故基本上是对电击而言的。

按照发生电击时电气设备的状态,可分为直接接触电击和间接接触电击。

2. 电伤

电伤是由电流的热效应、化学效应或者机械效应直接造成的伤害,电伤会在人体表面留下明显的伤痕,有电烧伤、电灼伤、皮肤金属化、机械性损伤和电光性眼炎。造成电伤的电流通常都比较大。

(二)电流对人体的伤害

电流作用于人体,表现的症状由针刺感、压迫感、打击感、痉挛、疼痛,乃至血压升高、昏迷、心律不齐、心室颤动等。电流通过人体内部,对人体伤害的严重程度与通过人体电流的大小、电流通过人体的持续时间、电流通过人体的途径、电流的种类以及人体的状况等多种因素有关，而且各因素之间是相互关联的，伤害严重程度主要与电流的大小与通电时间长短有关，电流对人体的伤害如表 5-1 所示。

表 5-1　电流对人体的伤害

电流，mA	持续时间	生理效应
0~0.5	连续通电	没有感觉
0.5~5	连续通电	开始有感觉，手指手腕等处有麻感，没有痉挛，可以摆脱带电体
5~30	数分钟以内	痉挛，不能摆脱带电体，呼吸困难，血压升高，是可以忍受的极限
30~50	数秒至数分钟	心脏跳动不规则，昏迷，血压升高，强烈痉挛，时间过长即引起心室颤动
50 至数百	低于脉搏周期	受强烈刺激，但未发生心室颤动
	超过脉搏周期	昏迷，心室颤动，接触部位留有电流通过的痕迹
超过数百	低于脉搏周期	在心脏搏动周期特定相位电击时，发生心室颤动，昏迷，接触部位留有电流通过的痕迹
	超过脉搏周期	心脏停止跳动，昏迷，可能致命的电灼伤

三、临时用电作业安全措施

（一）基本要求

（1）临时用电作业实行作业许可管理，办理临时用电作业许可证，只限在指定的地点和规定的时间内使用，不得涂改、代签。用电申请人、用电批准人、作业人员必须经过相应培训，具备相应能力。电气专业人员，应经过专业技术培训，并持证上岗。

（2）安装、维修、拆除临时用电线路应由电气专业人员进行，按规定正确佩戴个人防护用品，健康状况良好，正确使用工器具。

（3）在开关上接引、拆除临时用电线路时，其上级开关应断电锁定管理，电路开关的上锁挂签如图 5-4 所示。

图 5-5　电路开关上锁挂签

（4）临时用电线路和设备应按供电电压等级和容量正确使用，所有的电气元件、设施应符合国家标准规范要求。临时用电电源施工、安装应严格执行电气施工安装规范，并接地或接零保护。

(5) 各类移动电源及外部自备电源，不得接入电网。动力和照明线路应分路设置。

(6) 临时用电作业实施单位不得擅自增加用电负荷，变更用电地点、用途。

(7) 临时用电线路和电气设备的设计与选型应满足爆炸危险区域的分类要求。

（二）用电线路安全要求

(1) 所有的临时用电线路必须采用耐压等级不低于 500V 的绝缘导线。

(2) 临时用电设备及临时建筑内的电源插座应安装漏电保护器，在每次使用之前应利用试验按钮进行测试。所有的临时用电都应设置接地或接零保护。

(3) 送电操作顺序为：总配电箱—分配电箱—开关箱（上级过载保护电流应大于下级）。停电操作顺序为：开关箱—分配电箱—总配电箱（出现电气故障的紧急情况除外）。

(4) 配电箱应保持整洁、接地良好。对配电箱（盘）、开关箱应定期检查、维修。进行作业时，应将其上一级相应的电源隔离开关分闸断电、上锁，并悬挂警示性标志。

(5) 所有配电箱（盘）、开关箱应有电压标志和安全标志，在其安装区域内应在其前方 1m 处用黄色油漆或警戒带作警示。室外的临时用电配电箱（盘）还应设有安全锁具，有防雨、防潮措施。在距配电箱（盘）、开关及电焊机等电气设备 15m 范围内，不应存放易燃、易爆、腐蚀性等危险物品。

(6) 固定式配电箱、开关箱的中心点与地面的垂直距离应为 1.4~1.6m；移动式配电箱（盘）、开关箱应装设在坚固、稳定的支架上，其中心点与地面的垂直距离宜为 0.8~1.6m。

(7) 所有临时用电线路应由电气专业人员检查合格后方可使用，在使用过程中应定期检查，搬迁或移动后的临时用电线路应再次检查确认。

(8) 在接引、拆除临时用电线路时，其上级开关应当断电，并做好上锁挂牌等安全措施。

(9) 临时用电线路的自动开关和熔丝（片）应符合安全用电要求，不得随意加大或缩小，不得用其他金属丝代替熔丝（片）。

(10) 临时电源暂停使用时，应在接入点处切断电源，并上锁挂牌。搬迁或移动临时用电线路时，应先切断电源。

(11) 在防爆场所使用的临时用电线路和电气设备，应达到相应的防爆等级要求。

(12) 临时用电线路经过有高温、振动、腐蚀、积水及机械损伤等危害部位时，不得有接头，并采取有效的保护措施。

（三）工具

(1) 移动工具、手持电动工具等用电设备应有各自的电源开关，必须实行"一机一闸一保护"制，严禁两台或两台以上用电设备（含插座）使用同一开关直接控制。

(2) 使用电气设备或电动工具作业前，应由电气专业人员对其绝缘进行测试，Ⅰ类工具绝缘电阻不得小于 2MΩ，Ⅱ类工具绝缘电阻不得小于 7MΩ，合格后方可使用。

(3) 使用潜水泵时应确保电动机及接头绝缘良好，潜水泵引出电缆到开关之间不得有接头，并设置非金属材质的提泵拉绳。

(4) 使用手持电动工具应满足以下安全要求：

① 有合格标牌，外观完好，各种保护罩（板）齐全；

② 在一般作业场所，应使用Ⅱ类工具；若使用Ⅰ类工具时，应装设额定漏电动作电流

不大于15mA、动作时间不大于0.1s的漏电保护器;

③ 在潮湿作业场所或金属构架上作业时,应使用Ⅱ类或由安全隔离变压器供电的Ⅲ类工具;

④ 在狭窄场所,如锅炉、金属管道内,应使用由安全隔离变压器供电的Ⅲ类工具;

⑤ Ⅲ类工具的安全隔离变压器,Ⅱ类工具的漏电保护器及Ⅱ、Ⅲ类工具的控制箱和电源联结器等应放在容器外或作业点处,同时应有人监护;

⑥ 电动工具导线必须为护套软线,导线两端连接牢固,中间不许有接头;

⑦ 必须严格按照操作规程使用移动式电气设备和手持电动工具,使用过程中需要移动或停止工作、人员离去或突然停电时,必须断开电源开关或拔掉电源插头。

(四) 临时照明安全要求

(1) 现场照明应满足所在区域安全作业亮度、防爆、防水等要求;

(2) 使用合适的灯具和带护罩的灯座,防止意外接触或破裂;

(3) 使用不导电材料悬挂导线;

(4) 行灯电源电压不超过36V,灯泡外部有金属保护罩;

(5) 在潮湿和易触及带电体场所的照明电源电压不得大于24V,在特别潮湿场所、导电良好的地面、锅炉或金属容器内的照明电源电压不得大于12V。

第八节 动火作业

一、概念

能直接或间接产生明火的工艺设置以外的可能产生火焰、火花和炽热表面的非常规作业称为动火作业,常见动火作业包括但不限于:

(1) 各种焊接、切割作业;

(2) 使用喷灯、火炉等明火作业;

(3) 煨管、熬沥青、炒沙子等施工作业;

(4) 打磨、喷沙、锤击等产生火花的作业;

(5) 临时用电或使用非防爆电动工具等;

(6) 使用雷管、炸药等进行爆破作业;

(7) 在易燃易爆区使用非防爆的通信和电气设备;

(8) 其他动火作业。

二、动火作业主要危害因素

(1) 眼部损伤:施工过程中产生的红外线、紫外线易对眼睛造成视力减退、角膜损伤等危害;熔渣、切割产生的火花能引起角膜溃疡及结膜炎等眼部危害。

(2) 施工过程产生的紫外线危害皮肤的健康。

(3) 施工过程产生的有毒烟雾,可导致呼吸系统的疾病。

(4) 被火焰、灼热的熔渣或工件灼伤。

（5）搬运气瓶或大型工件导致筋骨劳损。

三、动火作业安全措施

（一）动火作业许可管理

动火作业实行作业许可，除固定动火区外，在任何时间、地点进行动火作业时，应办理"动火作业安全许可证"。

（1）动火作业许可的申请与批准。

① 动火作业批准人，负责审批动火作业许可证的责任人或授权人。

② 动火作业监督人，对动火作业负有监督责任，对动火作业审批人直接负责。

③ 动火作业监护人，在作业现场对动火作业过程实施安全监护的指定人员。

④ 动火作业人，动火作业的具体操作者。

（2）按照所批复的动火方案，最终由现场动火指挥在动火前签发动火作业许可证。

（3）动火作业许可证是动火作业现场操作依据，不得涂改、代签。

（4）动火作业许可证的期限要求如下：

① 动火作业许可证签发后，动火开始执行时间不应超过 2h。

② 在动火作业中断后，动火作业许可证应重新签发。

③ 动火作业许可证的期限应按动火方案确定的动火作业时间，如果在规定的动火作业时间内没有完成动火作业，应办理动火延期，但延期后总的作业期限不宜超过 24h；对不连续的动火作业，则动火作业许可证的期限不应超过一个班次（8h）。

（5）动火作业结束后，现场指挥、动火监护、监督应按动火方案内容对动火现场进行全面检查，指挥清理作业现场，解除相关隔离设施，动火监护人留守现场并确认无任何火源和隐患后，动火申请人与批准人在"动火作业许可证"的"关闭"栏签字。

（二）动火作业的一般要求

（1）做好围挡，加强通风，控制火花飞溅；

（2）位于动火点的上风向作业；

（3）动火作业中断 1 h 以上应重新确认安全条件；

（4）发现异常情况停止动火作业。

（三）系统隔离与置换

（1）动火作业前应首先切断物料来源并加盲板，经彻底吹扫、清洗、置换后，打开人孔，通风换气，经气体检测合格后方可动火作业。

（2）如气体检测超过 30min 后的动火作业，应对气体进行再次检测，如采用间断监测，间隔时间不应超过 2h。

（3）与动火作业部位相连的易燃易爆气体、易燃（可燃）液体管线必须进行可靠的隔离、封堵或拆除处理。

（4）与动火作业直接有关的阀门必须上锁、挂签、测试，如图 5-6 所示；需动火作业的设备、设施和与动火作业直接相关阀门的控制必须由车间人员操作。

图 5-6　阀门上锁挂签

（5）动火作业区域应设置警戒，严禁与动火作业无关人员或车辆进入动火区域。

（四）气体检测

（1）凡需要动火作业的罐、容器等设备和管线，必须进行内部和环境气体检测与分析，检测分析数据填入"动火作业许可证"中。检测单附在"动火作业许可证"的存根上。

（2）可燃气体含量必须低于介质与空气混合浓度的爆炸下限的10%，氧含量19.5%～23.5%为合格。

（3）气体样品要有代表性。出现异常现象，应停止动火，重新检测。

（4）用于检测气体的检测仪必须在校验有效期内，确定其处于正常工作状态。

（5）动火部位存在有毒有害物质介质的，必须对其浓度做检测分析，若其含量超过空气中有害物质最高容许浓度的，必须采取相应的安全措施。

（6）停工大修装置在撤料、吹扫、置换、分析合格，并与系统采取有效隔离措施后，设备、容器、管道动火作业前，必须采样分析合格。

（7）气体检测顺序：氧含量、可燃气体、有毒有害气体。

（五）动火作业区域要求

在动火作业前必须清除动火作业区域一切可燃物，并根据动火作业级别、应急预案的要求配备相应的消防器材。

（1）离动火点30m内不准有液态烃泄漏。

（2）半径15m内不准有其他可燃物泄漏和暴露。

（3）半径15m内生产污水系统的漏斗、排水口、各类井、排气管、管道等必须封严盖实。

（4）在动火作业区域必须设置安全标志。

（5）在危险区域内进行多处动火作业时，相连通的各个动火作业部位不能同时进行，上一处动火作业部位的施工作业完成后，方可进行下一个部位的施工作业。

（6）动火作业涉及进入受限空间、临时用电、高处作业等其他特种作业时，必须办理相应的作业许可证，严禁以"动火作业许可证"代替。

第六章

事故事件与应急管理

第一节　生产安全事故

生产安全事故管理主要依据《中国石油天然气集团公司生产安全事故管理办法》（中油安字〔2007〕571号）。

一、事故分类与分级

（一）分类

生产安全事故类别分为：工业生产安全事故、道路交通事故和火灾事故。

（1）工业生产安全事故，是指在生产场所内从事生产经营活动中发生的造成企业员工和企业外人员人身伤亡、急性中毒或者直接经济损失的事故，不包括火灾事故和交通事故。

（2）道路交通事故，是指企业车辆在道路上因过错或者意外造成的人身伤亡或者财产损失的事件。

（3）火灾事故，是指失去控制并对财物和人身造成损害的燃烧现象。以下情况也列入火灾统计范围：民用爆炸物品爆炸引起的火灾；易燃可燃液体、可燃气体、蒸气、粉尘以及其他化学易燃易爆物品爆炸和爆炸引起的火灾；机电设备因内部故障导致外部明火燃烧需要组织扑灭的事故，或者引起其他物件燃烧的事故；车辆、船舶以及其他交通工具发生的燃烧事故，或者由此引起的其他物件燃烧的事故。

（二）分级

根据事故造成的人员伤亡或者直接经济损失，生产安全事故分为以下等级：特别重大事故、重大事故、较大事故和一般事故。下列定义所称的"以上"包括本数，所称的"以下"不包括本数。

（1）特别重大事故，是指造成30人以上死亡，或者100人以上重伤（包括急性工业中毒，下同），或者1亿元以上直接经济损失的事故。

（2）重大事故，是指造成10人以上30人以下死亡，或者50人以上100人以下重伤，或者5000万元以上1亿元以下直接经济损失的事故。

（3）较大事故，是指造成 3 人以上 10 人以下死亡，或者 10 人以上 50 人以下重伤，或者 1000 万元以上 5000 万元以下直接经济损失的事故。

（4）一般事故，是指造成 3 人以下死亡，或者 10 人以下重伤，或者 1000 万元以下直接经济损失的事故。具体细分为三级：

① 一般事故 A 级，是指造成 3 人以下死亡，或者 3 人以上 10 人以下重伤，或者 10 人以上轻伤，或者 100 万元以上 1000 万元以下直接经济损失的事故；

② 一般事故 B 级，是指造成 3 人以下重伤，或者 3 人以上 10 人以下轻伤，或者 10 万元以上 100 万元以下直接经济损失的事故；

③ 一般事故 C 级，是指造成 3 人以下轻伤，或者 10 万元以下 1000 元以上直接经济损失的事故。

二、事故上报与调查处理

（一）上报流程

事故发生后，事故现场有关人员应当立即向基层单位负责人报告，基层单位负责人应当立即向上一级安全主管部门报告，安全主管部门逐级上报直至企业安全主管部门，由安全主管部门向本单位领导报告。较大及以上事故企业安全主管部门应当向企业办公室通报。情况紧急时，事故现场有关人员可以直接向企业安全主管部门报告。发生事故后，企业在上报集团公司的同时，应当于 1h 内向事故发生地县级以上人民政府安全生产监督管理部门和负有安全生产监督管理职责的有关部门报告。

（二）上报方式

（1）初步报告：事故发生之后应及时以口头报告或事故快报形式报告（使用事故快报作为初步报告时，必须同时以电话的方式确认收报人已经收到事故初步报告）。

（2）事故补报：事故初步报告后出现了新情况，应及时补充报告。自事故发生之日起 30 日内，事故造成的伤亡人数发生变化的，应当及时补报。道路交通事故、火灾事故自发生之日起 7 日内，事故造成的伤亡人数发生变化的，应当及时补报。

（三）上报内容

发生事故，应当以书面形式报告，情况特别紧急时，可用电话口头初报，随后书面报告。书面报告至少包括以下内容：

（1）事故发生单位概况；

（2）事故发生的时间、地点以及事故现场情况；

（3）事故的简要经过；

（4）事故已经造成或者可能造成的伤亡人数（包括下落不明的人数）和初步估计的直接经济损失；

（5）已经采取的措施；

（6）其他应当报告的情况。

（四）事故调查内容

事故发生后，企业应当积极配合政府和其授权或者委托有关部门组织的事故调查组进行事故调查。调查组成员应当由安全、生产、设备、人事劳资、监察、工会等有关职能部门人员组成。调查结束后形成事故调查报告,并向政府有关部门报告。事故调查组应当履行下列职责:

(1) 查明事故发生的经过、原因、人员伤亡情况及直接经济损失。
(2) 认定事故的性质和事故责任。
(3) 提出对事故责任者的处理建议。
(4) 总结事故教训,提出防范和整改措施。
(5) 提交事故调查报告。调查报告应当包括下列内容。
① 事故发生单位概况;
② 事故发生经过和事故救援情况;
③ 事故造成的人员伤亡和直接经济损失;
④ 事故发生的原因和事故性质;
⑤ 事故责任的认定以及对事故责任者的处理建议;
⑥ 事故防范和整改措施。

(五) 事故处理原则

所有事故均应当按照"事故原因未查明不放过,责任人未处理不放过,整改措施未落实不放过,有关人员未受到教育不放过"的"四不放过"原则进行处理。

第二节 生产安全事件

生产安全事件是指在生产经营活动中,由于人为原因可能或已经造成人员伤害或经济损失,但未达到《集团公司生产安全事故管理办法》所规定事故等级的事件。生产安全事件管理主要依据《中国石油天然气集团公司生产安全事件管理办法》(安全〔2011〕522 号)。

一、事件分类与分级

(一) 分类

生产安全事件分为工业生产安全事件、道路交通事件、火灾事件和其他事件。
(1) 工业生产安全事件:在生产场所内从事生产经营活动中发生的造成人员轻伤以下或直接经济损失小于 1000 元的情况。
(2) 道路交通事件:企业车辆在道路上因过错或者意外造成人员轻伤以下或直接经济损失小于 1000 元的情况。
(3) 火灾事件:在企业生产、办公以及生产辅助场所发生的意外燃烧或燃爆事件,造成人员轻伤以下或直接经济损失小于 1000 元的情况。
(4) 其他事件:上述三类事件以外的,造成人员轻伤以下或直接经济损失小于 1000 元的情况。

(二) 分级

生产安全事件根据损害程度分为五级。

（1）限工事件：人员受伤后下一工作日仍能工作，但不能在整个班次完成所在岗位全部工作，或临时转岗后能在整个班次完成所转岗位全部工作的情况。

（2）医疗事件：人员受伤需要专业医护人员进行治疗，且不影响下一班次工作的情况。

（3）急救箱事件：人员受伤仅需一般性处理，不需要专业医护人员进行治疗，且不影响下一班次工作的情况。

（4）经济损失事件：在企业生产活动中发生，没有造成人员伤害，但导致直接经济损失小于1000元的情况。

（5）未遂事件：已经发生但没有造成人员伤害或直接经济损失的情况。

二、事件管理

企业应当建立事件报告奖励制度，鼓励、发动员工发现和积极报告各类事件信息，对发现、报告各类事件信息的人员，进行奖励。

事件当事人应当向现场负责人进行报告，填写生产安全事件报告分析单并进行原因综合分析；事件发现者也可以向现场负责人进行报告。

事件发生基层单位应当及时组织对生产安全事件报告分析单进行分析，制定防范措施并告知员工。

企业及所属二级单位应当定期对上报的生产安全事件进行综合分析，发现规律并进行风险评估，形成预测分析报告，制定切实可行的整改措施，消除可能造成事故的危害因素。

各级组织应当积极将典型的生产安全事件作为安全经验分享的重要资源，以各种的方式进行共享，汲取经验教训。

除严重违章行为外，企业一般不对事件有关人员进行处理，对不认真组织分析生产安全事件和落实整改措施的各级管理人员应当进行考核处理。

第三节　环境事件

依据《中国石油天然气集团公司环境事件管理办法》（中油安〔2016〕475号），环境事件包括突发环境事件和环境保护违法违规事件。

突发环境事件，是指由于污染物排放或者自然灾害、生产安全事故等因素，导致污染物或者放射性物质等有毒有害物质进入大气、水体、土壤等环境介质，突然造成或者可能造成环境质量下降，危及公众身体健康和财产安全，或者造成生态环境破坏，或者造成重大社会影响，需要采取紧急措施予以应对的事件。

环境保护违法违规事件，是指所属企业在生产、建设或经营活动中因违反国家环境保护法律法规规定，虽未引发突发环境事件，但受到刑事追究或行政处罚，以及造成或可能造成社会影响的事件。

一、突发环境事件分级与调查

（一）突发环境事件分级

突发环境事件按照事件严重程度分为特别重大、重大、较大、一般四级。

1．特别重大环境事件

凡符合下列情形之一的，为特别重大环境事件：

（1）因环境污染直接导致 30 人以上死亡或 100 人以上中毒或重伤的；

（2）因环境污染疏散、转移人员 5 万人以上的；

（3）因环境污染造成直接经济损失 1 亿元以上的；

（4）因环境污染造成区域生态功能丧失或该区域国家重点保护物种灭绝的；

（5）因环境污染造成设区的市级以上城市集中式饮用水水源地取水中断的；

（6）Ⅰ、Ⅱ类放射源丢失、被盗、失控并造成大范围严重辐射污染后果的；放射性同位素和射线装置失控导致 3 人以上急性死亡的；放射性物质泄漏，造成大范围辐射污染后果的；

（7）造成重大跨国境影响的境内环境事件。

2．重大环境事件

凡符合下列情形之一的，为重大环境事件：

（1）因环境污染直接导致 10 人以上 30 人以下死亡或 50 人以上 100 人以下中毒或重伤的；

（2）因环境污染疏散、转移人员 1 万人以上 5 万人以下的；

（3）因环境污染造成直接经济损失 2000 万元以上 1 亿元以下的；

（4）因环境污染造成区域生态功能部分丧失或该区域国家重点保护野生动植物种群大批死亡的；

（5）因环境污染造成县级城市集中式饮用水水源地取水中断的；

（6）Ⅰ、Ⅱ类放射源丢失、被盗的；放射性同位素和射线装置失控导致 3 人以下急性死亡或者 10 人以上急性重度放射病、局部器官残疾的；放射性物质泄漏，造成较大范围辐射污染后果的；

（7）造成跨省级行政区域影响的环境事件。

3．较大环境事件

凡符合下列情形之一的，为较大环境事件：

（1）因环境污染直接导致 3 人以上 10 人以下死亡或 10 人以上 50 人以下中毒或重伤的；

（2）因环境污染疏散、转移人员 5000 人以上 1 万人以下的；

（3）因环境污染造成直接经济损失 500 万元以上 2000 万元以下的；

（4）因环境污染造成国家重点保护的动植物物种受到破坏的；

（5）因环境污染造成乡镇集中式饮用水水源地取水中断的；

（6）Ⅲ类放射源丢失、被盗的；放射性同位素和射线装置失控导致 10 人以下急性重度放射病、局部器官残疾的；放射性物质泄漏，造成小范围辐射污染后果的；

（7）造成跨设区的市级行政区域影响的环境事件。

4．一般环境事件

凡符合下列情形之一的，为一般环境事件：

（1）因环境污染直接导致 3 人以下死亡或 10 人以下中毒或重伤的；

（2）因环境污染疏散、转移人员 5000 人以下的；

（3）因环境污染造成直接经济损失 500 万元以下的；

（4）因环境污染造成跨县级行政区域纠纷，引起一般性群体影响的；

（5）Ⅳ、Ⅴ类放射源丢失、被盗的；放射性同位素和射线装置失控导致人员受到超过年剂量限值的照射的；放射性物质泄漏，造成厂区内或设施内局部辐射污染后果的；

（6）对环境造成一定影响，尚未达到较大环境事件级别的。

（二）突发环境事件调查

突发环境事件调查应当查明下列情况：

（1）事件发生单位基本情况；

（2）事件发生的时间、地点、原因和事件经过；

（3）事件造成的人身伤亡、直接经济损失情况，环境污染和生态破坏情况；

（4）建立环境应急管理制度、明确责任人和职责的情况；

（5）定期开展环境风险评估及环境安全隐患整改的情况；

（6）环境风险防范设施建设及运行情况；

（7）环境应急预案的编制、备案、管理及实施情况；

（8）突发环境事件发生后信息报告或者通报情况；

（9）突发环境事件发生后，启动环境应急预案，并采取控制或者切断污染源防止污染扩散的情况；

（10）突发环境事件发生后，服从应急指挥机构统一指挥，并按要求采取预防、处置措施的情况；

（11）生产安全事故、交通事故、自然灾害等其他突发事件发生后，采取预防次生环境事件措施的情况；

（12）突发环境事件发生后，是否存在伪造、故意破坏事发现场，或者销毁证据阻碍调查的情况；

（13）其他有必要查明的情况。

二、环境保护违法违规事件分级与调查

（一）环境保护违法违规事件分级

环境保护违法违规事件视情节轻重，分为重大、较大、一般三级。

1. 重大环境保护违法违规事件

凡符合下列情形之一的，为重大环境保护违法违规事件：

（1）因违反环境保护法律法规，受到刑事追究的；

（2）被处以按日连续处罚，不及时整改或整改不力的；

（3）造成重大社会影响的其他情形。

2. 较大环境保护违法违规事件

凡符合下列情形之一的，为较大环境保护违法违规事件：

（1）因违反环境保护法律法规，被国务院环境保护主管部门或同级其他部门处以行政处罚的；

（2）被处以按日连续处罚的；

(3) 因违反环境保护法律法规，被国家级媒体或其他有重要影响力的媒体报道，造成较大社会影响并经查证属实的；

(4) 造成较大社会影响的其他情形。

3. 一般环境保护违法违规事件

凡符合下列情形之一的，为一般环境保护违法违规事件：

(1) 因违反环境保护法律法规，被省级环境保护主管部门或同级其他部门处以行政处罚的；

(2) 污染物超标排放不及时整改的；

(3) 因违反环境保护法律法规，被媒体报道，造成一般社会影响并经查证属实的；

(4) 造成一般社会影响的其他情形。

（二）环境保护违法违规事件调查

环境保护违法违规事件调查应当查明下列情况：

(1) 事件发生的原因、过程，整改措施实施情况，造成的社会影响；

(2) 违法违规行为决策过程和责任人；

(3) 环境保护职责分工及责任落实情况；

(4) 开展环境保护合法合规评价、制订整改计划的情况；

(5) 环境保护"三同时"措施审批及落实情况；

(6) 环境隐患整改项目审批及建设情况；

(7) 污染治理设施运行管理职责分工及落实情况；

(8) 环境保护日常监测、监督情况；

(9) 异常或紧急工况下污染控制方案制定及落实情况；

(10) 是否存在篡改、伪造环境监测数据，或者销毁证据阻碍调查的情况；

(11) 其他有必要查明的情况。

第四节　应急预案

安全生产应急管理是指应对事故灾难类突发事件（以下称突发生产安全事件）而开展的应急准备、监测、预警、应急处置与救援和应急评估等全过程管理。

应急管理是一项系统工程，生产经营单位的组织体系、管理模式、风险大小以及生产规模不同，应急预案体系构成不完全一样。生产经营单位应结合本单位的实际情况，从公司、企业（单位）到车间、岗位分别制订相应的应急预案，形成体系，互相衔接，并按照统一领导、分级负责、条块结合、属地为主的原则，同地方人民政府和相关部门应急预案相衔接。

应急管理应依据《中国石油天然气集团公司安全生产应急管理办法》（中油安〔2015〕175号）、《中国石油天然气集团公司突发事件应急物资储备管理办法》（安全〔2010〕659号）、《中国石油天然气集团公司应急预案编制通则》（中油安〔2009〕318号）、《炼化企业车间级应急预案编制指南》（油炼化〔2011〕114号）、《生产经营单位安全生产事故应急预案编制导则》（AQ/T 9002—2006）、《危险化学品事故应急救援指挥导则》（AQ/T 3052—

2015)、《生产安全事故应急演练指南》(AQ/T 9007—2011)、《危险化学品应急救援管理人员培训及考核要求》(AQ/T 3043—2013)、《安全生产应急管理人员培训及考核规范》(AQ/T 9008—2012)等。

一、应急预案体系构成

应急预案应形成体系,针对各级各类可能发生的事故和所有危险源制订专项应急预案和现场应急处置方案,并明确事前、事发、事中、事后的各个过程中相关部门和有关人员的职责。

(一)总体预案

总体预案是应对各类突发事件的纲领性文件。总体预案对专项预案的构成、编制提出要求及指导,并阐明各专项预案之间的关联和衔接关系。

(二)专项预案

专项预案是总体预案的支持性文件,主要针对某一类或某一特定的突发事件,对应急预警、响应以及救援行动等工作职责和程序作出的具体规定。

生产经营专业比较单一,经风险识别、评估后,认定突发事件应急职责、工作程序及响应、救援方案等比较简单的,可将总体预案与专项预案合并,编写突发事件综合预案。

(三)现场处置预案

现场处置预案是针对基层单位重大危险源、关键生产装置、要害部位及场所,以及大型公众聚集活动或重要生产经营活动等,可能发生的突发事件或次生事故,编制的处置、响应、救援等具体的工作方案。

(四)岗位应急处置程序

对于危险性较大的重点岗位,应当制定岗位应急处置程序。岗位应急处置程序作为安全操作规程的重要组成部分,是指导作业现场、岗位操作人员进行应急处置的规定动作,内容应简明、易记、可操作。

二、应急预案编制要求

应急预案的编制应依据《生产经营单位安全生产事故应急预案编制导则》(AQ/T 9002—2006)、《中国石油天然气集团公司应急预案编制通则》(中油安〔2009〕318 号)、《炼化企业车间级应急预案编制指南》(油炼化〔2011〕114 号)。

预案编制前,应先对各种风险进行识别,分析其潜在的危害后果和影响,对应急管理现状、应急能力等进行评估,形成风险分析与应急能力评估报告。预案编制时,依据风险分析与应急能力评估报告,对突发事件进行分级,确定相应的预警、响应级别。预案编制完成后,按照业务管理流程和应急工作职责等,由预案编制牵头部门组织内部审核。内部审核可以邀请有关方面专家参加,内部审核的过程资料、审核结论应形成书面记录,并归档保存。

(一)总体预案主要内容

(1)总则:编制目的、编制依据、适用范围、工作原则、预案体系。

(2) 组织机构及职责：应急组织体系、机构及职责。

(3) 风险分析与应急能力评估：企业概况、风险分析和应急能力评估、事件分类与分级。

(4) 预防与预警：预防与应急准备、监测与预警、信息报告与处置。

(5) 应急响应：响应流程、应急响应分级、应急响应启动、应急响应程序、恢复与重建、应急联动。

(6) 应急保障：应急保障计划、应急资源、应急通信、应急技术、其他保障。

(7) 预案管理：预案培训、预案演练、预案修订、预案备案。

(8) 附则：名词与定义、预案的签署和解释、预案的实施。

(9) 附件：一般应包括应急组织机构、职责分配及工作流程图、应急联络及通信方式、风险分析及评估报告、应急救援物资、设备、队伍清单、重大危险源、环境敏感点及应急设施分布图。

(二) 综合预案主要内容（炼化企业车间级）

(1) 车间危险性分析：车间概况、风险分析、应急能力。

(2) 组织机构及职责：组织机构、职责、现场指挥原则。

(3) 现场应急处置：检查确认、报警程序、处置程序、现场警戒、抢险和人员救援、现场监测、现场人员撤离、应急处置终止。

(4) 注意事项。

(5) 恢复：现场保护、现场恢复、应急总结。

(6) 预案管理：预案培训、预案演练、预案修订、预案备案。

(7) 附则：名词与定义、预案的签署和解释、预案的实施。

(8) 附件：一般应包括报警响应程序图、应急联络及通信方式、应急物资与装备清单、安全消防设施分布图、危险区域划分及应急疏散图、地下管网图、三级防控设施图、应急急救知识（人员急救、装备使用）、物料MSDS、应急操作卡。

(三) 应急操作卡主要内容（炼化企业车间级）

(1) 事故名称。

(2) 工艺流程。

(3) 事故现象。

(4) 危害分析。

(5) 事故原因。

(6) 事故确认。

(7) 报警响应程序。

(8) 应急处置：A级操作步骤、B级操作步骤。

(9) 退守状态等。

第五节 应急演练

企业应当定期或有计划组织生产安全应急演练，并对演练工作进行总结评估。应当针对不同内部条件和外部环境，分层级、分类别开展桌面推演、实战演练及综合演练等多种形式的生产安全应急演练活动。

基层车间应当结合实际工况，进行现场处置预案（方案）和处置卡实战演练活动；管理层可以采取情景构建或模拟方式，组织桌面推演活动。

一、应急演练目的

（1）检验预案：发现应急预案中存在的问题，提高应急预案的科学性、实用性和可操作性。

（2）锻炼队伍：熟悉应急预案，提高应急人员在紧急情况下妥善处置事故的能力。

（3）磨合机制：完善应急管理相关部门、单位和人员的工作职责，提高协调配合能力。

（4）宣传教育：普及应急管理知识，提高参演和观摩人员风险防范意识和自救互救能力。

（5）完善准备：完善应急管理和应急处置技术，补充应急装备和物资，提高其适用性和可靠性。

二、应急演练类型

应急演练按照演练内容分为综合演练和单项演练，按照演练形式分为现场演练和桌面演练，不同类型的演练可相互结合。

综合演练：针对应急预案中多项或全部应急响应功能功能开展的演练活动。

单项演练：针对应急预案中某项应急响应功能开展的应急演练活动。

现场演练：选择（或模拟）生产经营活动中的设备、设施、装置或场所，设定事故情景，依据应急预案而模拟开展的演练活动。

桌面演练：针对事故情景，利用图纸、沙盘、流程图、计算机、视频等辅助手段，依据应急预案而进行交互式讨论或模拟应急状态下应急行动的演练活动。

三、应急演练内容

（1）预警与报告。

（2）指挥与协调。

（3）应急通信。

（4）事故监测。

（5）警戒与管制。

（6）疏散与安置。

（7）医疗卫生。

（8）现场处置。

（9）社会沟通。

（10）后期处置。

四、应急演练评估

（一）现场点评

应急演练结束后，在演练现场，评估人员或评估组负责人对演练中发现的问题、不足、及取得的成效进行口头点评。

（二）书面评估

书面评估主要内容包括：演练的执行情况，预案的合理性与可操作性，指挥协调和应急联动情况，应急人员的处置情况，演练所用设备装备的适用性，对完善预案、应急准备、应急机制、应急措施等方面的意见和建议等。

第六节　炼化企业应急处置原则

炼化企业生产具有生产装置大型化、生产设备集中布置、生产过程连续性、工艺过程和辅助系统庞大、自动化程度高、生产过程危险性大的特点。这些作业性质的突出特点是：高温、高压、易燃、易爆，有毒、有害、高腐蚀，生产中一旦操作条件变化、工艺过程受到干扰、人为误操作、设备出现故障等，处理不到位极易导致泄漏，进一步发生着火爆炸事故。

一、通用处置原则

（1）安全受控、做好防护、救人优先、强化环保。
（2）坚持先控制，后处置原则。
（3）严格遵守工艺参数平稳操作，控制异常，退守安全状态。
（4）各岗位密切配合、上下游联动。
（5）疏散无关人员，快速急救，上风方向进入，上风向撤离。
（6）坚持冷却稀释、与工艺配合相结合防止着火爆炸。
（7）坚持以快制快，力争将事故控制在较小的范围内。

以快制快：事故的发展分五个过程，发生、发展、高峰、衰减、熄灭。发生、发展阶段能量较小，事故控制容易，所以应在这两阶段消灭事故发展，避免扩大。

（8）坚持利用现有装备、有限参与、避免不必要的人员伤亡和中毒事故。

二、生产异常应急处置原则

炼油化工生产异常主要指造成生产运行系统延迟（循环）或将导致停工的状况。

生产异常按风险管理角度大致可分为六类：停风、停电、停水、停蒸汽、DCS死机、物料中断及物料组成变化。

生产异常应急处置有以下几个原则。

（一）上下联动，及时沟通

炼化企业装置都是成套、成系统的设置，没有孤立存在的装置，那么上游装置的波动肯定会影响下游装置，下游装置必然影响上游或子一级装置。所以一套装置出现异常，在正常处理的过程中应及时与相关装置联系沟通，减小影响，保证平稳安全。

（二）保持"热平衡"

（1）虽提高热量会促进化学反应，但化学反应工艺流程却必须控制反应速度，尤其是放热反应，如果不能及时减少生热或移除热量，则会导致飞温。

（2）工艺流程中大量的能量交换设备，一旦温差大幅度增加，极易导致设备泄漏。

（3）对于蒸馏、精馏工艺过程，热的失衡会导致操作紊乱，导致淹塔、空塔，出现超压或负压操作塔真空泵喷物料。

（4）凝固点高的物料失去热源会变得黏稠或凝固，卡住搅拌设备或堵塞设备及管线。

（三）保持"物料平衡"

（1）塔异常状态操作时必须控制物料的平衡，否则塔的稳定状态破坏，会出现淹塔、空塔，导致超压或负压操作塔真空泵喷物料等危险状况。

（2）大多数反应控制在一定的空速比、氢油比下进行，空速比、氢油比超范围波动会导致副反应加剧，引起超温、催化剂结焦或结胶。

（3）对于锅炉等设备，当载热介质水中断时，如操作不及时或失误极易发生锅炉爆炸事故。

（四）控制压力

一些高温、高压、临氢的装置，如加氢装置，如果出现突发事故，发展非常迅速，应在最短的时间内摸清事故原因及时处理，避免事故进一步扩大，如果飞温得不到有效控制就必须立即启动紧急放空系统，压力一泄到底，降低系统压力和温度。

三、泄漏应急处置原则

泄漏事故是指炼油化工储罐、设备或管道内的气体或液体物料失去控制，发生喷、冒、溢、漏的突发事故。泄漏事故极易引发火灾、爆炸或中毒事故。一旦发生泄漏，立即启动应急预案，紧急停车并报警，迅速佩戴正压式呼吸器，关闭或严密泄漏阀门；通知周围人员迅速撤离现场（至上风向）；无法关闭时，通知下风向及四周人员撤离防范；若泄漏物料易燃易爆，周围及下风向岗位立即停止明火作业或生产；泄漏燃烧时，应保持稳定燃烧，防止回火，防止与空气形成爆炸性混合物；隔离泄漏污染区，控制现场。

泄漏事故应急处置有以下几个原则。

（一）先疏散救人再进行处理，坚持上风方向原则

（1）进入现场救援人员必须配备必要的个人防护器具。

（2）如果泄漏物是易燃易爆介质，事故中心区域应严禁火种、切断电源、禁止车辆进入、立即在边界设置警戒线。根据事故情况和事故发展，确定事故波及区人员的撤离。

（3）如果泄漏物是有毒介质，应使用专用防护服、隔离式空气呼吸器。根据不同介质和泄漏量确定夜间和日间疏散距离，立即在事故中心区边界设置警戒线。根据事故情况和事故发展，确定事故波及区人员的撤离。

（4）应急处理时严禁单独行动，严格按预案执行。

（二）先控制泄漏源，后处置

1．泄漏源控制

1）工艺堵漏

采取工艺堵漏是最简单也是最有效的方法，因此工艺堵漏是首选的方法。工艺堵漏要

有相应的掩护措施。工艺堵漏有以下几种：

（1）关闭上游阀门：如果泄漏部位上游有可以关闭的阀门，应首先关闭阀门，泄漏自然会消除。

（2）关闭进料阀门：反应容器、换热容器等发生泄漏时，应考虑关闭进料阀；在关阀等工艺处理上应充分考虑对各相关系统的影响，防止因憋压而造成新的事故。

（3）工艺倒罐：对于发生泄漏的储存容器、罐车可以利用倒罐技术，用烃泵或自流的方法将物料输送到其他容器或罐车中，倒罐不能使用压缩机，压缩机会使泄漏容器压力增加，加剧泄漏。

2）带压堵漏

带压堵漏方法有楔塞法、捆扎法、注胶法、上罩法及磁压法等。

楔塞法：设备焊缝气孔、砂眼等较小孔洞引起的泄漏，管线断裂等可用楔塞堵漏。用于堵漏的楔塞有木楔、充气胶楔等。

捆扎法：小型低压容器、管线破裂可用捆扎法堵漏。捆扎堵漏的关键部件是密封气垫，气垫充气压力应大于泄漏介质压力。

注胶法：管道破裂、阀门填料老化、法兰盘垫片失效泄漏等可用注胶堵漏方法。不同的泄漏部位应选用不同的卡具，不同的泄漏介质选用不同的密封胶。

上罩法：对于大型容器大孔洞破裂、阀门根部开裂、人孔根部开裂等不规则泄漏，采用上述几种堵漏方法无法处理，可选用上罩堵漏法比较有效。上罩法是在泄漏部件外部紧箍一特制罩子，罩子上可安装有阀门，通过该阀门，可将泄漏介质引流或关闭。

磁压法：使用特制的具有磁性的强磁堵漏罩，通过磁力作用使其紧箍在泄漏部位，直接堵漏。

2．泄漏物处理

1）围堤堵截

筑堤堵截泄漏液体或者引流到安全地点。储罐区发生液体泄漏时，要及时关闭堤内和堤外雨水阀、切断阀，防止物料沿阴沟外溢进入雨排线。

2）稀释与覆盖

对于气体泄漏，为降低大气中气体的浓度，向气云喷射雾状水稀释或驱散气云。对于液体泄漏，为降低物料向大气中的蒸发速度，根据物料的性质确定用干粉、泡沫（或抗溶性泡沫）或其他覆盖物品覆盖外泄的物料，在其表面形成覆盖层，抑制其蒸发。

3）收容（集）

对于大型容器和管道泄漏，可选择用泵将泄漏出的物料抽入容器内或槽车内；当泄漏量小时，可用沙子、吸附材料、中和材料等吸收中和。

4）废弃处理

将收集的泄漏物运至废物处理场所处置。用消防水冲洗剩下的少量物料，冲洗水排入污水处理系统，避免出现环保事件。

5）冷却稀释

装置现场都设有喷淋系统，泄漏时，打开喷淋阀门对泄漏物料形成的扩散较大的油气稀释隔离，同时利用装置服务站低压蒸汽直接对泄漏点稀释；也可利用周围消防栓连接水带，用多功能消防水枪喷雾稀释。

6）引流燃烧与控制燃烧

有火炬点燃系统的可通过火炬点燃。没有火炬系统的可以通过临时管线，引流到安全地点点燃。对于罐体燃烧或爆炸后的稳定燃烧，应由水枪进行控制，使燃烧控制在一定范围内。轻烃（如 C_4 以下的组分）或失控状态下的燃烧一般不应扑灭，一旦熄灭，应继续点燃。

四、火灾爆炸应急处置原则

火灾爆炸事故，主要是指包括压缩或液化气体火灾，易燃液体、易燃固体、自燃物品或遇水易燃物品火灾爆炸事故。一旦出现火灾事故，抓住火灾初期有利时机，立即启动现场应急处置方案、紧急停车并报警，并协助消防人员实施救援。

不同种类的危险化学品或同一种类的危险化学品在不同情况下发生火灾时，其扑救方法是不同的，若处置不当，不仅不能有效地扑灭火灾，反而会使灾情进一步扩大。另外，由于危险化学品本身及其燃烧产物大多具有较强的毒害性和腐蚀性，极易造成人员中毒、灼伤。因此，扑救危险化学品火灾是一项极其重要且非常危险的工作，必须精心组织，科学指挥，严密实施，确保万无一失。

（1）应迅速查明燃烧范围、燃烧物品及其周围物品的品名和主要危险特性、火势蔓延的主要途径，燃烧的危险化学品及燃烧产物是否有毒。

（2）正确选择最适合的灭火剂和灭火方法安全地控制火灾。先控制，后消灭。针对危险化学品火灾的火势发展蔓延快和燃烧面积大的特点，准确判断，积极采取科学决策；以快制快，冷却降温，控制火势；筑堤堵截，防止蔓延。

第七章 案例分析

第一节 机械伤害类事故

一、吊装设备滑落伤害事故

（一）事故经过

某公司在吊装作业时，由于吊车大钩起吊时未在吊物重心正上方，吊物产生倾斜。吊车司机田某在不能完全看见吊物的情况下，将其吊起，左转动吊臂，试图将吊物从污水车与运输车 A 之间通过，吊至 40t 吊车右侧的运输车 B 上。由于使用一根过短的钢丝绳起吊，造成吊车大钩处两绳套间夹角过大。吊臂左转动过程中，钢丝绳在吊物两横拉筋处产生滑动，使吊物倾斜度逐渐加大。田某试图改变其方向，以便吊车将吊物从运输车 A 与污水车之间通过。当吊物高端转动至污水车方向时，吊装钢丝绳高端绳套从吊车大钩中滑出，吊物低端着地，高端随即落下，砸在吕某右侧，将其压倒致其死亡。

（二）事故分析

1. 直接原因

吊车大钩安全销弹簧疲软，安全销不能有效复位，安全销与吊车大钩之间存在一定的间隙，造成吊物高端钢丝绳套从吊车大钩内侧与安全销间的间隙处弹出，吊物落下将吕某压倒。

2. 间接原因

（1）吊装大、长件时，两端未用揽风绳而采用手直接推拉吊物的习惯性违章行为，没有得到有效地纠正。

（2）起吊时吊车大钩未在吊物重心正上方，加之起吊钢丝绳过短，导致吊车大钩处两绳套间夹角过大，致使吊物在起吊时产生倾斜。

（3）使用一根钢丝绳起吊大、长件不能有效保证其平衡，吊物与钢丝绳相对滑动，使其倾斜度逐渐加大，导致吊物连续不稳。

3. 管理原因

（1）现场安全管理混乱，车辆未合理布局，停放混乱，起吊空间狭窄，影响吊装作业。

作业人员安全意识淡薄，在过渡槽吊装时，未按规定撤离至安全地带。

(2) 搬迁作业过程中，双方职责不明，协调配合差。吊装作业过程无专人指挥，对现场作业吊车未认真进行检查，未及时发现吊钩存在的隐患。

(3) 管理不到位，未认真落实搬迁安全预案。

(三) 预防措施

(1) 要进一步加强对员工的安全技能与安全意识的培训教育，确保在吊装作业时，认真执行标准、规范和规程，严格执行吊装作业"十不吊"规定，发现不符合起吊条件的坚决不起吊，必须达到整改要求后才能起吊。

(2) 有关部门或单位对施工现场应界定清楚吊装作业过程中的分工、职责，加强施工协作单位的安全生产协调工作，明确各自分工及施工注意事项。

(3) 要按照"谁主管、谁负责"的原则，加强对施工作业设备（设施）的维护保养（特别是对安全防护设施），确保其处于完好状态，加强吊车在吊装作业中的风险控制。

(4) 要严格执行岗位、技术操作规程，加大安全检查力度，坚决杜绝"三违"行为，坚决杜绝生产作业现场长期形成的"吊装长形物件和物件组时，两端未用揽风绳面采用手直接推拉吊物和在吊臂回转半径内指挥、停留"的习惯性违章行为。

二、更换顶灯作业机械伤害事故

(一) 事故经过

某公司动力分厂电工班在空压站更换天井照明灯泡时，杜某和王某按照站在地面上的班长屈某的指令，同时趴伏在葫芦吊的维修平台上，从西向东返回。在返回途中，王某突然抬起头，其头部被空压站厂房横梁与葫芦吊维修平台护栏夹伤，经送医院抢救无效死亡（事故发生时，杜某趴伏在葫芦吊的安全平台上，未受到任何伤害）。

(二) 事故分析

1. 直接原因

动力分厂电工王某在葫芦吊运行中，未戴安全帽，注意力不集中，没有严格执行班长的指令，将头抬起的不安全行为是造成事故的直接原因。

2. 间接原因

动力分厂空压站厂房和葫芦吊设计存在缺陷，员工教育培训不够。

3. 管理原因

电工班班长屈某作为现场监护人，未认真履行职责，在作业过程中监护不力，检查不到位，对王某未戴安全帽的行为未及时发现。

(三) 预防措施

(1) 从本质安全入手，全面排查存在的事故隐患，整改动力分厂空压站厂房和葫芦吊设计存在的缺陷，将天井照明改为墙壁弯灯。

(2) 进一步加强对员工的安全教育和培训，努力提高员工的安全意识和自我保护能力。

(3) 现场管理人员必须强化对现场的检查和监护力度，加强对生产作业过程中存在风险的有效控制，杜绝违章行为的发生。

第二节　窒息中毒类事故

一、硫化氢气体泄漏中毒事故

（一）事故经过

某石化分公司炼油厂在处理废酸沉降槽内残存的反应物过程中，因该沉降槽抽出线已拆除，无法将物料回抽处理，酸性中的硫酸与含硫污水中的硫化钠反应产生了高浓度硫化氢气体，硫化氢气体通过与含硫污水系统相连的观察井口溢出。在该厂围墙外约40m范围内，有行人和机动车司机共50人出现中毒现象。其中4名受伤人员在送往医院途中死亡，1名受伤人员事后经抢救无效死亡，45人不同程度地中毒。

（二）原因分析

1．直接原因

烷基化车间在对废酸沉降槽进行工艺处理过程中，违反了含硫污水系统严禁排放废酸性物料的规定，将含酸废油直接排入含硫污水管线，酸性废油中的硫酸与含硫污水中的硫化钠反应产生了高浓度硫化氢气体，硫化氢气体过与含硫污水系统相连的观察井口溢出，导致中毒事故发生。

2．间接原因

（1）炼油厂烷基化车间主任张某等人在对废酸沉降槽进行工艺处理时，操作人员对含酸废油排入含硫污水系统会产生硫化氢的认识不清，安全防范意识差，业务技能不过关，后果估计不足，贪图便捷，盲目操作。在试通管线过程中，将含酸废油直接排入含硫污水管线，导致了事故的发生。

（2）报废装置在停车后未进行彻底工艺处理、倒空物料、装置出入界区物料管线加堵盲板。

（3）含硫污水硫化氢吸收塔由于设计原因，经常出现碱结晶，硫化氢吸收效果较差。同时，含硫污水系统观察井没有及时进行封闭。含硫污水系统的清污分流工作由于受到技术上的限制，一直未能实施。另外，随着周边地区的发展，该公司生产装置被周围村庄、道路包围，城市道路、周边居民与生产装置的安全防护间距严重不符合国家规范的要求。隐患治理力度不够，无法确保本质安全。

3．管理原因

（1）制度执行不力，"三违"行为屡禁不止。该石化分公司相关规章制度明确规定，废酸渣不允许排入含硫污水系统，应送出装置综合利用或拉运到工业渣场进行填埋处理。烷基化车间主任，作为车间第一安全负责人，有章不循，违章指挥操作人员将含废酸油排入含硫污水系统。

（2）安全监督不到位，不能有效遏止违章。安全员作为车间现场安全监督人员，对车间主任的违章指挥、操作人员的违章作业视而不见，没有认真履行监督职责，没有对违章现象进行及时的制止和纠正，而是接受了违章指挥，也成为违章作业者。

(3) 生产管理不到位,安全措施不能有效落实。车间主任协助施工单位进行污油回收时,在往复泵抽油不上量、无法按原方案进行污油回收操作的情况下,没有履行必要的审批手续,便现场变更工艺处理方案,并组织操作人员实施。同时,生产运行处作为废油回收工作的审批单位,没有按照"谁主管,谁负责"的原则,对含酸废油回收处理过程中的安全措施提出明确的要求,对装置只进行了简单的现场检查后,就批准了酸性废油回收申请。

(4) 变更管理不到位,不能有效规避风险。在进行污油回作业执行过程中,在往复泵不上量的情况下,改变了处理方案,决定从废酸沉降槽底部抽油,在作业前没有对变更方案存在的风险进行分析。

(5) 管理存在问题,安全责任制没有落实。员工培训、隐患治理、制度执行等方面还存在不到位的现象,各级领导的安全生产责任制没有真正落到实处。

(三) 防范措施

(1) 加强生产组织和安全管理,吸取事故教训,杜绝类似事故的发生。

① 开展安全生产整顿活动。从各级领导的安全意识、安全责任、安全管理、制度执行以及安全措施、隐患治理等各个环节进行整顿,进一步加强对安全生产的领导教育培训,强化安全生产管理。

② 开展"增强责任,严格纪律,完善制度,夯实基础"的主题教育活动。教育全体员工吸取事故教训,结合本单位、本岗位际,查思想、查制度、查违章、查隐患,针对存在的问题,制定整改措施,彻底扭转安全生产的被动局面。

③ 完善原有硫化氢吸收塔系统。对含硫污水观察井进行封闭,将含硫污水管线中的气体引入硫化氢吸收塔,利用碱液进行吸收。同时,开展新的硫化氢吸收塔设计施工工作,对所有进入含硫污水系统的污水进行清理,减少含硫污水外排量。

④ 完善含硫污水系统的硫化氢气体监测系统。在容易发生泄漏的部位安装硫化氢报警仪,对含硫污水系统的硫化氢进行监测。

⑤ 加强对含硫污水系统的管理,做到含硫污水的有序排放。组织对含硫污水系统进行检查,凡与含硫污水系统相连的酸性物料管线,全部加堵盲板,严禁强酸介质进入含硫污水系统。

⑥ 完善各项规章制度,组织对员工进行安全培训。加强对含硫污水的排放管理和报废、停用装置的安全环保管理。

(2) 提高员工安全技能,完善 HSE 管理体系,强化规章制度的执行,狠反"三违"行为,消除安全环保隐患。

二、废置储罐清洗氰化物中毒窒息事故

(一) 事故经过

在某石油化工公司清洗废置多年的半成品储罐时,综合维修队外雇工顾某带领杨某、魏某、范某三人到丙酮氰醇装置二楼进行正常清洗废置多年的半成品储罐,期间杨某发现从罐内打出的废水有异味后,顾某未采取任何防范措施便进入罐内检查,发生中毒,工艺技术员兼设备员郑某得知后,未采取有效的防护措施便下到罐内救顾某。当郑某用绑桶的

绳子系住顾某的腰部后,郑某自己也因中毒倒下。这时,在罐顶的杨某马上喊魏某到氰化钠车间找人进行救援,与该装置处在同一区域的氰化钠车间书记佟某和主任王某得知后,立即采取施救。此次事故中顾某被送往医院后抢救无效死亡,郑某从罐内救出后已经死亡。

（二）事故分析

1. 直接原因

丙酮氰醇装置半成品储罐（V-802）内含有氰化物,造成顾某、郑某进入后中毒。

2. 间接原因

（1）外雇工顾某在得知从半成品储罐（V-802）内提上的水中气味较大后,没有采取任何防护措施直接进入罐内,致使自己中毒死亡。

（2）丙酮氰醇装置工艺技术员兼设备员郑某擅自引入施工人员,在没有办理施工作业票的情况下,清理半成品储罐（V-802）且没有采取任何防护措施。在未采取有效措施的情况下,贸然进入罐内救人,导致事故扩大。

3. 管理原因

（1）基层单位生产管理混乱。该厂丙酮氰醇装置开工指挥部和氰化钠车间对丙酮氰醇装置的管理职责不明、责任不清,各级领导和管理人员没有真正履行各自的安全职责。

（2）劳务合同不规范,安全教育不到位。该厂在引进外雇工时未能严格履行正常合同手续,对外雇工安全教育不到位,在日常工作中缺乏对其管理。综合维修队没有针对存在高危险的作业项目,对外雇工进行有针对性的安全教育,以提高外雇工的安全意识和处理各种问题的能力。

（3）该厂在日常安全管理中存在漏洞。基层单位执行制度不严、责任制不落实、在施工中未严格执行进入受限空间作业票管理制度。

（4）各级领导安全意识淡薄。该厂丙酮氰醇装置内含剧毒类危险化学品,但各级领导干部对剧毒类危险化学品潜在的危害性认识不足,在生产、施工及经营管理过程中,放松了警惕,存在着麻痹大意的思想,安全管理、安全检查工作不到位。

（5）危害辨识不到位,开工组人员及施工人员对风险意识不强,识别和处理突出事故的能力不强。事前没有对存在的危险因素进行识别,尤其是当进行第二次清洗时,施工员已经发现半成品储罐（V-802）内有一定的气味（氰氢酸的气味为苦杏仁味）；而工作人员没有引起警觉,也没有立即制止施工,更没有立即带领施工人员撤离施工现场。

（三）防范措施

（1）完善外雇工管理工作,建立有效的外雇工管理制度,加强日常的监督检查,杜绝擅自引进施工人员的现象再次发生。

（2）进一步明晰各部门、基层单位之间安全生产职责,从上至下,同意思想,强化执行,按照"谁主管、谁负责"的原则,落实安全生产管理职责。

（3）需进一步强化一线职工的安全意识和安全技能培训,针对不同岗位情况,制定有针对性的培训方案,分气分批地对员工进行安全教育和培训,切实提高员工的安全技能和应急处置能力。

（4）坚持"安全第一,预防为主"的方针和"以人为本"的原则,以安全为前提,严密、科学地组织生产,切忌思想上麻痹大意。

第三节 触电类事故

一、乙烯厂空分车间电弧伤人事故

(一) 事故经过

某公司乙烯厂空分车间当班人员反映 1 号空压机罗茨风机送电后开不起来,班长认为是一般性的故障,在没有采取任何防范措施的情况下,就用绝缘刀将多余的绝缘护套切割掉,在配电柜正面切割另外半边绝缘护套时,不慎发生单相接地,拉弧引起三相相间弧光短路,将面部及胸部灼伤,同时造成空分装置一段失电,1 号空压机停车。

(二) 原因分析

1. 直接原因

(1) 作业人员安全意识淡薄,没有采取任何防范措施,无票作业。
(2) 作业人员处理问题的方法不当,经验不足,单相缺电按照电业安全规程可以通过其他途径解决处理。

2. 间接原因

配电柜本体存在缺陷,抽屉柜活动间隙大,触头固定端角度较大,触头不到位,易发生触头与母线接触不良的现象。

(三) 防范措施

(1) 加强教育和培训员工,提高安全意识,杜绝"三违"。
(2) 对配电柜存在的缺陷进行评估和整改。
(3) 加强作业许可管理,禁止无票作业。

二、抢修施工触电事故

(一) 事故经过

某石油化工抢修公司在某石化分公司连续重整装置的抢修施工作业中,邓某根据该石化分公司下达的设备抢修计划,安排本班电工秦某在下班前到连续重整装置内 E-107 换热器处,安装两台临时照明灯。秦某接到指令后,在本维护点仓内行灯变压器被别人取走的情况下,没有继续寻找变压器,也没有请示点长,擅自将防爆型 36V 行灯的灯罩打开,换上 230V、100W 的灯泡。秦某带领刘某到现场,通过现场配置的防爆开关箱,安装了一台 220V 固定式探照灯和一台 220V 手提式防爆行灯,没有在临时供电线路上安装漏电保护器。天降大雨,地面积水抢修作业仍继续进行了。王某在水中移动手提式行灯时,忽然触电倒地。孙某发现其倒地后,没意识到其是触电,便上前扯拽行灯,也被电击倒。经送医院抢救无效,2 人于当日晚死亡。

(二) 事故分析

1. 直接原因

抢修公司电工秦某安全意识淡薄,在安装临时照明灯时,违反了"用于临时照明的行灯，其电压不超过 36 V""临时供电设备或现场用电设施必须安装漏电保护器"及《电气安全工作规程》等有关规定，擅自决定将 220 V 的交流电压接至照明行灯既未安装漏电保护器，也未向在场的用电人员详细交代注意事项。

当晚下雨后，由于电缆接头处浸于地面积水中发生漏电，致使行灯金属外壳带电，从而导致抢修公司作业人员王某、孙某相继触电死亡。

2．间接原因

（1）抢修公司夜间值班人员安全意识淡薄，工作责任心不强，在现场更换行灯灯泡时，没有认真检查，也没有对现场违规接电情况及时纠正，致使现场违规采用 220 V 的行灯继续使用。

（2）抢修公司维护点点长邓某，在没有受理临时用电票的情况下，即安排人员去现场安装临时照明，违反了"企业内各种临时用电，作业前必须按规定办理临时用电作业票，严禁无票作业"的规定。

（3）抢修公司维护点没有严格执行设备保管使用制度，在缺少拉接安全行灯变压器的条件下，没有及时采取补救措施，为事故的发生埋下了隐患。

（4）天气骤变，突降大雨，诱发了此次事故的发生。

3．管理原因

（1）没有按规定办理"临时用电作业票"。

（2）抢修公司安全防范意识不足，对夜间抢修作业现场监督不力。在突降大雨的情况下，没有及时采取应对防范措施。

（3）抢修作业人员风险意识不强，识险、避险能力差，雨中移动用电设备，致使事故引发。在王某发生触电事故后，孙某未能意识到危害程度，采取不合理的施救手段，造成了事故的继续扩大。

（4）公司对员工缺乏针对性的安全教育和知识培训，缺乏对作业现场的监督检查，使习惯性违章得不到及时纠正。

（三）事故启示

（1）要认真汲取事故教训，坚决遏制各类事故的发生，尽快扭转安全生产的被动局面。

（2）要进一步建立健全安全监督管理体制，完善各项规章制度。加强各级领导干部的作风建设，经常深入作业现场，定期参加班组安全活动，了解并帮助解决安全工作中存在的实际问题。

（3）要强化对生产经营场所及施工作业现场的安全检查和监督，确保施工作业现场不留隐患，努力实现施工现场标准化。坚持以人为本的思想，在天气变化和作业环境恶劣的情况下，按章办事规范作业行为，保证施工作业的安全。

（4）要进一步强化一线职工的安全意识和安全技能培训，针对不同岗位情况，制定有针对性的培训方案，分期分批地对员工进行了安全教育和培训，切实提高一线职工的操作技能和应急处理能力。

第四节 灼伤类事故

一、疏通罐底导淋、凝液喷出烫伤两人

(一) 事故经过

某乙烯厂裂解单元工艺四班带领实习生进行钝化柴油线吹扫,2人在开启钝化柴油罐10-V-137罐底导淋时,使用焊条进行疏通清理,管线突然导通,凝液喷出将正在进行作业的2人烫伤。

(二) 原因分析

1. 直接原因

从裂解炉预热返回的柴油中含有焦粒,在柴油钝化返回脱氢罐10-V-137中沉降,导致罐下部导淋阀堵塞,罐底部导淋下方安装的地漏口偏心,且尺寸较小,导淋管线口没有深入地漏口,当凝液喷出时,不能全部进入地漏排放系统,造成喷到地漏壁上反溅到操作人员身上,是导致作业人员被烫伤的直接原因。

2. 间接原因

操作人员对蒸汽凝液存在的危害认识不足,在没有采取任何防护措施的情况下,急于处理,自我保护意识不强,是发生这起烫伤事故的主要原因。

(三) 预防措施

(1) 在进行类似作业前,操作人员应充分识别到高温、高压等介质的危害性采取必要的安全措施和防护方法,防止造成人员烫、烧伤及其他事故。

(2) 对于装置吹扫,遇到管线导淋堵塞的情况,特别是高温介质或危险介质时,应制定和采取可靠的安全防护措施,方可进行作业。

(3) 对装置开停工操作的风险意识要进一步提高,同时对有关危险介质、高温高压部位的故障处理应提高危害辨识能力,把安全风险降到最小。

(4) 对施工安装不合理的部位要尽快落实整改,从根本上消除隐患。

(5) 风险作业配备合格的劳动保护用品并落实措施后作业。

二、违章冒险作业、掉入隔油池烫伤

(一) 事故经过

某公司炼油厂焦化车间回收隔油池中的废油时,清洗班班长为图方便,冒险作业,站在高1.3m、宽40cm左右的隔油池防护堤上,手握水枪进行冲洗赶油,由于水压波动,消防水龙带抖动,作业人员不慎失足,掉入隔油池南面的小池内,造成该作业人员烫伤。

(二) 原因分析

1. 直接原因

清洗班班长安全意识淡薄,思想麻痹,未按照焦化车间在现场安全交底时明确提出的

"临边作业防止滑跌、禁止攀爬"的要求，未使用现场平台，擅自上到 1.3m 高的隔油池围墙上，冒险违章作业，是导致其坠落到小隔油池内、造成烫伤事故发生的直接原因。

2．间接原因

清洗队负责人作为现场安全监护，没有及时制止清洗班班长存在的不安全行为。

3．管理原因

现场管理有漏洞，生产科管理人员作业前没有到现场查看作业环境中存在的风险。存在违反消防管理规定，擅自使用消防水的问题。

（三）预防措施

（1）组织在厂内施工单位的施工负责人和安全技术人员进行现场分析会，对事故的学习和认识，提高施工单位管理人员的自主管理和自我防范意识。

（2）完善作业票的管理，对危险作业以及其他零星作业及异常生产处理实行作业票管理制度。

（3）在焦炭池四周设置"严禁攀爬、防止坠落"的安全警示牌。

（4）加强消防水的管理，严禁擅自使用消防水和将消防设施挪作他用。

第五节 火灾爆炸类事故

一、苯胺车间硝基苯初馏塔、精馏塔火灾爆炸事故

（一）事故经过

某石化公司苯胺车间化工二班班长徐某替休假的硝基苯精馏岗位内操顶岗进行排液操作时，先后两次错误操作导致温度较低的 26℃粗硝基苯进入超温的进料预热器后急剧汽化致使预热器及进料管线法兰松动，空气被吸入系统内，与 T101 塔内可燃气体形成爆炸性气体混合物，硝基苯中的硝基酚钠盐受震动首先发生爆炸，继而引发硝基苯初馏塔和硝基苯精馏塔相继发生爆炸，而后引发装置火灾和后续爆炸。本次事故造成 8 人死亡，1 人重伤，59 人轻伤。

（二）原因分析

1．直接原因

徐某在排残液过程中，错误停止了 T101 进料，在停料时又未关闭预热器加热蒸汽阀，造成长时间超温；系统恢复进料时，再一次出现误操作，又先开进料预热器的加热蒸汽阀，后进料，使进料预热器温度再次出现升温。由于温度急剧变化产生应力，造成预热器及进料管线法兰松动泄漏，空气被吸入系统内，与 T101 塔内可燃气体形成爆炸性气体混合物，并发生爆炸。

2．间接原因

（1）工厂、车间的生产指挥失控。从上午开始切断进料，排液操作，直到下午发生爆炸，整个过程只有一名班长在操作，安全生产指挥处于严重失控状态。

（2）工厂、车间生产管理不严格，工作中有章不循，排液操作是每隔 7~10 天进行一

次不定期的间歇式常规操作，对于一项常规的简单操作，却反复出现操作错误，反映了工厂操作规程执行不严、管理不到位。

（3）徐某在常规的化工工艺操作过程中，多次出现错误操作，暴露出岗位操作人员技术水平低、业务能力差，反映出在员工素质的培训方面不扎实，员工在应知应会方面还不能适应安全生产的基本要求。

（4）生产技术管理存在问题。在车间工艺规程和岗位操作法中，对于该岗位在排液操作中应注意的问题，以及岗位存在的安全风险、削减措施没有明确，对超温可能带来的严重后果也没有在规程中提示，应加以注意。工艺规程对装置的技术特点和安全风险没有明确阐述，岗位操作法缺乏指导性和可操作性。

（5）工厂、车间在生产组织上存在漏洞，在整个排液操作中，只有班长一人里外操作，缺少相互配合。班长在外操作时，操作室无人监控温度，也无人对温度控制负责，在超温后无人进行及时的调节或汇报，使得操作严重失控，导致事故。

（三）预防措施

（1）要加强员工的职业技能培训，通过有针对性的培训，全面提高员工的应知应会以及分析问题和解决问题的能力。

（2）应组织专家对公司所有装置进行专项评价和分析，重点对危险性较大的炼化装置进行危险分析，分析装置存在的危险性，制定可操作的风险消减措施，明确任务、落实责任，为组织安全稳定生产提供科学的依据。

（3）推广使用先进、成熟的生产新技术、新工艺，在消化吸收的基础上加以运用，要不断改进完善安全监测报警系统和自保联锁系统，提高装置的安全可靠性，杜绝因误操作引起的事故。

（4）对现有的工艺操作规程修改完善，规范员工的操作行为。

（5）加强安全生产技术的研究，解决影响安全生产的技术难题。

（6）要加大隐患治理资金的投入，着力解决影响装置安全性方面的隐患，对易燃、易爆、有毒介质的密封和安全监控制系统，要适当提高设计标准，提高装置的安全可靠性。

（7）要强化现场的监督、检查与考核，真正形成横向到边、纵向到底的安全监督组织网络，要重视生产过程的安全管理，重视工艺技术、设计施工、员工素质等方面存在的问题。

二、输油管道爆炸引发火灾和泄漏事故

（一）事故经过

某石化分公司聘用供应商、承包商对准备入库的原油进行硫化氢脱除作业，其共同选定原油罐防火堤外 2 号输油管道上的放空阀作为"脱硫化氢剂"的临时加注点。当供应商、承包商得知油轮停止卸油的情况下，继续将剩余的约 22.6t "脱硫化氢剂"加入管道，之后靠近加注点东侧管道低点处发生爆炸，导致罐区阀组损坏、大量原油泄漏并引发大火。

（二）原因分析

1. 直接原因

该石化公司同意承包商、供应商使用或提供含有强氧化剂过氧化氢的"脱硫化氢剂"，

违规在原油库输油管道上进行加注"脱硫化氢剂"作业,并在油轮停止卸油的情况下继续加注,造成"脱硫化氢剂"在输油管道内局部富集,发生强氧化反应,导致输油管道发生爆炸,引发火灾和原油泄漏。

2．间接原因

作业承包商违规承揽加剂业务;供应商违法生产"脱硫化氢剂",并隐瞒其危险特性;该石化公司及其下属公司安全生产管理制度不健全,未认真执行承包商施工作业安全审核制度,未经安全审核就签订原油硫化氢脱除处理服务协议,未提出硫化氢脱除作业存在安全隐患的意见。

(三) 预防措施

(1) 要制定接卸油作业各方协调调度制度,明确接卸油作业信息传递的流程和责任,严格制定接卸油安全操作规程。要加强对接卸油过程中采用新工艺、新技术、新材料、新设备的安全论证和安全管理。加强对承包商和特殊作业安全管理,坚决杜绝"三违"现象。

(2) 持续开展隐患排查治理工作,加强危险化学品生产、经营、运输、使用等各个环节安全管理与监督,进一步建立健全危险化学品从业单位事故隐患排查治理制度,持续深入地开展隐患排查治理工作。

(3) 深刻吸取事故教训,合理规划危险化学品生产储存布局,严格审查涉及易燃易爆、剧毒等危险化学品生产储存建设项目。同时,要组织开展已建成基地和园区(集中区)的区域安全论证和风险评估工作,预防和控制潜在的生产安全事故,确保危险化学品生产和储存安全。

(4) 切实做好应急管理各项工作,加强专兼职救援队伍建设,组织开展专项训练,健全完善应急预案,定期开展应急演练;加强政府、部门与企业间的应急协调联动机制建设,确保预案衔接、队伍联动、资源共享;加大投入,加强应急装备建设,提高应对重特大、复杂事故的能力。

第六节　高空坠落事故

一、不系安全带,私开放空阀导致高处坠落亡

(一) 事故经过

某公司安装队在甲醇装置支管廊高压蒸汽线上施工。班长私自打开高压蒸汽放空阀,致使与放空阀连接的管线扭曲变形,自下而上翻转,撞在头部,从约 5m 的高处坠落,送医院抢救无效死亡。

(二) 原因分析

1．直接原因

安装队班长私自打开高压蒸汽放空阀,致使管线扭曲变形撞其头部,且未佩戴安全带,进而从约 5m 的高空坠落。

2. 间接原因

员工安全意识和自我保护意识差；对风险识别不到位，隐患排查不到位。

（三）预防措施

（1）高处作业要安全交底明确，禁止动装置工艺阀门、仪表等设施。

（2）高处作业必须正确系挂安全带。

（3）施工人员在作业前必须进行安全教育和培训合格，并安全喊话。

二、拆杆少经验，高空坠落亡

（一）事故经过

某炼油厂检修队伍在平台上拆一根长 7.9m 的立杆和一根卡在一起的长 2.66m 的横杆时，一立杆（重 55kg）滑落，一人从平台护栏格栅处被打出，从 18.45m 高处坠落地面，当场死亡。

（二）原因分析

1. 直接原因

在拆脚手架时，因缺乏施工经验，在横杆未取走时，就松开立杆进行整体挪动，致使立杆重心不稳无法控制，被快速滑落的立杆打出平台坠落。

2. 间接原因

（1）检修队伍队长安排布置工作时，没有安排有经验的人员进行必要的现场安全监护。

（2）检修公司对临时工安全管理不够规范，没有严格按上级有关临时工管理规定进行规范管理使用。

（三）预防措施

（1）脚手架搭拆必须是具有资格的架子工。

（2）所有施工人员必须安全教育和培训合格，了解施工中的危险因素和防范措施。

（3）搭拆脚手架也必须系挂安全带。

第七节　其他类型事故

一、挖破输油管线导致火灾事故

（一）事故经过

2012 年 10 月 14 日，某钻井公司作业单位安排张某负责地貌恢复作业。张某按照公司要求对现场进行查勘后对 3 名操作人员进行分工。其中杨某驾驶 54 号推土机在井场西侧自高向低进行恢复地貌推土作业。在杨某驾驶推土机往坡下推土过程中，意外将一条埋地输油管线推裂，造成管线内油气混合物急剧泄漏，随后被推土机排气管引燃发生燃爆并着火。杨某打开驾驶室右门跳出，掉入推土机前部与推板之间，由于火焰高达 10m，火势猛，施救无效，造成杨某死亡。

（二）原因分析

1. 直接原因

在地貌恢复作业过程中，推土机推裂埋地油气管线，致使油气急剧泄漏，被推土机排气管引燃，并发生燃爆着火。

2. 间接原因

施工作业人员危害辨识不到位，对于埋地油气管线这一井场动土施工的主要风险没有辨识清楚，贸然进行施工。

3. 管理原因

作业单位未与甲方进行充分沟通，未能掌握现场管线走向。

（三）防范措施

（1）加大作业人员培训力度，不断提高人员安全意识和技能水平，强化作业人员应急处置能力。

（2）加强作业前安全分析，严格执行作业许可制度，做好施工作业前危害辨识。

（3）作业过程前及过程中及时与作业相关方进行沟通。

二、带压修机泵，喷油伤眼睛

（一）事故经过

某公司乙烯车间10-P-102B急冷油泵前端机封泄漏，钳工人员拆密封冲洗油线法兰时，油突然从中喷出，检修人员来不及躲闪，造成眼睛进油，其他二人身上的脸部溅油。

（二）原因分析

1. 直接原因

10-P-102B急冷油泵油线管道中带压，钳工人员拆密封冲洗油线时高温油品喷出伤人。

2. 间接原因

（1）作业票制度未严格执行，虽然作业票上标明了措施，但在实际操作时并未执行。

（2）现场条件不落实，岗位人员在钳工车间人员提出异议后未认真进行检查确认，凭以往经验认为压力表假显示，钳工人员对现场条件检查不够。

（3）按照作业票要求，双方到现场进行交底、确认，实际上没有落实，仅对工作票进行交接，缺少了重要的环节。

（4）检修人员自我保护意识不强，单凭以往的经验进行作业，而对可能出现的险情认识不足，工作时站位不对，致使在突发情况发生时，无法应付，导致人员受伤。

3. 管理原因

现场无监护，车间在通知钳工修泵后，未指定专人在现场进行监护，而钳工其余人在现场检修时也未对受害人站位不当提出警告，为事故的发生埋下了隐患。

（三）防范措施

（1）生产车间应严格按照作业票要求，对所检设备进行断电、介质隔离、放空、泄压、降温、吹扫等，为施工单位提供安全可靠的作业环境和条件，并由专人开具作业票，主管领导审批，通知钳工车间现场进行交接。

（2）施工单位接到通知后到现场机泵作业条件进行逐项检查，确认无误后方可在作业票上签字，接受作业。

（3）在机泵检修时，生产车间应派人到现场进行监护，防止工艺系统或周围环境意外情况的发生。

（4）钳工在拆卸机泵时，应有自我保护意识，注意站位方向，不得站在与介质一流向的位置上，必要时，应佩戴安全靠的劳动保护用品，防止被腐蚀性有毒有害介质伤害。

（5）设备主管部门应对设备检修作业进一步规范、细化、完善作业票制度和程序，明确双方安全职责，同时应加大对设备检修作业的督查力度，加强现场设备检修管理，杜绝漏洞，确保检修安全。

练 习 题

第一章 安全理念与风险防控要求

一、**单选题**（每题4个选项，只有1个是正确的，将正确的选项号填入括号内）

1. 下列属于地方政府规章的是（　　）。
   (A)《河北省安全生产条例》　　　　(B)《中华人民共和国安全生产法》
   (C)《安全生产许可证条例》　　　　(D)《天津市危险废物污染环境防治办法》

2. 《中华人民共和国安全生产法》第三章对从业人员的安全生产权利义务作了全面、明确的规定，下面（　　）不属于从业人员的权利。
   (A) 从业人员的人身保障权利
   (B) 得知危险因素、防范措施和事故应急措施的权利
   (C) 对本单位安全生产的批评、检举和控告的权利
   (D) 接受安全培训，掌握安全生产技能的权利

3. 《中华人民共和国安全生产法》不但赋予了从业人员安全生产权利，也设定了相应的法定义务，下面（　　）不属于从业人员的义务。
   (A) 遵章守规，服从管理的义务
   (B) 正确佩戴和使用劳动防护用品的义务
   (C) 紧急情况下停止作业或紧急撤离的义务
   (D) 发现事故隐患或者其他不安全因素及时报告的义务

4. 下列关于劳动安全卫生描述错误的是（　　）。
   (A) 用人单位必须对所有劳动者定期进行职业健康体检
   (B) 从事特种作业的劳动者必须经过专门培训并取得特种作业资格
   (C) 劳动者在劳动过程中必须严格遵守安全操作规程
   (D) 劳动者对用人单位管理人员违章指挥、强令冒险作业，有权拒绝执行，对危害生命安全和身体健康的行为，有权提出批评、检举和控告

5. 依据《工伤保险条例》规定，职工有下列情形之一的，不应当认定为工伤（　　）。
   (A) 在工作时间和工作场所内，因工作原因受到事故伤害的
   (B) 在上下班途中，受到本人主要责任的交通事故或者城市轨道交通、客运轮渡、火车事故伤害的
   (C) 工作时间前后在工作场所内，从事与工作有关的预备性或者收尾性工作受到事故

193

伤害的

(D) 因工外出期间，由于工作原因受到伤害或者发生事故下落不明的

6. 下列不是企业在员工安全生产权利保障方面职责的是（　　）。
   (A) 与员工签订劳动合同时应明确告知企业安全生产状况
   (B) 为员工创造安全作业环境
   (C) 提供合格的劳动防护用品和工具
   (D) 为员工子女提供餐饮住宿

7. 下列关于从业人员安全生产权利义务描述错的一项是（　　）。
   (A) 基层操作人员、班组长、新上岗、转岗人员安全培训，确保从业人员具备相关的安全生产知识、技能以及事故预防和应急处理的能力
   (B) 发生事故后，现场有关人员应当立即向基层单位负责人报告，并按照预案应急抢险
   (C) 在发现不危及人身安全的情况时，应当立即下达停止作业指令、采取可能的应急措施或组织撤离作业场所
   (D) 任何个人不得迟报、漏报、谎报、瞒报各类事故

8. 下列行为中，不属于《环境保护违纪违规行为处分规定（试行）》中给予警告或者记过、撤职处分的是（　　）。
   (A) 违章指挥或操作引发一般或较大环境污染和生态破坏事故的
   (B) 发现环境污染和生态破坏事故未按规定及时报告，或者未按规定职责和指令采取应急措施的
   (C) 在生产作业过程中误操作导致设备损坏的
   (D) 在生产作业过程中不按规程操作随意排放污染物的

9. 《中国石油天然气集团公司职业卫生管理办法》中对员工职业健康权利作出了明确规定，以下（　　）项不属于员工权利。
   (A) 学习并掌握职业卫生知识
   (B) 接受职业卫生教育、培训权
   (C) 职业健康监护权
   (D) 拒绝违章指挥和强令冒险作业

10. 《中国石油天然气集团公司职业卫生管理办法》中对员工职业健康义务作出了明确规定，以下（　　）项不属于办法中规定的员工义务。
    (A) 遵守各种职业卫生法律、法规、规章制度和操作规程
    (B) 发现事故事件立即上报的义务
    (C) 正确使用和维护职业病防护设备和个人使用的职业病防护用品
    (D) 发现职业病危害事故隐患及时报告

11. 中国石油的HSE方针是（　　）。
    (A) 以人为本，预防为主，全员参与，持续改进
    (B) 零伤害、零污染、零事故
    (C) 安全源于质量、源于设计、源于责任、源于防范
    (D) 环保优先、安全第一、质量至上、以人为本

12. 下列不属于中国石油"六大禁令"的是（　　）。

(A) 严禁无票证从事危险作业

(B) 严禁特种作业无有效操作证人员上岗操作

(C) 严禁不遵纪守法

(D) 严禁违章指挥、强令他人违章作业

13. 下列不属于"四条红线"内容的是（　　）。

(A) 可能导致火灾、爆炸、中毒、窒息、能量意外释放的高危和风险作业

(B) 可能导致着火爆炸的生产经营领域内的油气泄漏

(C) 节假日和敏感时段（包括法定节假日，国家重大活动和会议期间）的施工作业

(D) 国家两会期间的车间巡检活动

14. 下列作业不属于"四条红线"中的高危风险作业的是（　　）。

(A) 动火作业　　(B) 挖掘作业　　(C) 受限空间作业　　(D) 涉水作业

15. 中国石油 HSE 管理原则是对各级管理者提出的 HSE 管理基本行为准则，是管理者的"禁令"，下列（　　）不属于 HSE 管理原则。

(A) 任何决策必须优先考虑健康安全环境

(B) 企业必须对员工进行健康安全环境培训

(C) 员工必须参与岗位危害识别及风险控制

(D) 企业必须对员工提供安全保障

16. 对中国石油"有感领导"内涵描述错误的一项是（　　）。

(A)"有感领导"，实际就是领导以身作则，把安全工作落到实处

(B) 通过领导的言行，使下属听到领导讲安全，看到领导实实在在做安全、管安全，感觉到领导真真正正重视安全

(C)"有感领导"重要功能是领导布置安排工作，检验检查基层员工执行的情况

(D)"有感领导"的核心作用在于示范性和引导作用

二、判断题（对的画√，错的画×）

1. （　　）法律是法律体系中的下位法，地位和效力仅次于《宪法》，高于行政法规、地方性法规、部门规章、地方政府规章等上位法。

2. （　　）行政法规是由国务院组织制定并批准颁布的规范性文件的总称。行政法规的法律地位和法律效力低于法律，高于地方性法规、地方政府规章等下位法。

3. （　　）地方性法规是指由省、自治区、直辖市和设区的市人民代表大会及其常务委员会，依照法定程序制定并颁布的，施行于本行政区域的规范性文件。地方性法规的法律地位和法律效力低于法律、行政法规，高于地方政府规章。

4. （　　）生产经营单位的从业人员有依法获得安全生产保障的权利，并应当依法履行安全生产方面的义务。

5. （　　）从业人员有关的生产安全违法犯罪行为有重大责任事故罪：在生产、作业中违反有关安全管理的规定，因而发生重大伤亡事故或者造成其他严重后果的，处三年以下有期徒刑或者拘役；情节特别恶劣的，处三年以上七年以下有期徒刑。

6. （　　）排放污染物的企业事业单位和其他生产经营者，应当采取措施，防治在生产建设或者其他活动中产生的废气、废水、废渣、医疗废物、粉尘、恶臭气体、放

射性物质以及噪声、振动、光辐射、电磁辐射等对环境的污染和危害。

7.（　　）在承包商管理上，明确将承包商 HSE 管理纳入企业 HSE 管理体系，统一管理，提出了把好"五关"的基本要求（单位资质关、HSE 业绩关、队伍素质关、施工监督关和现场管理关）。

8.（　　）特种作业人员经培训考核合格后由省、自治区、直辖市一级安全生产监管部门或其指定机构发给相应的特种作业操作证，考试不合格的，允许补考一次，经补考仍不及格的，重新参加相应的安全技术培训。

9.（　　）"严禁脱岗、睡岗及酒后上岗"是"六大禁令"中唯一的一条有关违反劳动纪律的反违章条款，其危害有以下两个方面：一是可能直接导致事故发生，危及本人及其他人员的生命或健康、造成经济损失；二是违反劳动纪律，磨灭员工的战斗力，导致人心涣散，企业凝聚力和执行力下降。

10.（　　）所有员工都应主动接受 HSE 培训，考核不合格的，可先上岗实习，边学习边工作。

11.（　　）HSE 管理体系的核心是：指导企业通过识别并有效控制、消减风险，实现企业设定的健康、安全、环境目标，并不断地改进健康、安全、环境行为，提高健康、安全、环境业绩水平。

12.（　　）事故和事件也是一种资源，每一起事故和事件都给管理改进提供了重要机会，对安全状况分析及问题查找具有相当重要的意义。要完善机制，鼓励员工和基层单位报告事故，挖掘事故资源。

第二章　风险防控方法与工作程序

一、单选题（每题 4 个选项，只有 1 个是正确的，将正确的选项号填入括号内）

1. 以下（　　）不属于 HSE "两书一表"。
   （A）HSE 作业指导书　　　　　　（B）HSE 操作规程书
   （C）HSE 作业计划书　　　　　　（D）安全检查表

2. 以下（　　）不是操作岗位 HSE 作业指导书的主要内容。
   （A）岗位职责　　　　　　　　　（B）岗位操作规程
   （C）岗位体系文件　　　　　　　（D）应急处置程序

3. 下列关于隐患描述错误的一项是（　　）。
   （A）在生产经营活动中可能导致事故发生的管理上的缺陷
   （B）在生产经营活动中可能导致事故发生的危险有害因素
   （C）在生产经营活动中可能导致事故发生的人的不安全行为
   （D）在生产经营活动中可能导致事故发生的物的不安全状态

4. 工作前安全分析需要前期准备和现场考察，下列对考察内容的描述错误的是（　　）。
   （A）以前相似工作不需再进行分析
   （B）工作环境、空间、照明、通风、出口和入口等
   （C）作业人员是否有足够的知识、技能
   （D）现场是否存在影响安全的交叉作业

5. 下列不属于危害因素辨识和风险评价步骤的是（　　）。
   （A）划分作业活动——编制业务活动表，内容应覆盖所有部门、区域，包括正常、非正常和紧急状况的一切活动
   （B）辨识危害——辨识与业务活动有关的所有危害，考虑谁会受到伤害及如何受到伤害，准确描述危害事件
   （C）评价风险——对辨识出的危害因素，运用 LEC 法进行评价
   （D）消减风险——运用工程技术措施，对发现的风险进行消减

6. 下列对作业条件危险分析法表述错误的是（　　）。
   （A）D 是与风险相关的三种危险因素之和
   （B）L 是事故发生的可能性
   （C）E 是人体暴露于危险环境中的频繁程度
   （D）C 是发生事故可能造成的后果

7. 下面作业不需要办理作业许可的是（　　）。
   （A）进入受限空间的作业
   （B）在油气现场生产区域内产生火花的作业
   （C）有操作规程的常规作业
   （D）临时用电的作业

8. 以下不属于 JSA 分析步骤的是（　　）。
   （A）组成作业安全分析小组
   （B）作业过程中现场考察
   （C）划分作业步骤
   （D）风险评价和制定控制措施

9. 下列不是控制风险常用方法的是（　　）。
   （A）作业许可　　　　　　　　（B）隐患排查
   （C）安全目视化　　　　　　　（D）上锁挂牌

10. 职业健康风险评价矩阵评价结果分为（　　）个等级。
    （A）3　　　　（B）4　　　　（C）5　　　　（D）6

11. 下面不属于安全危害因素辨识主要途径的是（　　）。
    （A）工作前安全分析（JSA）　　（B）变更分析
    （C）隐患治理　　　　　　　　（D）区域风险评价或调查

12. 下列不属于常用风险控制方法的一项是（　　）。
    （A）作业许可　　　　　　　　（B）上锁挂牌
    （C）安全经验分享　　　　　　（D）安全目视化

13. 根据安全风险评价矩阵，综合可能性和后果乘积结果为 9 的是（　　）级风险。
    （A）低　　　　（B）中　　　　（C）较高　　　　（D）高

14. 以下选项中，不属于使用直接判断法对环境因素进行判断的为（　　）。
    （A）使用环境风险评价矩阵评判结果为重要的，可评定为重要环境因素
    （B）环保设施发生异常情况时的废水排放，可评定为重要环境因素
    （C）生产、建设中产生的引起相关方抱怨的噪声，可评定为重要环境因素

（D）生产过程发生的油品外泄，可评定为重要环境因素

15. 环境因素风险评价矩阵的评价结果分为（　　）个等级。
　　（A）2　　　　　　（B）4　　　　　　（C）6　　　　　　（D）8

二、判断题（对的画√，错的画×）

1. （　　）中国石油要求岗位员工参与危害因素辨识，根据操作活动所涉及的危害因素，确定本岗位防控的生产安全风险，并按照属地管理的原则落实风险防控措施。

2. （　　）危害因素辨识与风险评估是一切 HSE 工作的基础，也是员工选择掌握的一项非常好的岗位技能，任何作业活动之前，都必须进行危害因素辨识和风险评估。

3. （　　）风险指某一特定危害事件发生的可能性，与随之引发的人身伤害或健康损失、损坏或其他损失的严重性的组合。风险=可能性+后果的严重程度。

4. （　　）风险控制采用工程技术、教育和管理等手段消除或削减风险，通过制定或执行具体的方案（措施），实现对风险的控制，防止事故发生造成人员伤害、环境破坏或财产损失。

5. （　　）危险因素是指能对人造成伤亡或对物造成突发性损害的因素，有害因素是指能影响人的身体健康，导致疾病或对物造成慢性损害的因素。通常情况下，二者并不加以区分而统称为危害因素。

6. （　　）危害因素辨识中的现场观察法是一种通过检视生产作业区域所处地理环境、周边自然条件、场内功能区划分、设施布局、作业环境等来辨识存在危害因素的方法。

7. （　　）JSA 分析是指事先或定期对某项工作任务进行风险评价，并根据评价结果制定和实施相应的控制措施，达到最大限度消除或控制风险的方法。

8. （　　）HAZOP 分析的对象是工艺或操作的特殊点（称为"分析节点"，可以是工艺单元，也可以是操作步骤），通过分析每个工艺单元或操作步骤，由引导词引出并识别具有潜在危险的偏差。

9. （　　）风险评估矩阵（RAM）是基于对以往发生的事故事件的经验总结，通过解释事故事件发生的可能性、后果严重性和人员在危险场所暴露的频率来预测风险大小，并确定风险等级的一种风险评估方法。

10. （　　）上锁挂牌是指在作业过程中为避免设备设施或系统区域内蓄积危险能量或物料的意外释放，对所有危险能量和物料的隔离设施进行锁闭和悬挂标牌的一种现场安全管理方法。

11. （　　）上锁挂牌可从本质上解决设备因误操作引发的安全问题，但关键还是需要人的操作，要对相关人员进行安全培训，以解决人的行为习惯养成问题，同时还要加强人员换班时的沟通。

12. （　　）安全目视化是通过使用安全色、标签、标牌等方式，明确人员的资质和身份、工器具和设备设施的使用状态，以及生产作业区域的危险状态的一种现场安全管理方法。

13. （　　）工艺和设备变更管理是指涉及工艺技术、设备设施及工艺参数等超出现有设计范围的改变（如压力等级改变、压力报警值改变等）的一种安全管理方法。

14. （　　）安全经验分享是将安全工作方法、安全经验与教训，利用各种时机在一定范围内讲解，使安全工作方法得到应用，安全经验得到分享的一种安全培训方法。
15. （　　）风险控制策划原则：优先遵循"警告、个体防护、隔离、减小、预防、消除"的原则。
16. （　　）职业健康风险控制中应急准备和响应控制是编制应急预案并演练，或编制应急措施等措施进行控制。
17. （　　）安全危害因素辨识范围包括常规活动、非常规活动，所有进入现场工作人员，所有设施、设备。
18. （　　）针对安全风险评价结果，对较高、中度风险要重点制定风险控制措施；对低风险应保持现有控制措施的有效性，并予以监控。

第三章　基础安全知识

一、**单选题**（每题4个选项，只有1个是正确的，将正确的选项号填入括号内）

1. 以下有关安全帽使用描述错误的是（　　）。
   （A）不能随意对安全帽进行拆卸或添加附件
   （B）佩戴时一定要将安全帽戴正、戴牢，不能晃动，要系紧下颌带
   （C）破损或变形的安全帽以及出厂年限达到两年半的安全帽应进行报废处理
   （D）受到严重冲击的安全帽，若外观没有明显损坏不影响使用
2. 安全帽的有效期限为（　　）。
   （A）12个月　　　（B）18个月　　　（C）24个月　　　（D）30个月
3. 以下有关呼吸防护用品中面罩描述错误的是（　　）。
   （A）根据面罩结构的不同，可将面罩分为全面罩、可更换式半面罩和随弃式面罩
   （B）全面罩是指能覆盖口、鼻、眼睛和下颌的密合型面罩
   （C）半面罩是指能覆盖口和鼻，或覆盖口、鼻和下颌的密合型面罩
   （D）随弃式面罩使用完清洗后，若部件无损坏或失效，可重复使用
4. 安全色是传递安全信息含义的颜色，包含红色、黄色、绿色和（　　）。
   （A）棕色　　　　（B）紫色　　　　（C）蓝色　　　　（D）灰色
5. 不同的安全色代表了不同的含义，其中红色在安全色中代表的含义是（　　）。
   （A）禁止　　　　（B）指令　　　　（C）警告　　　　（D）提示
6. 安全标志是用以表达特定安全信息的标志，以下不属于安全标志组成的是（　　）。
   （A）图形符号　　　　　　　　　　　（B）安全色
   （C）几何形状或文字　　　　　　　　（D）阿拉伯数字
7. 安全标志中警告标志的基本形式是（　　）。
   （A）圆形边框　　　　　　　　　　　（B）正方形边框
   （C）正三角形边框　　　　　　　　　（D）带斜杠的圆形边框
8. 表示危险位置的安全标记是（　　）。
   （A）红色与白色相间条纹　　　　　　（B）黄色与黑色相间条纹
   （C）蓝色与白色相间条纹　　　　　　（D）绿色与白色相间条纹

9. 《中华人民共和国职业病防治法》规定，现场应在醒目位置设置"职业病危害公告栏"，内容包括危害物质的名称及其理化特性、危害产生的部位及后果影响、危害监测结果及标准限值、防护措施及应急处置和（　　）。
   （A）联系人及联系电话　　　　　　（B）危害物质管理制度
   （C）现场区域图　　　　　　　　　（D）安全警告及防护标识
10. 以下选项中不属于重大危险源安全警示牌内容的是（　　）。
    （A）危险源的名称、等级　　　　　（B）危险源的危险特性
    （C）应急处置措施　　　　　　　　（D）生产企业的名称、地址、邮编、电话
11. 紧急疏散逃生标志属于（　　）。
    （A）禁止标志　　（B）警告标志　　（C）指令标志　　（D）提示标志
12. 下列灭火器不适用 A 类火灾的是（　　）。
    （A）磷酸铵盐干粉灭火器　　　　　（B）碳酸氢钠干粉灭火器
    （C）泡沫灭火器　　　　　　　　　（D）清水
13. 主控室、变电所、配电间、化验室等配、发有精密仪器、贵重物品的场所，发生火灾灭火时应选择（　　）。
    （A）磷酸铵盐干粉灭火器　　　　　（B）碳酸氢钠干粉灭火器
    （C）二氧化碳灭火器　　　　　　　（D）泡沫灭火器
14. 检查带表计的储压式灭火器时，压力表指针如指在（　　）区域表明灭火器已经失效，应及时送检并重新充装。
    （A）绿色　　　　（B）黄色　　　　（C）白色　　　　（D）红色
15. 以下选项中不属于防直击雷的外部防雷装置的是（　　）。
    （A）接闪器　　　（B）引下线　　　（C）避雷器　　　（D）接地装置
16. 以下选项中属于辅助绝缘安全用具的是（　　）。
    （A）绝缘手套　　（B）绝缘夹钳　　（C）绝缘棒　　　（D）高压验电器
17. 以下选项中属于有毒气体的是（　　）。
    （A）甲烷　　　　（B）二氧化碳　　（C）硫化氢　　　（D）氮气
18. 人触电后，可能由于痉挛或失去知觉等原因而紧抓带电体，不能自行摆脱电源，以下触电急救措施错误的是（　　）。
    （A）使用带有绝缘柄的电工钳或干木柄挑开接触触电者的电线，使触电者脱离电源
    （B）用干燥衣服、手套、绳、木板拉开触电者或拉开触电者身上的电线，使触电者与电源脱离
    （C）应及时拖拽、拉动触电者手臂或其他肢体，使触电者尽快脱离电源
    （D）立即断开触电地点的开关，使触电者与电源脱离
19. 以下选项中有关止血带止血法包扎过程中注意事项错误的是（　　）。
    （A）置伤病者于适当卧姿，检查伤口。对伤口中可直视、松动并易取出的异物，应小心去除
    （B）使伤病者受伤部位尽量放低至心脏水平以下
    （C）用干净敷料压迫伤口，可用另一软棉垫覆盖其上
    （D）接触伤病者伤前，必须先戴保护性手套保护自己

20. 根据危险化学品的危险特性，危险化学品存在的主要危险是（　　）。
   (A) 火灾、爆炸、中毒、窒息及污染环境
   (B) 火灾、爆炸、中毒、腐蚀及污染环境
   (C) 火灾、爆炸、感染、窒息及污染环境
   (D) 火灾、爆炸、中毒、感染及污染环境

21. 以下选项中不属于危险化学品的是（　　）。
   (A) 汽油、易燃液体　　　　　　(B) 润滑油
   (C) 氧化剂、有机过氧化物　　　(D) 氢氧化钠

22. 根据天然气火灾和爆炸的危险性，以下选项中不属于天然气所具有的是（　　）。
   (A) 易燃易爆性　　　　　　　　(B) 易扩散性
   (C) 压缩性　　　　　　　　　　(D) 易凝性

23. 成品油主要由烷烃和环烷烃组成，很容易离开液体而挥发到大气中，这主要体现了成品油的（　　）。
   (A) 易扩散性　　　　　　　　　(B) 易渗透性
   (C) 受热膨胀性　　　　　　　　(D) 易沸溢性

24. 根据可燃物的类型和燃烧特性将火灾分为六类，其中 D 类火灾是指（　　）。
   (A) 固体物质火灾　　　　　　　(B) 气体火灾
   (C) 金属火灾　　　　　　　　　(D) 液体火灾

25. 根据各类火灾发展的不同阶段，可燃物减少，燃烧速度减慢，火势减小属于火灾发展的（　　）。
   (A) 初起阶段　　　　　　　　　(B) 熄灭阶段
   (C) 发展阶段　　　　　　　　　(D) 下降阶段

26. 以下选项中关于燃烧三要素描述正确的是（　　）。
   (A) 可燃物、助燃物和压力　　　(B) 可燃物、助燃物和温度
   (C) 可燃物、助燃物和点火源　　(D) 可燃物、助燃物和极限浓度

27. 使燃烧物质缺乏氧气而熄灭，这种灭火方法为（　　）。
   (A) 冷却灭火法　　　　　　　　(B) 窒息灭火法
   (C) 隔离灭火法　　　　　　　　(D) 抑制灭火法

28. 二氧化碳灭火剂主要靠（　　）灭火。
   (A) 降低温度　　　　　　　　　(B) 降低氧浓度
   (C) 降低燃点　　　　　　　　　(D) 减少可燃物

29. 使用灭火器灭火时，应将灭火器喷管对准火源（　　）喷射灭火。
   (A) 上部　　(B) 中部　　(C) 外焰　　(D) 根部

30. 以下有关废弃物处理描述错误的是（　　）。
   (A) 储存性质不相容且未经安全性处置的危险废弃物不能混合收集
   (B) 危险废物的容器和包装物以及收集、储存、运输、处置危险废物的设施、场所，应当设置危险废物识别标志
   (C) 维抢修作业过程中（事故状态下）产生的油泥，可直接就地掩埋
   (D) 各类废弃物应分类收集，集中处理，不应擅自倾倒、堆放、丢弃或遗撒

二、判断题（对的画√，错的画×）

1. （　）危险化学品是指具有毒害、腐蚀、爆炸、燃烧、助燃等性质，对人体、设施、环境具有危害的剧毒化学品和其他化学品。
2. （　）在无其他防护用品时，为有效保护眼睛，近视镜也可当作防护眼镜使用。
3. （　）随弃式面罩使用一个工作班次后或任何部件失效时应整体报废。
4. （　）过滤元件按过滤性能分为 KN 和 KP 两类，KN 类只适用于过滤非油性颗粒物，KP 类只适用于过滤油性颗粒物。
5. （　）安全标志分禁止标志、警告标志、指令标志和提示标志四大类型。
6. （　）气体检测仪是一种气体泄漏浓度检测的仪器仪表工具，按照检测方式分为扩散式气体检测仪和泵吸式气体检测仪。
7. （　）防爆工具是指采用非钢制材料制成的工器具。
8. （　）在高压设备上进行部分停电工作时，为了防止工作人员走错位置，误入带电间隔或接近带电设备至危险距离，一般采用警戒带进行防护。
9. （　）在特殊情况下，为防止高处作业人员发生坠落，安全带也可低挂高用。
10. （　）绝缘手套、绝缘靴作为辅助绝缘安全用具时，不能直接与电气设备的带电部位接触，只能与基本绝缘安全用具配合使用。
11. （　）甲烷气体属于有毒气体。
12. （　）持《中华人民共和国机动车驾驶证》的人员就可驾驶本单位机动车辆。
13. （　）当触电者脱离电源后，对心搏停止、呼吸存在者，应及时采用人工呼吸法进行救治。
14. （　）有毒物质进入人体的途径有：吸入、皮肤吸收、消化道摄入和注射等。
15. （　）当进入存在高浓度天然气环境中时，应佩戴防毒面具。
16. （　）作业现场常用的外出血止血方法有：指压止血法、包扎止血法、屈曲肢体加垫止血法和止血带止血法等。
17. （　）剧毒化学品储存应设置危险等级和注意事项的标志牌，专库（柜）保管，实行双人、双锁、双账、双领用管理，并报当地公安部门和负责危险化学品安全监督管理机构备案。
18. （　）固体的燃烧方式分为蒸发燃烧、分解燃烧、表面燃烧和阴燃四种。
19. （　）火灾的发展大体上分为初起阶段、发展阶段、猛烈阶段、下降阶段和熄灭阶段等五个阶段。
20. （　）用水扑救火灾，其主要作用就是窒息灭火。
21. （　）天然气的密度比空气小，泄漏后不容易积聚在低洼处，因而扩散性强。
22. （　）污染源是指造成环境污染的污染物发生源，通常指向环境排放有害物质或对环境产生有害影响的场所、设备、装置或人体。

第四章　工艺设备安全

一、单选题（每题 4 个选项，只有 1 个是正确的，将正确的选项号填入括号内）

1. 压缩机油路系统开车时，如果油泵是螺杆泵，调节泵出口油压的正确方法是（　　）。

(A) 调节泵的出口阀　　　　　　　　(B) 调节自立式压力调节阀
(C) 调节自立式压力调节阀旁路　　　(D) 调节泵的入口阀

2. 螺杆与泵套严重摩擦，会使螺杆泵轴功率（　　）。
(A) 急剧增大　　(B) 急剧减小　　(C) 变动不定　　(D) 无变化

3. 齿轮泵吸入介质黏度过大会使流量（　　）。
(A) 不足　　(B) 过量　　(C) 增加　　(D) 不变

4. 螺杆泵的安全阀弹簧太松，会使螺杆泵流量（　　）。
(A) 下降　　(B) 上升　　(C) 不变　　(D) 增加

5. 螺杆泵内有空气，会造成泵振动（　　）。
(A) 增大　　(B) 减少　　(C) 不变　　(D) 停止

6. 往复式压缩机工作过程为：（　　）四个阶段。
(A) 吸入、膨胀、压缩、排出　　(B) 膨胀、吸入、压缩、排出
(C) 膨胀、吸入、排出、压缩　　(D) 吸入、膨胀、排出、压缩

7. 压缩机气缸内产生异常声音，可能产生此问题的原因以下说法错误的是（　　）。
(A) 气阀有故障　　　　　　　　(B) 气缸间隙太大
(C) 异物掉入气缸内　　　　　　(D) 填料破损

8. 压缩机机体产生不正常的振动，以下判断错误的是（　　）。
(A) 可能各轴承及十字头滑道间隙过小
(B) 可能由气缸振动引起
(C) 可能各部件结合不好
(D) 可能地脚螺栓松动

9. 在多级压缩机中，若某一级排气阀漏气，下列表述正确的是（　　）。
(A) 该级排气温度升高，排气压力下降，而且使前一级的排气压力升高
(B) 该级排气温度下降，排气压力下降，而且使前一级的排气压力升高
(C) 该级排气温度升高，排气压力升高，而且使前一级的排气压力升高
(D) 该级排气温度下降，排气压力下降，而且使前一级的排气压力下降

10. 汽蚀对泵的危害很大，下述对泵汽蚀表述不正确的是（　　）。
(A) 泵的性能突然下降
(B) 泵产生振动和噪声
(C) 泵的过流部件表面受到机械性质的破坏
(D) 泵的联轴器磨损

11. 危险性工艺气体压缩机轴端的密封应优先选用（　　）。
(A) 浮环密封　　(B) 油封　　(C) 机械密封　　(D) 干气密封

12. 压缩机润滑油系统开车前必须投用（　　），以防止润滑油进入机体。
(A) 隔离气　　(B) 空气　　(C) 氧气　　(D) 无

13. 螺杆泵（　　）会引起机械密封大量泄漏。
(A) 密封压盖未压平　　　　　　(B) 介质黏度大
(C) 介质压力大　　　　　　　　(D) 流量大

14. 螺杆泵泄漏的主要原因是（　　）。

(A) 压力低　　　　(B) 流量大　　　　(C) 静环倾斜　　　　(D) 介质黏度大

15. 螺杆泵螺杆与泵体间隙过大，会造成流量不足，间隙过小会造成（　　）。
 (A) 电流超高　　　(B) 压力过大　　　(C) 流量过大　　　(D) 压力过小

16. 轴流式风机轴承温度高的主要原因是（　　）。
 (A) 轴承缺油　　　(B) 风压过低　　　(C) 皮带过松　　　(D) 叶片角度过小

17. 下列选项中导致螺杆压缩机轴封漏油的是（　　）。
 (A) 介质温度高　　(B) 压力过高　　　(C) 振动大　　　　(D) 流量过大

18. 往复式压缩气缸过热的原因有（　　）。
 (A) 旁通阀漏气　　(B) 排气阀漏气　　(C) 安全阀漏气　　(D) 填料密封漏气

19. 会引起压缩机气缸内发出突然冲击声的是（　　）。
 (A) 气缸内有异物　(B) 气缸窜气　　　(C) 气缸余隙大　　(D) 缸内注油中断

20. 下面属于液体输送设备的是（　　）。
 (A) 精馏塔　　　　(B) 加热炉　　　　(C) 换热器　　　　(D) 容积泵

21. 使用电动工具前，应（　　）。
 (A) 用水清洗，确保卫生，才可使用
 (B) 看是否需要改装工具，提高效率
 (C) 进行检查，确保机件正常
 (D) 供电线路检修

22. 如果工作场所潮湿，为避免触电，使用手持电动工具的人应当（　　）。
 (A) 站在铁板上操作　　　　　　　　(B) 站在绝缘胶板上操作
 (C) 穿防静电鞋操作　　　　　　　　(D) 有接地的地方

23. 手用工具不应该放在工作台边缘是因为（　　）。
 (A) 取用不方便　　　　　　　　　　(B) 会造成工作台超过负荷
 (C) 工具易于坠落伤人　　　　　　　(D) 目视化

24. 使用手持电动工具时，下列注意事项正确的是（　　）。
 (A) 使用万能插座　　　　　　　　　(B) 使用漏电保护器
 (C) 身体潮湿　　　　　　　　　　　(D) 衣服潮湿

25. 使用手电钻、电砂轮等手用电动工具时，不得（　　）。
 (A) 安设漏电保护器　　　　　　　　(B) 使用单相手用电动工具
 (C) 戴绝缘手套和站在绝缘板上　　　(D) 将工件等重物压在导线上

26. 当天气潮湿时，空气中夹带的水增加，为保证机组运行，必须经常检查各换热器的疏水器是否（　　）。
 (A) 正常排水　　　　　　　　　　　(B) 正常排出蒸汽
 (C) 正常排出蒸汽凝液　　　　　　　(D) 以上全对

27. 热处理工艺一般包括加热、保温和（　　）三个阶段。
 (A) 冷却　　　　　(B) 加工　　　　　(C) 设计　　　　　(D) 维修

28. 降低汽轮机背压的有效方法是将汽轮机的排汽（　　）。
 (A) 凝结成水　　　(B) 加热　　　　　(C) 抽走　　　　　(D) 加压

29. 加热输送原油的目的在于提高原油的温度来降低其（　　）。

(A) 流动性 　　　　　　　　　(B) 密度
(C) 凝点 　　　　　　　　　　(D) 黏度及保证油温大于其凝点

30. 输送易凝的油品,可用( )进行接卸。
(A) 蒸汽加热管或具有加热设备的保温车
(B) 明火加热
(C) 蒸汽直接加热
(D) 电阻丝加热

31. 加热炉的燃料油(气)系统,燃料流量调节阀应选用( )。
(A) 气开阀　　　　　　　　　(B) 气关阀
(C) 气开气关阀均可　　　　　(D) 以上全对

32. 加热炉的主要控制指标是工艺介质的出口( ),它是控制系统的被控变量。
(A) 流量　　　(B) 压力　　　(C) 温度　　　(D) 密度

33. 冷却法是将水、泡沫、二氧化碳等灭火剂喷射到燃烧区内,吸收或带走( ),降低燃烧物的温度和对周围其他可燃物的热辐射强度,达到停止燃烧的目的。
(A) 空气　　　(B) 热量　　　(C) 辐射　　　(D) 对流

34. 燃油的加热炉在停工检修期间应安排( )清灰。
(A) 燃烧器　　(B) 烟道　　　(C) 对流炉管　(D) 辐射炉管

35. 保冷设备与管道必须在( )施工,以保证施工质量和保冷效果。
(A) 介质注入后　　　　　　　(B) 介质注入前
(C) 介质注入时　　　　　　　(D) 没有要求

36. 加热器蒸汽进口管必要时可采用扩大管,起( )作用。
(A) 增加强度　　　　　　　　(B) 减速缓冲
(C) 导流　　　　　　　　　　(D) 稳压

37. 膨胀节内衬设计的目的,下列说法不正确的是( )。
(A) 为了防止物料对膨胀节的冲刷
(B) 减少物料中悬浮物或粉状物在膨胀节中积聚
(C) 减少壳体中的流体阻力
(D) 增加膨胀节的强度

38. ( )换热器不适用于冷热介质温差较大的场合。
(A) 浮头式　　　　　　　　　(B) U形管式
(C) 固定管板式　　　　　　　(D) 釜式换热器

39. 对用于易燃气体,极度或高度危害介质,尽可能采用的结构为( )。
(A) 对接焊接接头结构　　　　(B) 全焊透
(C) 不存在缝隙的结构　　　　(D) 以上都对

40. 塔设备按照塔的内件可以分为( )和填料塔。
(A) 减压塔　　(B) 干燥塔　　(C) 板式塔　　(D) 萃取塔

41. 接到严重违反安全操作规程的命令时,应该( )。
(A) 无条件执行　(B) 考虑执行　(C) 部分执行　(D) 拒绝执行

42. 在精馏塔正常运行时,一般从塔顶到塔底压力逐渐( )。

(A)升高 (B)降低 (C)不变 (D)无关

43．精馏塔操作中，当灵敏板温度上升，一般采用（　　）方法使温度趋于正常。
　　(A)增大回流　　　　　　　　(B)降低塔釜汽化量
　　(C)降低回流温度　　　　　　(D)减少采出

44．压力容器爆炸事故危害主要表现在碎片（　　）、介质毒性的危害、二次爆炸的危害。
　　(A)冲击波的危害　　　　　　(B)大面积着火危害
　　(C)经济损失　　　　　　　　(D)环境的危害

45．塔设备是用来传质、（　　）的设备。
　　(A)传气　　(B)传热　　(C)吸收　　(D)解吸

46．按照操作压力，塔设备可以分为减压塔、常压塔及（　　）。
　　(A)洗涤塔　　(B)加压塔　　(C)精馏塔　　(D)吸收塔

47．板式塔内部（结构）有一定数量的（　　），气体自塔底向上以鼓泡喷射的形式穿过塔板上的液层，使气液两相充分接触，进行传质。
　　(A)塔板　　(B)填料　　(C)塔体　　(D)管道

48．（　　）形式在化工管路连接中，用于要求密封性能好、可以拆卸的工况。
　　(A)螺纹连接　　(B)法兰连接　　(C)焊接

49．在塔设备中，为安装、检查、检修等需要，往往在塔体上设置（　　）。
　　(A)接管或手孔　　　　　　　(B)人孔或吊柱
　　(C)手孔或吊柱　　　　　　　(D)人孔或手孔

50．在气瓶安全使用要点中，以下描述正确的是（　　）。
　　(A)为避免浪费，每次应尽量将气瓶内气体用完
　　(B)在平地上较长距离移动气瓶，可以置于地面滚动前进
　　(C)专瓶专用，不擅自更改气瓶钢印和颜色标记
　　(D)关闭瓶阀时，可以用长柄螺纹扳手加紧，以防泄漏

51．下列燃气钢瓶使用方法中不当的是（　　）。
　　(A)钢瓶直立，且避免受猛烈震动
　　(B)放置于通风良好且避免日晒场所
　　(C)燃气不足时将钢瓶放倒使用
　　(D)使用前检查附件完好

52．处理气瓶受热或着火时应首先采用的措施是（　　）。
　　(A)设法把气瓶拉出去扔掉
　　(B)用水喷洒该气瓶
　　(C)接近气瓶，试图把瓶上的气门关掉
　　(D)留置原地让可燃气体烧完

53．焊接及切割用的气瓶应附的安全设备是（　　）。
　　(A)防止回火器　　　　　　　(B)防漏电装置
　　(C)漏电断路器　　　　　　　(D)静电接地装置

54．氧气瓶应每（　　）年做技术检验，超期未检的气瓶停止使用。
　　(A)3　　(B)4　　(C)5　　(D)6

55. 气瓶的瓶体有肉眼可见的突起缺陷的，应（　　）。
    (A) 维修处理　　　(B) 报废处理　　　(C) 改造使用　　　(D) 检验使用

56. 乙炔气瓶安全附件不包括（　　）。
    (A) 瓶阀　　　　　　　　　　　　(B) 防震圈和检验标记环
    (C) 瓶帽　　　　　　　　　　　　(D) 压力表

57. 在气瓶运输过程中，下列操作不正确的是（　　）。
    (A) 装运气瓶中，横向放置时，头部朝向一方
    (B) 车上备有灭火器材
    (C) 同车装载不同性质的气瓶，并尽量多装
    (D) 避免受猛烈震动

58. 搬运气瓶时，应该（　　）。
    (A) 戴好瓶帽，轻装轻卸　　　　　(B) 随便挪动
    (C) 无具体安全规定　　　　　　　(D) 混装搬运

59. 开启气瓶瓶阀时，操作者应该站在什么位置？（　　）
    (A) 侧面　　　　　(B) 正面　　　　　(C) 后面　　　　　(D) 以上都对

60. 充装气瓶时下列哪项操作不正确？（　　）
    (A) 检查气瓶内是否有压力　　　　(B) 两种气体混装一瓶
    (C) 注意气瓶的漆色和字样　　　　(D) 避免受猛烈震动

61. 处理液化气瓶时，应佩戴以下哪种保护用具？（　　）
    (A) 面罩　　　　　(B) 口罩　　　　　(C) 眼罩　　　　　(D) 耳罩

62. 储罐超装是危险的，按规定 100m³ 罐允许充装（　　）液氨（液氨 50℃的密度为 0.563kg/L）。
    (A) 53t　　　　　　(B) 55t　　　　　　(C) 58t　　　　　　(D) 60t

63. 油罐呼吸阀、安全阀冻凝或锈死可能导致（　　）事故。
    (A) 跑油或鼓包　　　　　　　　　(B) 跑油或溢罐
    (C) 抽瘪或鼓包　　　　　　　　　(D) 溢罐或抽瘪

64. 气瓶在使用过程中，下列操作不正确的是（　　）。
    (A) 禁止敲击碰撞　　　　　　　　(B) 当瓶阀冻结时用火烤
    (C) 要慢慢开启瓶阀　　　　　　　(D) 避免受猛烈撞击

65. 氧气瓶的气瓶颜色为（　　）。
    (A) 蓝色　　　　　(B) 银色　　　　　(C) 白色　　　　　(D) 黄色

66. 油罐区一油罐着火，在用泡沫扑救该油罐火灾时，还需用消防喷淋临近油罐，以降低临近油罐的温度。油罐温度升高的原因是（　　）。
    (A) 对流　　　　　(B) 传导　　　　　(C) 辐射　　　　　(D) 氧化

67. 油罐抽瘪事故原因不应该是（　　）。
    (A) 呼吸阀冻凝或者锈死　　　　　(B) 罐内油品凝固
    (C) 安全阀冻凝或者锈死　　　　　(D) 防火器堵死

68. 油罐抽瘪事故的处理应该是（　　）。
    (A) 停止向外送油　　　　　　　　(B) 停止进油

(C) 从上而下加热凝油　　　　　　(D) 立即倒罐

69. 油罐溢罐事故原因不可能是（　　）。
   (A) 油品含水
   (B) 未及时倒罐
   (C) 对高凝点油品，加热温度过高使罐底积水突沸
   (D) 液体计失灵或人工检尺失误，记错数据

70. 油罐着火事故原因不可能是（　　）。
   (A) 由雷电引燃油蒸气而发生的着火
   (B) 因流速过快，产生静电而引起的火灾
   (C) 操作人员不按规定着装产生静电引发火灾
   (D) 油品被加热

71. 罐体、罐顶或罐底腐蚀严重超过允许范围，需要动火检修，动火前要测定动火油罐内外各部位的可燃气体的浓度，其值必须低于爆炸下限的（　　）才允许动火。
   (A) 15%　　(B) 20%　　(C) 25%　　(D) 10%

72. 为了确保罐区安全，可燃气体报警器一般安装在（　　）。
   (A) 罐顶　　　　　　　　　　　(B) 油罐进出口管线处
   (C) 油罐排污口　　　　　　　　(D) 罐壁

73. 为防止油、瓦斯、蒸汽、有毒介质等沿管道窜入施工区域，一般采用（　　）的安全措施。
   (A) 关死阀门　　(B) 堵盲板　　(C) 割断　　(D) 打卡子

74. 凡有氧气作为介质的管道、阀门等，必须做（　　）处理。
   (A) 抗氧化　　　　　　　　　　(B) 防腐
   (C) 脱脂　　　　　　　　　　　(D) 密封

75. 机械式通风系统的维修主要包括（　　）。
   (A) 清理管道　　　　　　　　　(B) 清理除尘系统
   (C) 清理管道和清理除尘系统　　(D) 防排烟分区

76. 安装管道严禁在（　　）站立和行走。
   (A) 已完成结构上　　　　　　　(B) 操作平台上
   (C) 安装中的管道上　　　　　　(D) 管沟护坡上

77. 锅炉房给水管道表面涂色为（　　）。
   (A) 红色　　(B) 绿色　　(C) 蓝色　　(D) 白色

78. 管道穿孔事故的特点是（　　）。
   (A) 漏油量小，事故点容易查找　(B) 漏油量大，事故点难以查找
   (C) 漏油量小，事故点难以查找　(D) 漏油量大，事故点容易查找

79. 测温元件采用螺纹连接头固定方式，一般适用于在（　　）介质的管道上安装。
   (A) 强腐蚀性　　(B) 结焦淤浆　　(C) 无腐蚀性　　(D) 剧毒

80. 离心泵冷却水管线堵塞的主要原因为（　　）。
   (A) 水管弯头多　　　　　　　　(B) 水含污垢
   (C) 水压高　　　　　　　　　　(D) 润滑油窜入冷却水系统

81. 屏蔽泵入口管线堵塞会导致（　　）。
    （A）流量不足　　　（B）密封泄漏　　　（C）电流过大　　　（D）泵出口压力高
82. 介质中含悬浮颗粒，并且翻度较高，要求泄漏量小，应选用（　　）比较合适。
    （A）偏心阀　　　（B）球阀　　　（C）角形阀　　　（D）直通双座调节阀
83. 下述说法不正确的是（　　）。
    （A）阀门定位器能减少调节信号的传递滞后
    （B）阀门定位器能提高阀门位置的线性度
    （C）阀门定位器能克服阀杆的摩擦力和消除不平衡力的影响
    （D）阀门定位器能实现调节阀气开气关的转换
84. 输送腐蚀性较强介质的管道，直管段长度大于 20m 时，一般纵向安排（　　）处测厚点。
    （A）3　　　（B）2　　　（C）5　　　（D）1
85. 管道上同一截面处原则上应安排（　　）个测厚点，一般布置在冲刷腐蚀可能严重的部位和焊缝的附近（主要在介质流向的下游侧）。
    （A）3　　　（B）8　　　（C）4　　　（D）5
86. 安全状况等级达不到（　　）级的在用压力管道，可由有资格的单位进行安全评定或者风险评估，并将其评级结论作为压力管道能否安全使用的依据。
    （A）1　　　（B）2　　　（C）3　　　（D）4
87. 压力管道的安全状况以等级表示，分为（　　）个等级。
    （A）6　　　（B）5　　　（C）4　　　（D）3
88. （　　）是为减少设备、管道及其附件向周围环境散热，在其外表面采取的增设防护层的措施。
    （A）保温　　　（B）保冷　　　（C）刷油漆　　　（D）伴热
89. 电气设备包括一次设备和二次设备。下列设备属于一次设备的是（　　）。
    （A）电缆　　　（B）架空线　　　（C）电动机　　　（D）电热水器
90. 电气设备包括一次设备和二次设备。下列设备属于二次设备的是（　　）。
    （A）发电机　　　（B）架空线　　　（C）电动机　　　（D）开关柜
91. 一次设备主要是指（　　）等直接产生、传送、消耗电能的设备。
    （A）发电、变电、送电、配电、用电
    （B）发电、变电、输电、控、用电
    （C）发电、变电、输电、配电、耗电
    （D）发电、变电、输电、配电、用电
92. 二次设备主要是指（　　）等作用的设备。
    （A）控制、保护、计量
    （B）分输、控制、保护
    （C）调控、保护、计量
    （D）分输、调控、保护
93. 电气安全防护的基本要素包括（　　）。
    （A）电气绝缘、安全距离、安全载流量、标志
    （B）保护绝缘、防护距离、安全载荷、安全标识

(C) 电气绝缘、防护距离、安全载流量、安全标识

(D) 保护绝缘、安全距离、安全载荷、标志

94. 电气事故按发生灾害的形式，可以分为（　　）。

    (A) 人身事故、设备事故、触电事故、爆炸事故

    (B) 亡人事故、设备事故、触电事故、爆炸事故

    (C) 人身事故、设备事故、电气火灾、爆炸事故

    (D) 亡人事故、设备事故、电气火灾、爆炸事故

95. 电气事故按发生事故时的电路状况，可以分为（　　）。

    (A) 断路事故、断线事故、接地事故、漏电事故等

    (B) 短路事故、断线事故、接地事故、漏电事故等

    (C) 断路事故、断接事故、接地事故、漏电事故等

    (D) 短路事故、短接事故、接地事故、漏电事故等

96. 电气事故按事故的严重性，可以分为（　　）。

    (A) 特大事故、重大事故、一般事故等

    (B) 特大事故、较大事故、重大事故等

    (C) 重大事故、较大事故、一般事故等

    (D) 特别重大事故、重大事故、较大事故、一般事故等

97. 绝缘靴的实验周期（　　）一次。

    (A) 12个月　　　(B) 6个月　　　(C) 3个月　　　(D) 1个月

98. 变压器发生内部故障时的主保护是（　　）保护。

    (A) 瓦斯　　　(B) 差动　　　(C) 过流　　　(D) 中性点

99. 电气设备的巡视一般均由（　　）进行。

    (A) 1人　　　(B) 2人　　　(C) 3人　　　(D) 4人

100. SF6断路器经过解体大修后，原来的气体（　　）。

    (A) 可以继续使用

    (B) 净化处理后可以继续使用

    (C) 毒性试验合格，并进行净化处理后可以继续使用

    (D) 毒性试验合格可以继续使用

101. 取出 SF6 断路器、组合电器中的（　　）时，工作人员必须戴橡胶手套、护目镜及防毒口罩等个人防护用品。

    (A) 绝缘件　　　(B) 吸附剂　　　(C) 无毒零件　　　(D) 导电杆

102. SF6 断路器需解体大修时，回收完 SF6 气体后应（　　）。

    (A) 可以进行分解工作

    (B) 用高纯度氮气冲洗内部两遍并抽真空后方可分解

    (C) 抽真空后可以进行分解

    (D) 用高纯度氮气冲洗内部不抽真空后可以进行分解

103. 铝合金制的设备接头过热后，其颜色会呈现（　　）。

    (A) 灰色　　　(B) 黑色　　　(C) 灰白色　　　(D) 银白色

104. 当阀前后的压差较大，并允许有较大泄漏量时，选择（　　）较为合适。

(A) 直通单座调节阀　　　　　　　(B) 直通双座调节阀
(C) 隔膜调节阀　　　　　　　　　(D) 三通调节阀

105. 用差压变送器测量液位的方法是基于（　　）原理。
(A) 浮力压力　　(B) 静压　　(C) 电容原理　　(D) 动压原理

106. 差压式流量计是基于（　　）原理。
(A) 浮力　　(B) 节流　　(C) 弹性　　(D) 动压

107. 只能垂直安装使用的是（　　）流量计。
(A) 电磁　　(B) 转子　　(C) 椭圆齿轮　　(D) 差压式

108. 某反应塔正常工况下其塔顶温度希望维持在 800℃ 左右,应选用（　　）测其温度。
(A) 热电阻
(B) 热电偶
(C) 辐射式温度计
(D) 膨胀式温度计

109. 某容器内温度最高不超过 300℃,为保证检测精度,工业上一般选用（　　）测其温度。
(A) 热电阻
(B) 热电偶
(C) 辐射式温度计
(D) 膨胀式温度计

110. 调节阀气开气关方式的选择是从（　　）角度出发考虑的。
(A) 操作人员和设备的安全
(B) 工艺的合理性
(C) 构成负反馈的控制系统
(D) 操作人员的习惯

111. 下述的节流装置中,其中（　　）为非标准的节流装置。
(A) 孔板　　(B) 双重孔板　　(C) 喷嘴　　(D) 文丘里管

112. 一次仪表通常指（　　）。
(A) 安装在仪表盘上的仪表
(B) 安装在现场的仪表
(C) 直接与工艺介质相接触的仪表
(D) 安装在控制室的仪表

113. 下列有关导压管的敷设要求,正确的是（　　）。
(A) 导压管敷设的要求为短距离,横平竖直,讲究美观,不能交叉
(B) 测量管路沿水平敷设时,应根据不同测量介质和条件,有一定的坡度
(C) 安装结束的导压管,试压的等级要求完全与工艺管道相同
(D) 以上要点都对

114. 下列有关调节阀安装的说法,正确的是（　　）。
(A) 调节阀的安装通常情况下有一个调节阀组,即上游阀、旁路阀、下游阀和调节阀
(B) 如果调节阀不能垂直安装,要考虑选择合适的安装位置
(C) 调节阀安装高度应便于操作人员操作
(D) 以上要点都对

二、判断题（对的画√,错的画×）

1. （　）排出管路堵塞会造成螺杆泵轴功率急剧减小。
2. （　）螺杆泵安装时,螺杆表面若拉毛,不需要油石打磨光滑。
3. （　）潜污泵如出现泵轴磨损、弯曲变形,可除锈后采用喷涂进行修复或校正。
4. （　）齿轮泵在启动和停泵时禁止关闭排出阀,否则会将泵憋坏或烧坏电动机。
5. （　）长时间停用的齿轮泵,要向泵内灌一些所要输送的油料,使齿轮得到润滑并需

要密封间隙。

6. （　）齿轮泵用来抽注黏油时，油温不能太低，否则黏度大的油不容易进入泵内，使泵得不到足够的润滑，加速磨损。

7. （　）齿轮泵的流量一般与转速成正比，但转速过高，由于离心力的作用，液体不能充满整个齿间，反而使流量减少并引起汽蚀。

8. （　）离心泵在运行过程中，空气漏入泵内造成气缚，使泵不能正常工作。

9. （　）泵安装高度的原则必须使泵入口处的压强大于液体的饱和蒸气压。

10. （　）一台离心泵开动不久，泵入口处的真空度正常，泵出口处的压力表也逐渐降低为零，此时离心泵完全打不出水。发生故障的原因是吸入管路堵塞。

11. （　）压缩机发生喘振时可能导致整个机组和管网发生强烈振动、损坏轴承、打碎叶片或损坏密封。

12. （　）往复压缩机运动部件发生异常的声音，可能的原因为连杆螺栓、轴承盖螺栓、十字头螺母松动或断裂。

13. （　）压缩机中油系统的油压要低于水压。

14. （　）离心压缩机径向轴承不仅要承受转子的重量，而且还要使转子同各级密封环保持一定的径向间隙，只有这样才能保持转子正常旋转。

15. （　）一台离心式压缩机，因入口过滤网堵塞，高压缸发生断续的喘振，可用提高压缩机转速来提高压缩机出口压力的办法进行处理。

16. （　）离心压缩机组高位油槽的主要作用是确保润滑油压力稳定。

17. （　）实际使用的压缩机在出口管道靠近压缩机的地方都装有止逆阀，故使其振幅大大地增大，但脉动的频率随之减少。

18. （　）轴瓦间隙过小，会使离心式压缩机轴承温度升高。

19. （　）使用干气密封的压缩机在开停车及盘车时绝对不能反转。

20. （　）压缩机大修时，密封油系统应在机体倒空后切出。

21. （　）换热器引入冷却循环水时应先开界区循环水入口阀，再开换热器冷却循环水出口阀。

22. （　）电动工具应由具备证件的合格电工定期检查及维修。

23. （　）使用电钻或手持电动工具时必须戴绝缘手套，可以不穿绝缘鞋。

24. （　）电动气动工具的管理、使用和维修人员应进行有关的安全教育和培训，并经考核合格。

25. （　）电动气动工具应由专人管理，但不必建立检修维护的技术档案。

26. （　）对使用电动气动工具可能产生飞溅、冲击、触电等危害的区域应进行隔离防护。

27. （　）可以在电动气动工具放倒或移动时启动电动气动工具。

28. （　）拆卸气动工具前应首先关闭供气管路阀门，释放管路余压后方可实施。

29. （　）工具应存放在干燥、无有害气体和腐蚀性化学品的场所。

30. （　）修理后的气动工具应进行试运转，试运转应在有防护设施的区域进行。

31. （　）可以用供气管路中的压缩空气清洁机器和吹尘。

32. （　）管式裂解炉辐射盘管和急冷换热器换热管在转化过程中有焦垢生成，必须定期进行清焦。

33. （   ）急冷换热器出口温度超过设计值或急冷换热器进出口压差超过设计值，均应对急冷换热器进行清焦。
34. （   ）加氢精制反应器前一般都设有加热炉，因此加氢反应是吸热反应。
35. （   ）使用气体作燃料的加热炉点火前应吹扫炉膛，再次点火时可以不吹。
36. （   ）使用液体或气体燃烧的加热炉，点火前应吹扫炉膛，排除可能积存的爆炸性混合气，以免点火时发生爆炸。
37. （   ）对于易燃易爆物质，采用水蒸气或热水加热的方法温度容易控制，比较安全，也可以用于与水发生反应的物料的加热。
38. （   ）冷换设备开车时要先通入冷却介质，然后再通入高温物料；停车时，应先停被冷却的高温物料，再关闭冷却介质。
39. （   ）加热炉炉管、附件、燃烧器、衬里等进行大修或更换后，应进行大修前后测试，作出分析评价报告。
40. （   ）加热炉开停工应制定开停工方案，方案中可以不包含停工时防止硫化物自燃和防止连多硫酸造成奥氏体不锈钢炉管应力腐蚀开裂的应对措施。
41. （   ）所谓多级压缩，就是将气体在压缩机的几个气缸中，依次地进行压缩，并在进入下一级气缸前，导入中间冷却器，进行等压冷却。
42. （   ）冷却器检修后，与循环水系统一起进行预膜处理的目的是为了清洗污垢。
43. （   ）常压蒸馏时，塔顶冷凝器中的冷却水或冷冻盐水不能中断。
44. （   ）未经定期检验或者检验不合格的塔设备，可以监控使用。
45. （   ）炉、塔、罐、坑等封闭、半封闭的设施及场所内的作业属于进入受限空间作业。
46. （   ）受限空间作业为进入塔、釜、罐、槽车以及管道、炉膛、烟道、隧道、下水道、沟、坑、井、池、涵洞等封闭、半封闭设备及有毒气体可燃气体有可集聚的场所作业。
47. （   ）塔的照明安全必须保证操作点或操作区域有足够的亮度，但要避免各种频闪效应和眩光现象。
48. （   ）塔设备验收资料应有完整的水压试验和气密性试验记录。
49. （   ）塔在试验前应进行外部检查，并检查焊缝、连接件是否符合要求，管件及附属装置是否齐备，操作是否灵活、正确，螺栓等紧固件是否紧固完毕。
50. （   ）塔设备的主要部件出现裂纹或漏气、漏水现象必须停塔。
51. （   ）高压的塔设备生产期间可以带压紧固螺栓和调整安全阀。
52. （   ）塔器上的安全装置损坏了应该立即更换。
53. （   ）在塔设备的日常维护中，对有腐蚀性的介质应及时分析、及时调整工艺指标，避免对设备造成严重的腐蚀。
54. （   ）汽提塔栅板开裂、变形、失弹、失刚但还可以勉强使用时不需修理或更换。
55. （   ）气瓶在使用前，应放在绝缘性物体上。
56. （   ）气瓶的充装和使用人员可以穿着化纤衣服。
57. （   ）开启气瓶瓶阀时，操作者应该站在气瓶正面。
58. （   ）焊接作业使用的气瓶应该存放在密闭场所。
59. （   ）氧气、溶解乙炔气等气瓶不应放空，必须留有一定的余气。

60. （　）氧气瓶和乙炔瓶工作间距不应少于 5m。
61. （　）装运气瓶中，横向放置时，头部朝向一方。
62. （　）在油气罐区可以使用黑色金属工具作业敲打、撞击物件。
63. （　）在化工厂、油气储罐站、液化气换瓶站、物资仓库、礼堂、医院病房等地方都严禁烟火。
64. （　）可以在带压力或者带电压的容器、罐、柜、管道、设备上进行焊接或切割作业。
65. （　）进入储油罐防火堤内，可以使用非防爆照相、摄像器材。
66. （　）软管站所设的蒸汽管，其功能之一是用来吹扫冻结的管道或设备的。
67. （　）在储存、输送可燃物料的设备、容器及管道上用火，要靠关闭阀门来切断物料来源。
68. （　）可以在带压力或者带电压的容器、罐、柜、管道、设备上进行焊接或切割作业。
69. （　）设备和管道隔热施工后，外表面温度一般要求不得超过 30℃。
70. （　）防止火焰或火星等火源窜入有燃烧、爆炸危险的设备、管道或空间，或阻止火焰在设备和管道中扩展，或者把燃烧限制在一定范围不致向外延烧，是阻止火势蔓延的主要方法。
71. （　）仪表安装中导压管的焊接，要求应高于同介质的工艺管道。
72. （　）气源管道一般采用不锈钢钢管。
73. （　）考虑到管线用水试压时安全能力不够时，可改用空气或氮气。
74. （　）管线吹扫时，须反复憋压，吹扫效果才会更好。
75. （　）为防止循环水管线超压，一般在出水管线上安装安全阀。
76. （　）同一条管线上若同时有压力一次点和温度一次点，温度一次点应在压力一次点的上游侧。
77. （　）导淋阀一般是位于设备或管道低点，用于排凝或排净其中物料的阀门。
78. （　）由于阀门质量差，排污阀门开关几次以后会出现关不死的情况，应急措施是加盲板。
79. （　）设备管道的腐蚀调查的适用范围为公司所有设备、管道的停工检修、临时抢修等。
80. （　）测厚监测主要针对设备、管道的均匀腐蚀和冲刷腐蚀，对于氢腐蚀、应力腐蚀等应通过其他检测手段进行监测。
81. （　）在高温硫腐蚀环境下，应重点对碳钢、不锈钢、铬钼合金钢制设备、管道进行测厚监测。
82. （　）管道的水压和气压试验压力均为设计压力的 1.5 倍。
83. （　）在用压力管道需要进行重大修理、改造时，向负责使用登记部门的安全监察机构申报，并由经核准的监检机构进行监督检验。
84. （　）管道材料的耐腐蚀等级分为 3 级。
85. （　）在有缺陷的管道上进行修补时，应在压力试验之后完成。
86. （　）在充满可燃气体的环境中，可以使用手动电动工具。
87. （　）为防止触电，可采用绝缘、保护、隔离等技术措施以保障安全。
88. （　）检修仪表要做好仪表防冻工作，防止仪表管线冻坏造成事故。

89. （　）对容易产生静电的场所，应保持地面潮湿或者铺设导电性能好的地板。
90. （　）电工可以穿防静电鞋工作。
91. （　）绝缘体不可能导电。
92. （　）绝缘手套每两年试验一次。
93. （　）电气设备的金属外壳接地是工作接地。
94. （　）断路器中的油起冷却作用。
95. （　）新设备有出厂试验报告即可运行。
96. （　）低压试电笔仅适用于交直流电压在 380V 以下者。
97. （　）发生高压触电时，可根据现场实际情况，采用短路接地办法断开电源。
98. （　）接地线安装时，严谨采用缠绕的方法接地。
99. （　）接地线安装时，接地线直接缠绕在需接地的设备上即可。
100. （　）电气上的"地"的含义不是指大地，而是指电位为零的地方。
101. （　）仪表及其附属设备，送电前应检查电源、电压的等级是否与仪表要求相符合，然后检查绝缘情况确认接线正确，接触良好后，方可送电。
102. （　）在仪表和电气设备上可以适当放置导体和磁性物品。
103. （　）严禁带电拆装仪表，需要带电作业时，须现场工作人员与油管部门或人员联系后，确认安全可靠方可开始送电。
104. （　）所有使用的电动工具、电气设备等外壳接地必须良好，但导线不加插头可以直接插入插座。
105. （　）对重要环节、联锁控制系统危及停车者，须与车间和调度联系后方可进行工作。
106. （　）有人低压触电时，应该立即将他拉开。
107. （　）在照明电路的保护线上应该装设熔断器。
108. （　）绝缘材料受潮后会使其绝缘性能降低。
109. （　）紧急事故处理可不填写工作票，但应履行许可手续，做好安全措施，执行监护制度。
110. （　）旋转电机着火时，不宜用干粉、砂子、泥土灭火，以免损伤电气设备的绝缘。

第五章　危险作业管理

一、单选题（每题 4 个选项，只有 1 个是正确的，将正确的选项号填入括号内）

1. 下列作业不需要同时办理专项作业许可证的是（　　）。
   （A）挖掘作业　　　（B）高处作业　　（C）管线打开　　（D）脚手架作业
2. 属于受限空间物理条件的是（　　）。
   （A）存在或可能产生有毒有害气体或机械、电气等危害
   （B）进入和撤离受到限制，不能自如进出
   （C）存在或可能产生掩埋作业人员的物料
   （D）内部结构可能将作业人员困在其中
3. 下列人员中不需要进行相应作业培训的是（　　）。

(A) 作业申请人　　　　　　　　(B) 作业监护人
(C) 作业相关方　　　　　　　　(D) 作业批准人

4. 受限空间内气体检测（　　）后，仍未开始作业，应重新进行检测。
   (A) 10min　　(B) 20min　　(C) 30min　　(D) 1h

5. 当易燃易爆气体爆炸下限等于4%时，经检测气体体积浓度合格的是（　　）。
   (A) 0.4%　　(B) 0.5%　　(C) 0.6%　　(D) 0.7%

6. 受限空间内气体检测次序应是（　　）。
   (A) 氧含量、易燃易爆气体浓度、有毒有害气体浓度
   (B) 有毒有害气体浓度、氧含量、易燃易爆气体浓度
   (C) 易燃易爆气体浓度、氧含量、有毒有害气体浓度
   (D) 氧含量、有毒有害气体浓度、易燃易爆气体浓度

7. 受限空间内气体监测采用间断性监测方式，间隔不应超过（　　）。
   (A) 0.5h　　(B) 1h　　(C) 1.5h　　(D) 2h

8. 受限空间作业中断超过（　　），继续作业前应当重新确认安全条件。
   (A) 15 min　　(B) 30 min　　(C) 45min　　(D) 1h

9. 坑的挖掘深度等于或大于（　　），可能存在危险性气体的挖掘现场，需要考虑是否实行受限空间安全管理。
   (A) 1m　　(B) 1.2m　　(C) 1.5m　　(D) 2m

10. 当挖掘深度超过（　　）且有人员进行沟下作业时，必须按照规定落实放坡及设置保护系统的有关要求。
    (A) 1m　　(B) 1.2m　　(C) 1.5m　　(D) 2m

11. 机械开挖管沟作业时，管顶上方保留的覆土厚度不应少于（　　）。
    (A) 0.5m　　(B) 0.8m　　(C) 1m　　(D) 1.2m

12. 对于带管堤管段，机械开挖可以控制覆土厚度在管顶上方（　　）。
    (A) 0.5m　　(B) 0.8m　　(C) 1m　　(D) 1.2m

13. 对于易出现打孔盗油（气）的管道，人工先开挖（　　）宽的探沟，确认管道上方无任何外接物后再进行机械开挖。
    (A) 0.5m　　(B) 0.8m　　(C) 1m　　(D) 1.2m

14. 对于挖掘深度超过（　　）所采取的保护系统，应由有资质的专业人员设计。
    (A) 4m　　(B) 5m　　(C) 6m　　(D) 7m

15. 挖出物或其他物料至少应距坑、沟槽边沿（　　），堆积高度不得超过（　　）。
    (A) 1m、1m　　(B) 1m、1.5m　　(C) 1.5m、1m　　(D) 1.5m、1.5m

16. 利用梯子为进出沟槽提供安全通道，梯子上部应高出地平面（　　）。
    (A) 0.5m　　(B) 0.8m　　(C) 1m　　(D) 1.2m

17. 采用警示路障时，应将其安置在距开挖边缘至少（　　）之外。
    (A) 1m　　(B) 1.5m　　(C) 2m　　(D) 3m

18. 采用废石堆作为路障，其高度不得低于（　　）。
    (A) 1m　　(B) 1.5m　　(C) 2m　　(D) 3m

19. 多人同时挖土应相距在（　　）以上，防止工具伤人。

(A) 1m   (B) 1.5m   (C) 2m   (D) 3m

20. 可能导致人员坠落（　　）及以上距离的作业属于高处作业。
    (A) 1m   (B) 1.5m   (C) 2m   (D) 3m

21. 因作业需要临时拆除或变动高处作业的安全防护设施时，应经（　　）同意，并采取相应的措施，作业后应立即恢复。
    (A) 作业申请人   (B) 作业监护人
    (C) 作业批准人   (D) 作业申请人和作业批准人

22. 高处作业阵风风力应小于（　　）级。
    (A) 五   (B) 六   (C) 七   (D) 八

23. 高处作业应配备（　　）根系索的安全带。
    (A) 1   (B) 2   (C) 3   (D) 4

24. 风力达到（　　）级及以上时应停止起吊作业。
    (A) 五   (B) 六   (C) 七   (D) 八

25. 起重机应进行定期检查，检查周期可根据起重机的工作频率、环境条件确定，但每年不得少于（　　）次。
    (A) 一   (B) 二   (C) 三   (D) 四

26. 采用（　　）进行隔离时，应制定风险控制措施和应急预案。
    (A) 双截止阀   (B) 单截止阀
    (C) 截止阀加盲板   (D) 截止阀加盲法兰

27. 当管线打开时间需超过（　　）个班次才能完成时应在交接班记录中予以明确，确保班组间的充分沟通。
    (A) 1   (B) 2   (C) 3   (D) 4

28. 临时用电作业是指在生产或施工区域内临时性使用非标准配置（　　）及以下的低电压电力系统不超过 6 个月的作业。
    (A) 110V   (B) 220V   (C) 380V   (D) 500V

29. 在开关上接引、拆除临时用电线路时，其（　　）开关应断电锁定管理。
    (A) 下级   (B) 本级   (C) 上级   (D) 上两级

30. 所有的临时用电线路必须采用耐压等级不低于（　　）的绝缘导线。
    (A) 110V   (B) 220V   (C) 380V   (D) 500V

31. 停电操作顺序为（　　）。
    (A) 总配电箱—分配电箱—开关箱
    (B) 开关箱—分配电箱—总配电箱
    (C) 总配电箱—开关箱—分配电箱
    (D) 分配电箱—开关箱—总配电箱

32. 所有配电箱（盘）、开关箱应在其安装区域内前方（　　）处用黄色油漆或警戒带作警示。
    (A) 0.5m   (B) 1m   (C) 1.5m   (D) 2m

33. 在距配电箱（盘）、开关及电焊机等电气设备（　　）范围内，不应存放易燃、易爆、腐蚀性等危险物品。
    (A) 5m   (B) 10m   (C) 15m   (D) 20m

34. 固定式配电箱、开关箱的中心点与地面的垂直距离应为（　　）。
    (A) 0.8～1.5m　　(B) 0.8～1.6m　　(C) 1.3～1.5m　　(D) 1.4～1.6m

35. 移动式配电箱、开关箱的中心点与地面的垂直距离宜为（　　）。
    (A) 0.8～1.5m　　(B) 0.8～1.6m　　(C) 1.3～1.5m　　(D) 1.4～1.6m

36. 在一般作业场所，应使用Ⅱ类工具；若使用Ⅰ类工具时，应装设额定漏电动作电流不大于（　　）、动作时间不大于0.1s的漏电保护器。
    (A) 10mA　　(B) 15mA　　(C) 20mA　　(D) 30mA

37. 行灯电源电压应不超过（　　），且灯泡外部有金属保护罩。
    (A) 12V　　(B) 24V　　(C) 36V　　(D) 48V

38. 在特别潮湿场所、导电良好的地面、锅炉或金属容器内的照明电源，电压不得大于（　　）。
    (A) 12V　　(B) 24V　　(C) 36V　　(D) 48V

39. 根据动火场所、部位的危险程度，动火分为（　　）级。
    (A) 一　　(B) 二　　(C) 三　　(D) 四

40. 动火作业区域内的输油气设备、设施应由（　　）操作。
    (A) 作业申请人　　(B) 作业监护人
    (C) 作业人员　　(D) 输油气站人员

41. 需动火施工的部位及室内、沟坑内及周边的可燃气体浓度应低于爆炸下限值的（　　）。
    (A) 5%　　(B) 10%　　(C) 20%　　(D) 25%

42. 动火前应采用至少（　　）个检测仪器对可燃气体浓度进行检测和复检。
    (A) 1　　(B) 2　　(C) 3　　(D) 4

43. 动火开始时间距可燃气体浓度检测时间不宜超过（　　），但最长不应超过（　　）。
    (A) 10min、30min　　　　　　(B) 10min、60min
    (C) 30min、30min　　　　　　(D) 30min、60min

44. 对于采用氮气或其他惰性气体对可燃气体进行置换后的密闭空间和超过1m的作业坑内作业前应进行（　　）检测。
    (A) 可燃气体　　(B) 含氧量　　(C) 氮气　　(D) 惰性气体

45. 如遇有（　　）级及以上大风应停止动火作业。
    (A) 五　　(B) 六　　(C) 七　　(D) 八

46. 距动火点（　　）内所有漏斗、排水口、各类井口、排气管、管道、地沟等应封严盖实。
    (A) 5m　　(B) 10m　　(C) 15m　　(D) 20m

47. 现场可燃气体浓度低于爆炸下限的（　　）时，方可启动车辆，使用通信、照相器材。
    (A) 5%　　(B) 10%　　(C) 20%　　(D) 25%

48. 动火作业许可证由（　　）在动火前签发。
    (A) 作业申请人　　(B) 作业监督人
    (C) 作业批准人　　(D) 作业现场指挥

49. 动火作业许可证签发后，动火开始执行时间不应超过（　　）。
    (A) 0.5h　　(B) 1h　　(C) 1.5h　　(D) 2h

50. 在规定的动火作业时间内没有完成动火作业，应办理动火延期，但延期后总的作业期限不宜超过（　　）。

(A) 8h　　　　(B) 12h　　　　(C) 24h　　　　(D) 48h

51. 动火作业时，（　　）的管理人员应到动火现场进行监督。
    (A) 动火申请单位　　　　　　　(B) 动火审批单位
    (C) 动火申请和动火审批单位　　(D) 动火作业单位

52. （　　）应指定专人负责动火现场监护，并在动火方案中予以明确。
    (A) 动火申请单位　　　　　　　(B) 动火审批单位
    (C) 动火申请和动火审批单位　　(D) 动火作业单位

53. 动火作业中断超过（　　），继续作业前应当重新确认安全条件。
    (A) 15min　　　(B) 30min　　　(C) 45min　　　(D) 1h

二、判断题（对的画√，错的画×）

1. （　　）相关方不可以将其安全要求表达在作业许可证中。
2. （　　）制定了作业指导书的作业无须实行作业许可管理。
3. （　　）作业过程中出现异常情况应立即通知现场安全监督人员决定是否采取变更程序或应急措施。
4. （　　）进入受限空间作业应当办理作业许可证和进入受限空间作业许可证。
5. （　　）办理了进入受限空间作业许可证，可以在整个作业区域内进行所有作业区域和时间范围内使用。
6. （　　）进入受限空间作业前应进行气体检测，作业过程中应进行气体监测。
7. （　　）救援人员经过培训具备与作业风险相适应的救援能力，就可以实施救援。
8. （　　）连续挖掘超过一个班次的挖掘作业，每日作业前都应进行安全检查。
9. （　　）工程完成后，应自上而下拆除保护性支撑系统。
10. （　　）工程完成后，应先拆除支撑系统再回填作业坑。
11. （　　）挖出物可以堵塞下水道、窖井，但是不能堵塞作业现场的逃生通道和消防通道。
12. （　　）在人员密集场所或区域进行挖掘作业施工时，夜间应悬挂红灯警示。
13. （　　）在道路附近进行挖掘作业时应穿戴警示背心。
14. （　　）使用机械挖掘时，任何人都不得进入沟、槽和坑等挖掘现场。
15. （　　）常规的高处作业活动进行了风险识别和控制，并制定有操作规程，可不办理作业许可。
16. （　　）同一架梯子只允许一个人在上面工作，可以带人移动梯子。
17. （　　）作业人员可以在平台或安全网内等高处作业处短时休息。
18. （　　）起重机随机应备有安全警示牌、使用手册、载荷能力铭牌并根据现场情况进行设置。
19. （　　）无论何人发出紧急停车信号，起重机都应立即停车。
20. （　　）在加油时起重机应熄火，在行驶中吊钩应放平并固定牢固。
21. （　　）从管线法兰上去掉一个螺栓不属于管线打开作业。
22. （　　）更换阀门填料属于管线打开作业。
23. （　　）控制阀可以单独作为物料隔离装置。
24. （　　）临时用电作业实施单位不得擅自增加用电负荷，可以变更用电地点、用途。

25.（　）所有的临时用电都应设置接地或接零保护。

26.（　）室外的临时用电配电箱（盘）应设有防雨、防潮措施，不得上锁。

27.（　）两台用电设备（含插座）可以使用同一开关直接控制。

28.（　）紧急情况下的抢险动火，应实行动火作业许可管理。

29.（　）场所内全部设备管网采取隔离、置换或清洗等措施并经检测合格后，可以不视为可产生油、气的封闭空间。

30.（　）油气管道进行多处打开动火作业时，对相连通的各个动火部位的动火作业不能进行隔离时，相连通的各个动火部位的动火作业可以同时进行。

31.（　）封堵作业坑与动火作业坑之间的间隔不应小于5m。

32.（　）场所内发生油气扩散时，距离远的车辆可以点火启动，可以使用防爆通信、照相器材。

33.（　）动火作业中断后，动火作业许可证仍可继续使用。

第六章　事故事件与应急处置

一、单选题（每题4个选项，只有1个是正确的，将正确的选项号填入括号内）

1. 事故发生后，现场人员应（　）报告给本单位负责人。
    (A) 在10min内　　　　　　　　(B) 在20min内
    (C) 在30min内　　　　　　　　(D) 立即

2. 生产安全事故按类别分为：（　）、道路交通事故、火灾事故。
    (A) 设备故障事故　　　　　　　(B) 管道泄漏事故
    (C) 人员伤亡事故　　　　　　　(D) 工业生产安全事故

3. 根据《中国石油天然气股份有限公司生产安全事故管理办法》，某企业发生事故，死亡22人，重伤7人，该事故按级别划分为（　）。
    (A) 特别重大事故　　　　　　　(B) 重大事故
    (C) 一般事故　　　　　　　　　(D) 较大事故

4. 道路交通事故、火灾事故自发生之日起（　）日内，事故造成的伤亡人数发生变化的，应当及时补报。
    (A) 3　　　　(B) 5　　　　(C) 7　　　　(D) 10

5. 从业人员经过安全教育培训，了解岗位操作规程，但未遵守而造成事故的，行为人应负（　）责任，有关负责人应负管理责任。
    (A) 领导　　　(B) 管理　　　(C) 直接　　　(D) 间接

6. 输油气站每（　）至少组织一次应急预案演练。
    (A) 月　　　　(B) 周　　　　(C) 季度　　　(D) 半年

7. 专项应急预案不包括的内容为（　）。
    (A) 应急工作职责　　　　　　　(B) 预警及信息报告
    (C) 应急处置措施　　　　　　　(D) 注意事项

8. 下列不属于变电所火灾爆炸应急处置操作的一项是（　）。
    (A) 迅速切断故障点电源和故障点上一级电源

(B) 使用二氧化碳灭火器扑救初期火灾
(C) 汇报上级调度和电力调度、值班干部（站领导）并通知各岗位
(D) 关闭站区雨水、污水等外排水总阀门

9. 下列不属于变电所失电应急处置操作的一项是（　　）。
   (A) 运行人员根据现场信号和监控记录，判明是外线路停电还是内部原因停电
   (B) 告知周边居民撤离
   (C) 如外线路停电，应立即电话询问上级电业调度停电的原因及送电的时间
   (D) 如内部原因停电，应立即切断站内负荷侧所有开关

10. 下列不属于储油罐浮盘倾斜沉没应急处置操作的一项是（　　）。
    (A) 启动油罐消防冷水喷淋系统
    (B) 关闭事故罐中央排水罐排水阀，停用事故罐
    (C) 汇报上级调度、值班干部（站领导），并通知各岗位按调度令进行流程操作
    (D) 进行外围引导后续救援力量

11. 下列不属于道路交通事故应急处置操作的一项是（　　）。
    (A) 立即停车熄火，开启危险报警灯，在来车方向道路上放置三角警示架
    (B) 事故现场如果有人员受伤，立即拨打120急救电话
    (C) 报交警122和保险公司，保护事故现场
    (D) 迅速撤离现场恢复交通

12. 依据《消防法》第四十九条规定，公安消防队、专职消防队扑救火灾、应急救援（　　）。
    (A) 公安消防队不得收取费用，专职消防队可收取部分费用
    (B) 不得收取任何费用
    (C) 可以收取火灾所损耗的燃料、灭火剂和器材、装备等费用
    (D) 适当收取费用

13. 一个完整的应急体系应由组织体制、运作机制、（　　）机制和应急保障系统构成。
    (A) 属地为主　　(B) 公众动员　　(C) 法制基础　　(D) 分级响应

14. 危险化学品重大危险源应急预案不包括（　　）。
    (A) 应急的物资与保障
    (B) 应急机构及职责
    (C) 重大危险源安全管理规章制度及安全操作规程
    (D) 重大危险源基本信息及事故类型和危害程度

15. HSE体系中规定："组织应经常性开展事故隐患排查，对排查出的事故隐患进行分级管理，制定方案，落实（　　）等，并对隐患整改效果进行评价"。
    (A) 整改措施、责任、资金、时限　　(B) 整改计划、职责、资金、期限
    (C) 整改措施、责任、对象、期限　　(D) 整改计划、职责、对象、时限

16. 下列属于较大事故的情形是（　　）。
    (A) 一次造成50人急性工业中毒　　(B) 一次造成1000万元直接经济损失
    (C) 一次造成2人死亡　　(D) 一次造成重伤50人

221

二、判断题（对的画√，错的画×）

1. （　）发生 30 人及以上死亡，或 100 人及以上重伤，或直接经济损失 1 亿元以上的生产安全事故属于特别重大事故。
2. （　）未遂事件是指造成人员轻伤以下或直接经济损失小于 1000 元的情况。
3. （　）对于承包商在对各单位提供服务过程中发生的事故，也应参照规定进行报告。
4. （　）中国石油所属单位应当针对可能发生的突发生产安全事件，编制生产安全综合应急预案、专项应急预案、现场处置预案（方案）和处置卡。
5. （　）应急处置卡应当包括应急工作职责、应急处置措施和注意事项等内容。
6. （　）抢险作业现场应使用防爆灯具、防爆工具和防爆设备。
7. （　）人口密集区发生油品泄漏事故后，第一时间向附近企事业单位及居民通报事故信息，告知其紧急撤离。
8. （　）施工现场员工在搭建脚手架过程中，脚手架因故坍塌，造成 2 人不同程度的轻伤，直接造成了 2500 元的经济损失，这属于一般事故 C 级。
9. （　）生产、经营、储存、运输和使用危险化学品的单位应向周围单位和居民宣传有关危险化学品的防护知识，告知发生事故的应急措施。
10. （　）所有事故事件，无论大小，都应及时报告，并在短时间内查明原因，采取整改措施，根除事故隐患。
11. （　）企业可根据自身管理情况有选择性得将损失严重的承包商事故纳入企业事故统计中。
12. （　）企业应鼓励员工报告办公区域发生的任何事故，包括不安全的工作方法、设备和环境、火灾、伤害、未遂事件等。
13. （　）现场处置方案是指生产经营单位根据不同生产安全事故类型，针对具体场所、装置或者设施所制定的应急处置措施。
14. （　）对于危险性较大的重点岗位，应当制定岗位应急处置程序。岗位应急处置程序作为安全操作规程的重要组成部分，是指导作业现场、岗位操作人员进行应急处置的规定动作，内容应简明、易记、可操作。
15. （　）安全生产应急管理是指应对事故灾难类突发事件而开展的应急准备、监测、预警、应急处置与救援和应急评估等全过程管理。

第七章　案例分析

一、单选题（每题 4 个选项，只有 1 个是正确的，将正确的选项号填入括号内）

1. 从安全系统工程学的角度来看，造成事故发生的原因可以从人、机、（　　）三个方面进行分析。
   （A）材料　　　　　（B）工具　　　　　（C）环境　　　　　（D）方法
2. 下列属于环境的不安全因素的是（　　）。
   （A）机械故障　　　　　　　　　　（B）噪声干扰
   （C）安全装置失灵　　　　　　　　（D）防护缺失
3. 起重机械的断绳事故是指起升绳和吊装绳因破断造成的重物失落事故。下列状况中，造成吊装绳破断的原因是（　　）。
(A) 吊钩上吊装绳夹角大于120°
(B) 限位开关失灵
(C) 吊装绳与重物之间接触处放置了垫片保护
(D) 吊钩缺少护钩装置

4. 实现机械本质安全有多种方法。例如，(1)减少或消除操作人员接触机器危险部位的次数；(2)提供保护装置或个人防护装备；(3)消除产生危险状态的原因；(4)使人员难以接近机器的危险部位。按照机械本质安全的原则，上面四种方法优先顺序是（　　）。
(A)(3)—(1)—(4)—(2)　　　　　(B)(1)—(2)—(3)—(4)
(C)(4)—(3)—(2)—(1)　　　　　(D)(3)—(4)—(1)—(2)

5. 安全管理中的本质安全化原则来源于本质安全化理论，该原则的含义是指从初始和从本质上实现了安全化，就从（　　）消除事故发生的可能性，从而达到预防事故发生的目的。
(A) 思想上　　(B) 技术上　　(C) 管理上　　(D) 根本上

6. 以下（　　）情况不宜采用口对口人工呼吸。
(A) 触电后停止呼吸的　　　　　(B) 高处坠落后停止呼吸的
(C) 硫化氢中毒呼吸停止的　　　(D) 以上都对

7. 当环境空气中硫化氢浓度超过（　　）时，应佩带正压式空气呼吸器，正压式空气呼吸器的有效供气时间应大于（　　）。
(A) 20ppm、20min　　　　　　(B) 20ppm、30min
(C) 30ppm、30min　　　　　　(D) 30ppm、20min

8. 受限空间内硫化氢浓度超过国家规定的"车间空气中有毒物质的最高允许浓度"的指标（　　），应不得进入或立即停止作业。
(A) 10mg/m³　　(B) 20mg/m³　　(C) 30mg/m³　　(D) 40mg/m³

9. 根据《进入受限空间安全管理规范》Q/SY 1242—2009，凡是有可能存在缺氧、富氧、有毒有害气体、易燃易爆气体、粉尘等，事前应进行气体检测，注明检测时间和结果；受限空间内气体检测（　　）后仍未开始作业，应重新进行检测；如作业中断，再进入之前应重新进行气体检测。
(A) 0.5h　　(B) 1h　　(C) 1.5h　　(D) 2h

10. 根据《进入受限空间安全管理规范》Q/SY 1242—2009，进入受限空间作业必须采取通风措施，下列说法错误的是（　　）。
(A) 打开风门、烟门等与大气相通的设施进行自然通风
(B) 必要时，可采取强制通风
(C) 氧含量不足时，可以向受限空间充纯氧气
(D) 进入期间的通风不能代替进入之前的吹扫工作

11. 依据《进入受限空间安全管理规范》（Q/SY 1242—2009）规定，为防止受限空间含有易燃气体或蒸发液在开启时形成爆炸性的混合物，可用惰性气体（　　）清洗。
(A) 氧气　　(B) 氮气　　(C) 氢气　　(D) 二氧化碳气体

12. 发现人员触电，首先应采取的措施是（　　）。
(A) 呼叫救护人员　　　　　　　(B) 切断电源或使伤者脱离电源

（C）进行人工呼吸　　　　　　　　（D）用手将触电人员拉开

13. 临时用电线路的安装、维修、拆除应由（　　）进行，按规定正确佩戴个人防护用品，并正确使用工器具。

（A）作业人员　　　　　　　　　　（B）用电批准人

（C）用电申请人　　　　　　　　　（D）电气专业人员

14. 在生产活动中，所有临时用电必须安装漏电和接地保护器，三相动力设备必须实施接地，接地电阻（　　），而且生产场所的防雷接地必须每年进行测试，接地电阻（　　）。

（A）不大于4Ω、不大于10Ω　　　 （B）不大于10Ω、不大于4Ω

（C）不大于10Ω、不大于10Ω　　　（D）不大于4Ω、不大于4Ω

15. 用于临时照明的行灯，其电压不超过（　　）。

（A）6V　　　（B）12V　　　（C）24V　　　（D）36V

16. 需要打开的管线或设备必须与系统隔离，其中的物料应采用排尽、冲洗、置换、吹扫等方法除尽。清理合格的标准不包括（　　）。

（A）系统温度介于-10～60℃之间

（B）已达到大气压力

（C）无任何有害物质

（D）与气体、蒸气、粉尘的毒性、腐蚀性、易燃性有关的风险已降低到可接受的水平

17. 以下对于临边防护的说法错误的是（　　）。

（A）基坑周边，尚未安装栏杆或栏板的阳台、料台与挑平台周边，雨篷与挑檐边，无外脚手的屋面与楼层周边及水箱与水塔周边等处，都必须设置防护栏杆

（B）分层施工的楼梯口和梯段边，必须安装临时护栏。顶层楼梯口不需安装防护栏杆

（C）各种垂直运输接料平台，除两侧设防护栏杆外，平台口还应设置安全门或活动防护栏杆

（D）当临边的外侧面临街道时，除防护栏杆外，敞口立面必须采取满挂安全网或其他可靠措施作全封闭处理

18. 依据《安全生产法》第二十五条规定，生产经营单位应当对从业人员进行安全生产教育和培训，保证从业人员具备必要的安全生产知识，熟悉有关的安全生产规章制度和安全操作规程，掌握（　　），了解事故应急处理措施，知悉自身在安全生产方面的权利和义务。

（A）设备设施使用方法　　　　　　（B）安全的组织措施和技术措施

（C）本岗位的安全操作技能　　　　（D）标准化操作手册

19. 炼化企业应先识别关键作业和操作活动，所有与关键作业和操作有关的规程（　　）至少分析一次，其他的规程可视情况而定，每个员工每年至少参与一次工作循环分析。

（A）半年　　　（B）一年　　　（C）二年　　　（D）三年

20. 危险和可操作性研究（HAZOP 分析）本质就是通过系列会议对（　　）进行分析，由各种专业人员按照规定的方法对偏离设计的工艺条件进行过程危险和可操作性研究。

（A）工艺流程图和操作规程　　　　（B）曾经发生的事故

（C）操作记录报表　　　　　　　　（D）工艺记录

21. 炼化企业应先识别关键作业和操作活动，所有与关键作业和操作有关的规程（　　）

至少分析一次，其他的规程可视情况而定，每个员工每年至少参与一次工作循环分析。
(A) 半年　　　　(B) 一年　　　　(C) 二年　　　　(D) 三年

22. 危险化学品存在的主要危险是（　　）。
(A) 火灾、爆炸、中毒、灼伤及污染环境
(B) 火灾、爆炸、中毒、腐蚀及污染环境
(C) 火灾、爆炸、感染、腐蚀及污染环境
(D) 火灾、爆炸、感染、灼伤及污染环境

23. 交接班制度规定，禁止在事故处理或倒闸操作中交接班。交接班时发生事故，未办理手续前（　　）处理。
(A) 由接班人　　　　　　　　(B) 由交班与接班人共同
(C) 由交班人　　　　　　　　(D) 由值班干部

24. 生产、经营、储存、运输、使用危险化学品和处置废弃危险化学品的单位，其（　　）必须保证本单位危险化学品的安全管理符合有关法律、法规、规章的规定和国家标准，并对本单位危险化学品的安全负责。
(A) 主要负责人　　　　　　　(B) 技术人员
(C) 从业人员　　　　　　　　(D) 安全管理人员

25. 下列哪些条件不是危险化学品经营企业必须具备的？（　　）
① 经营场所和储存设施符合国家标准
② 符合法律、法规规定和国家标准要求的其他条件
③ 主管人员和业务人员经过专业培训并取得上岗资格
④ 有健全的安全管理制度
(A) ①②④　　(B) ①②③　　(C) ②③④　　(D) 以上全是

26. 高处作业坠落防护措施的优先选择顺序是：（　　）。①设置固定的楼梯、护栏、屏障和限制系统；②使用脚手架或带升降的工作平台；③使用边缘限位安全绳；④配备缓冲装置的全身式安全带和安全绳。
(A) ①②③④　　(B) ②①③④　　(C) ③①②④　　(D) ②③①④

27. 高处作业的安全措施中，首先需要（　　）。
(A) 安全带　　　　　　　　　(B) 安全网
(C) 合格的工作台　　　　　　(D) 安全绳

28. 对个人坠落保护装置的说法错误的是（　　）。
(A) 个人坠落保护装备包括锚固点、连接器、全身式安全带、吊绳、带有自锁钩的安全绳、抓绳器、缓冲器、缓冲安全绳或其组合
(B) 使用前，应对坠落保护装备的所有附件进行检查，坠落保护系统检查
(C) 自动收缩式救生索应与缓冲安全绳一起使用增强缓冲作用
(D) 自动收缩式救生索应直接连接到安全带的背部 D 形环上，一次只能一人使用

29. 依据 Q/SY 1246—2009《脚手架作业安全管理规范》拆除脚手架时，要符合下列规定（　　）。
① 开始拆除前，由单位工程负责人进行拆除安全技术交底
② 拆除作业应由上而下逐层进行，严禁上下同时作业

③ 拆除的各构配件严禁抛掷至地面

④ 拆除时要设围栏和警戒标志，派专人负责安全警戒

A. ①②④　　　(B) ①②③　　　(C) ②③④　　　(D) 以上全是

30. 脚手架的搭建、拆除、移动、改装作业应在作业技术负责人现场指导下进行，作业人员应正确使用（　　）等装备。

① 安全帽　　　② 安全带　　　③ 防滑鞋　　　④ 工具袋

(A) ①②④　　　(B) ①②③　　　(C) ②③④　　　(D) 以上全是

31. 高处作业批准人是（　　）。

(A) 高处作业的具体操作者

(B) 组织实施高处作业的负责人

(C) 负责审批高处作业许可证的责任人，是有权提供、调配、协调风险控制资源的管理人员

(D) 对高处作业的人员及现场安全状况实施检查监督的人

32. 以下对高处作业许可证有效期限的说法错误的是（　　）。

(A) 高处作业许可证的有效期限一般不超过一个班次

(B) 如果在书面审查和现场核查过程中，经确认需要更多时间进行作业，可进行协商直接增加有效期时间

(C) 需要延期时，应根据作业性质、作业风险、作业时间，经相关各方协商一致确定作业许可证的延期次数

(D) 超过延期次数的，重新办理高处作业许可证

33. 在填埋区域、危险化学品生产、储存区域等可能产生危险性气体的施工区域挖掘时，应对作业环境进行（　　），并采取相关措施。

(A) 沼气检测　　　(B) 通风置换　　(C) 气体检测　　(D) 可燃气体检测

34. 对地下情况复杂、危险性较大的挖掘项目，作业区域所在单位应根据情况，组织电力、生产、设备、调度、消防和隐蔽设施的主管单位联合进行现场地下（　　）。

(A) 设施交底　　　(B) 技术交底　　(C) 文物交底　　(D) 地质交底

35. 下列属于重大环境事故的是（　　）。

(A) 因环境污染直接导致 30 人以上死亡或 100 人以上中毒或重伤的

(B) 因环境污染疏散、转移人员 1 万人以上 5 万人以下的

(C) 因环境污染造成直接经济损失 500 万元以上 2000 万元以下的

(D) 因环境污染造成跨县级行政区域纠纷，引起一般性群体影响的

36. 下列不属于施工作业噪声控制措施的一项是（　　）。

(A) 施工现场的强噪声设备应搭设封闭式机棚

(B) 施工现场尽可能设置在远离居民区一侧

(C) 建筑施工场界环境噪声排放限值昼间 80dB 夜间 60dB

(D) 夜间施工作业可采用隔音布、低噪声震捣棒等方法

37. 下列不属于施工作业固废处置措施的一项是（　　）。

(A) 施工过程产生的固体废弃物较少时可直接就地掩埋或倒入附近水体

(B) 施工生产过程中产生的固体废弃物应分类存放

(C) 施工生产过程中产生危险废弃物应送到有资质的机构处置

(D) 固体废弃物容器要有特别的标识

38. 下列不属于施工作业陆上溢油应急处置措施的一项是（　　）。

(A) 通过抽水泵、撇油器、抽吸系统等对围堰、集油坑内（沟）溢油进行回收

(B) 对溢油点周边全部受影响土壤进行清运，选择合适地点掩埋

(C) 对周边水井进行监测，判断溢油是否影响地下水

(D) 围堰、集油坑、导流渠等全部地面设施应铺设三层以上防渗膜，防止溢油落地

39. 挖掘作业是指挖掘深度超过（　　）的作业，工作前都应当进行工作前安全分析，办理作业许可证。

(A) 0.5m　　　　(B) 1m　　　　(C) 2m　　　　(D) 2.5m

40. 如果坑的深度等于或大于（　　），可能存在危险性气体的挖掘现场，要进行气体检测。

(A) 1.0m　　　　(B) 1.2m　　　　(C) 1.5m　　　　(D) 2.0m

41. 当先布管后挖沟时，沟边与管材的净距离大于（　　），同时采取可靠的措施将管子固定牢靠，以防止管子滚落入沟槽伤人。

(A) 0.5m　　　　(B) 1.0m　　　　(C) 1.5m　　　　(D) 2.0m

42. 机械开挖管沟作业时，管顶上方保留的覆土厚度不应少于（　　）。对于带管堤管段，机械开挖可以控制在管顶上方（　　）。

(A) 0.5m；0.3m　　　　　　　　(B) 0.6m；0.4m

(C) 0.7m；0.5m　　　　　　　　(D) 0.8m；0.5m

43. 下列不属于挖掘作业的安全控制措施的一项是（　　）。

(A) 隐蔽设施调查　　　　　　　(B) 灭火器材

(C) 放坡支撑　　　　　　　　　(D) 护栏警示

44. 下列不属于关键性吊装作业的是（　　）。

(A) 货物载荷达到额定起重能力的75%

(B) 未使用牵引绳控制货物的摆动

(C) 货物需要一台以上的起重机联合起吊的

(D) 吊臂越过障碍物起吊，操作员无法目视且仅靠指挥信号操作

45. 在大雪、暴雨、大雾等恶劣天气及风力达到（　　）级，应停止起吊作业，并卸下货物，收回吊臂。

(A) 4　　　　　(B) 5　　　　　(C) 6　　　　　(D) 7

46. 关于起重安全操作以下选项不正确的是（　　）。

(A) 禁止将引绳缠绕在身体的任何部位

(B) 各种物件起吊前不需试吊，可直接起吊

(C) 在加油时起重机应熄火，在行驶中吊钩应收回并固定牢固

(D) 起重机司机必须巡视工作场所，确认支腿已按要求垫枕木

47. 起重作业指挥人员应佩戴标志，并与起重机司机保持可靠的沟通，首选沟通方式为（　　）沟通。

(A) 视觉　　　(B) 对讲机　　　(C) 手机　　　(D) 扩音器

48. 出现下列（　　）情况，应更换钢丝绳和吊钩。

(A) 1个绳节距上有 4 个断丝

(B) 1个绳节距内 1 绳股上有 2 个断丝

(C) 在吊钩最狭窄的位置上测量，开口拉伸量超过正常开口 10%

(D) 钢丝绳外径磨损量达到三分之一

49. 我国规定，适用于一般环境的安全电压为（   ）。
    (A) 12V   (B) 24V   (C) 36V   (D) 48V

50. 绝缘靴子与手套的检查和试验周期为（   ）。
    (A) 1 个月   (B) 3 个月   (C) 6 个月   (D) 12 年

51. 电气设备操作过程中，如果发生疑问或异常现象，应（   ）。
    (A) 继续操作   (B) 停止操作及时汇报
    (C) 汇报后继续操作   (D) 判明原因继续操作

52. 在操作中发现误拉刀闸时，在电弧未断开时应（   ）。
    (A) 立即断开   (B) 立即合上   (C) 缓慢断开   (D) 停止操作

53. 动火作业现场（   ）范围内应做到无易燃物，施工、消防及疏散通道应畅通。
    (A) 10m   (B) 15m   (C) 20m   (D) 30m

54. 下列不属于承包商违章行为的是（   ）。
    (A) 未按规定佩戴劳动防护用品
    (B) 特种作业持证者独立操作
    (C) 无票证从事危险作业
    (D) 擅自拆除、挪用车间安全防护设施

二、判断题（对的画 √，错的画 ×）

1. （   ）吊装时，操作人员可以通过戴手套的手来控制货物的摆动。

2. （   ）当正在进行的起重作业出现紧急情况或已发出紧急撤离信号时，许可证立即失效。重新作业需重新办理作业许可证。

3. （   ）应该从亡羊补牢式的事后型安全管理模式，转变到本质安全化的超前预防型的安全管理模式。

4. （   ）含硫污水系统可以排放废酸性物料。

5. （   ）在容易发生 H_2S 产生或泄漏的部位，应定时进行 H_2S 气体检测，可以不安装固定式 H_2S 气体报警仪。

6. （   ）因该储罐废弃多年，所以进行清罐作业时可以不用办理受限空间作业许可证。

7. （   ）进入受限空间作业时可根据受限空间作业情况，安排作业人员定时轮换，不需在受限空间外部设监护人。

8. （   ）安装、巡检、维修或拆除临时用电设备和线路，必须由电工完成，并应有人监护。

9. （   ）电动、气动和液压工器具在切断动力源之前不得进行修理。

10. （   ）临时供电设备或现场用电设施应做好接地保护，可以不安装漏电保护器。

11. （   ）因抢修施工作业而涉及的临时用电，可以不用办理临时用电作业票，适合时候补办即可。

12. （   ）能量隔离方法的选择取决于隔离物料的危险性、管线系统的结构、管线打开的频率、因隔离（如吹扫、清洗等）产生可能泄漏的风险等。
13. （   ）违章指挥是指管理人员由于业务不精、麻痹大意、擅自做主或受利益驱动等原因导致违反企业规章制度指挥他人从事生产工作的行为。
14. （   ）在作业中取水不便时，可以临时使用消防水，在用后必须将其补充。
15. （   ）对于危险性较大的重点岗位，应当制定岗位应急处置程序。岗位应急处置程序作为安全操作规程的重要组成部分，是指导作业现场、岗位操作人员进行应急处置的规定动作，内容应简明、易记、可操作。
16. （   ）员工每年至少参与一次工作循环分析，与关键作业有关的操作程序每年至少分析一次。
17. （   ）高处作业时坠落防护应通过采取消除坠落危害、坠落预防和坠落控制等措施来实现。坠落防护措施的优先选择的是尽量选择在地面作业，避免高处作业。
18. （   ）挖掘作业开始前，应保证现场相关人员拥有最新的地下设施布置图，明确标注地下设施的位置、走向及可能存在的危害，必要时可采用探测设备进行探测。
19. （   ）在施工作业中，对环境敏感区或特殊环境段（点）应设立标志或警示牌。
20. （   ）在施工作业中，设备和车辆清洗产生的含有油污的污水量较少，可直接排放到附近水体、田地中，不用设置专用回收装置。
21. （   ）距动火点 5m 内所有的排水口、各类井口、排气管、管道、地沟等应封严盖实。
22. （   ）用气焊（割）动火作业时，氧气瓶乙炔瓶严禁在烈日下暴晒。
23. （   ）严禁在运行天然气储气罐及储油罐罐体进行动火作业。
24. （   ）在所辖区域内进行由承包商完成的非常规作业应实行作业许可管理。
25. （   ）建设（工程）项目实行总承包的，总承包单位负责对分包单位实行全过程安全监管，但不承担分包单位的安全生产连带责任。
26. （   ）作业计划书应包括项目概况、人员能力及设备状况、新增危害因素辨识与主要风险提示、风险控制措施和应急预案。
27. （   ）所有挖掘作业在施工准备阶段，都必须对施工区域的地下及周边情况进行调查，明确地下设施的位置、走向、深度及可能存在的危害，在输油气主干线作业及地下埋藏物不清楚时必须采用探测设备进行探测。
28. （   ）雷雨天气应停止挖掘作业，雨后复工时，应检查挖掘现场的土壁稳定和支撑牢固情况，发现问题及时采取措施，防止骤然崩塌。
29. （   ）一般生产安全事故不需向集团公司安全主管部门报告。
30. （   ）起重机吊臂回转范围内应采用警戒带或其他方式隔离，无关人员不得进入该区域内。
31. （   ）负荷较小时起重机可带载行走，但无论何人发出紧急停车信号都应立即停车。
32. （   ）需在电力线路附近使用起重机时，起重机与电力线路应符合安全距离；在没有明确告知的情况下，所有电线电缆均应视为带电电缆。
33. （   ）停电拉闸操作必须按照：断路器（开关）—负荷侧隔离开关（刀闸）—电源侧隔离开关（刀闸）的顺序依次进行，送电合闸操作应按与上述相反的顺序进行。
34. （   ）倒闸操作必须由两人执行，其中一人对设备较为熟悉者操作。

35. （　　）对各种违章指挥，驾驶员有权拒绝驾驶车辆。
36. （　　）带车人有责任监督驾驶员安全行驶，有权纠正驾驶员违法和违章违纪行为，遇有突发事件有义务与驾驶员共同处置。
37. （　　）进入受限空间期间，应进行气体监测；气体监测宜优先选择连续监测方式，若采用间断性监测，间隔不应超过 4h。
38. （　　）禁止在不牢固的结构物上进行作业，禁止在孔洞边缘或安全网内休息。
39. （　　）高处作业禁止投掷工具、材料和杂物等，作业点下方应设安全警戒区，应有明显警戒标志，并设专人监护。
40. （　　）高处作业人员应系好安全带，戴好安全帽，衣着灵便，禁止穿带钉易滑的鞋。
41. （　　）进入受限空间前应事先编制隔高核查清单，隔离相关能源和物料的外部来源，与其相连的附属管道应断开或盲板隔离，相关设备应在机械上和电气上被隔离并挂牌、锁定。
42. （　　）对于用钥匙、工具打开的受限空间，打开时应在进入点附近设置警示标识。不需工具、钥匙就可进入的受限空间，应设置固定的警示标识。

练习题答案

第一章 安全理念与风险防控要求

一、选择题

1．D 2．D 3．C 4．A 5．B 6．D 7．C 8．C 9．A
10．B 11．A 12．C 13．D 14．D 15．D 16．C

二、判断题

1．× 正确答案：法律是法律体系中的上位法，地位和效力仅次于《宪法》，高于行政法规、地方性法规、部门规章、地方政府规章等下位法。 2．√ 3．√ 4．√ 5．√ 6．√ 7．√ 8．√ 9．√ 10．× 正确答案：所有员工都应主动接受 HSE 培训，经考核合格，取得相应工作资质后方可上岗。 11．√ 12．√

第二章 风险防控方法与工作程序

一、选择题

1．B 2．C 3．B 4．A 5．D 6．A 7．C 8．B 9．B
10．B 11．C 12．C 13．B 14．A 15．A

二、判断题

1．√ 2．× 正确答案：危害因素辨识与风险评估是一切 HSE 工作的基础，也是员工必须履行的一项岗位职责。 3．× 正确答案：风险=可能性×后果的严重程度。 4．√ 5．√ 6．√ 7．√ 8．√ 9．× 正确答案：风险评估矩阵（RAM）是基于对以往发生的事故事件的经验总结，通过解释事故事件发生的可能性和后果严重性来预测风险大小，并确定风险等级的一种风险评估方法。 10．√ 11．√ 12．√ 13．√ 14．√ 15．× 正确答案：风险控制措施优先顺序：消除、替代、降低、隔离、程序、减少员工接触时间、个人防护装备。16．√ 17．× 正确答案：安全危害因素辨识范围包括常规活动、非常规活动、所有进入工作场人员的活动和工作场所的设备设施。 18．× 正确答案：应针对识别出的每个风险制定控制措施，将风险降低到可接受的范围。

第三章 基础安全知识

一、选择题

1. D　2. D　3. D　4. C　5. A　6. D　7. C　8. B　9. D
10. D　11. D　12. B　13. C　14. D　15. C　16. A　17. C　18. C
19. B　20. B　21. B　22. D　23. A　24. C　25. D　26. C　27. B
28. B　29. D　30. C

二、判断题

1. √　2. ×正确答案：近视镜不能当作护目镜使用。　3. √　4. ×正确答案：KN类适用于过滤非油性颗粒，KP类适用于过滤油性及非油性颗粒。　5. √　6. √　7. √　8. ×正确答案：在高压设备上进行部分停电工作时，为了防止工作人员走错位置，误入带电间隔或接近带电设备至危险距离，一般采用隔离板或临时遮拦进行防护。　9. ×正确答案：安全带必须高挂低用。　10. √　11. ×正确答案：甲烷气体不属于有毒气体。　12. ×正确答案：驾驶本单位机动车辆还需办理内部准驾证等手续。　13. ×正确答案：心搏停止、呼吸存在者，持续采用胸外心脏按压法进行救治，直至患者复苏或者确认死亡。在有设备的情况下，可予起搏处理。　14. √　15. ×正确答案：高浓度天然气环境中应佩戴空气呼吸器。　16. √　17. √　18. √　19. √　20. ×正确答案：水灭火的主要原理是降温至着火点以下。　21. √　22. √

第四章 工艺设备安全

一、选择题

1. C　2. A　3. A　4. A　5. A　6. B　7. B　8. A　9. A
10. D　11. D　12. A　13. A　14. C　15. A　16. A　17. C　18. B
19. A　20. B　21. A　22. B　23. C　24. C　25. D　26. C　27. A
28. A　29. D　30. C　31. A　32. C　33. B　34. D　35. B　36. B
37. D　38. C　39. C　40. C　41. C　42. C　43. C　44. B　45. C
46. B　47. A　48. B　49. D　50. C　51. C　52. B　53. C　54. A
55. B　56. C　57. C　58. A　59. A　60. B　61. C　62. C　63. C
64. B　65. C　66. C　67. B　68. A　69. A　70. D　71. D　72. B
73. B　74. C　75. C　76. C　77. B　78. C　79. C　80. B　81. A
82. A　83. C　84. C　85. C　86. B　87. C　88. C　89. B　90. C
91. D　92. C　93. C　94. C　95. B　96. C　97. B　98. C　99. B
100. C　101. B　102. B　103. B　104. C　105. C　106. C　107. B　108. B
109. A　110. A　111. B　112. C　113. D　114. D

二、判断题

1. ×正确答案：排出管路堵塞对螺杆泵轴功率无直接影响。　2. ×正确答案：螺杆泵安装时，螺杆表面若拉毛，需要油石打磨光滑。　3. √　4. √　5. √　6. √　7. √　8. √

9．√　10．√　11．√　12．√　13．×正确答案：压缩机中油系统的油压高于水压。　14．√　15．×正确答案：一台离心式压缩机，因入口过滤网堵塞，高压缸发生断续的喘振，应及时清理过滤网。　16．×正确答案：离心压缩机组高位油槽的主要作用是确保润滑油高于低液位报警的容量。　17．×正确答案：实际使用的压缩机在入口管道靠近压缩机的地方都装有止逆阀。　18．√　19．√　20．×正确答案：压缩机大修时，密封油系统应在机体置换合格后切出。　21．√　22．√　23．×正确答案：使用电钻或手持电动工具时必须戴绝缘手套，穿绝缘鞋。　24．√　25．×正确答案：电动气动工具应由专人管理，建立检修维护的技术档案。　26．√　27．×正确答案：不能在电动气动工具放倒或移动时启动电动气动工具。　28．√　29．√　30．√　31．×正确答案：不能用供气管路中的压缩空气清洁机器和吹尘。　32．√　33．√　34．×正确答案：加氢反应是放热反应。　35．×正确答案：加热炉每次点火前都应吹扫炉膛。　36．√　37．×正确答案：对于易燃易爆物质，采用水蒸气或热水加热的方法温度容易控制，比较安全，但不能用于与水发生反应的物料的加热。　38．√　39．√　40．×正确答案：加热炉开停工应制定开停工方案，方案中包含开工时防止硫化物自燃和防止连多硫酸造成奥氏体不锈钢炉管应力腐蚀开裂的应对措施。　41．√　42．×正确答案：冷却器检修后，与循环水系统一起进行预膜处理的目的是为了缓蚀阻垢。　43．√　44．×正确答案：未经定期检验或者检验不合格的塔设备，不能使用。　45．√　46．√　47．√　48．√　49．√　50．√　51．×正确答案：高压的塔设备生产期间严禁带压紧固螺栓和调整安全阀。　52．√　53．√　54．×正确答案：汽提塔栅板开裂、变形、失弹、失刚时应进行修理或更换。　55．×正确答案：气瓶在使用前，放在绝缘性物体上，不能够有效释放静电。　56．×正确答案：气瓶的充装和使用人员不允许穿着化纤衣服，化纤衣服容易聚集产生静电。　57．×正确答案：开启气瓶瓶阀时，操作者应该站在气瓶侧面。　58．×正确答案：焊接作业使用的气瓶应该存放在开放场所。59．√　60．√　61．√　62．×正确答案：严禁在油气罐区使用黑色金属或易产生火花的工具作业敲打、撞击物件。　63．√　64．×正确答案：严禁在带压力或者带电压的容器、罐、柜、管道、设备上进行焊接或切割作业。　65．×正确答案：进入储油罐防火堤内，必须使用防爆照相、摄像器材。　66．√　67．×正确答案：在储存、输送可燃物料的设备、容器及管道上用火，需加盲板、清洗置换。　68．×正确答案：严禁在带压力或者带电压的容器、罐、柜、管道、设备上进行焊接或切割作业。　69．√　70．√　71．×正确答案：仪表安装中导压管的焊接，要求与工艺管道的介质相同。　72．×正确答案：气源管道一般采用镀锌钢管。　73．×正确答案：管线用水试压时，不能随便改用空气或氮气。　74．×正确答案：管线吹扫时，憋压后反复吹扫。　75．√　76．×正确答案：同一条管线上若同时有压力一次点和温度一次点，压力一次点在温度一次点的上游。　77．√　78．√　79．√　80．√　81．×正确答案：在高温硫腐蚀环境下，应重点对碳钢、铬钼合金钢制设备、管道进行测厚监测。　82．×正确答案：管道的水压试验压力均为设计压力的1.5倍,气压试验压力为1.15倍的设计压力。　83．√　84．×正确答案：管道材料的耐腐蚀等级分为4级。　85．×正确答案：在有缺陷的管道上进行修补时，应在压力试验之前完成。　86．×正确答案：在充满可燃气体的环境中，不能使用手动电动工具。　87．×正确答案：为防止触电，可采用绝缘、防护、隔离等技术措施以保障安全。88．√　89．√　90．×正确答案：电工可以穿绝缘鞋工作。　91．×正

233

答案：绝缘体是不容易导电的物体，如橡胶、陶瓷、玻璃、塑料等。 92．×正确答案：普通型绝缘手套预防性试验包括工频耐压和泄漏电流试验，带电作用用绝缘手套预防性试验包括交流耐压试验和直流耐压试验，试验周期均为 6 个月。 93．×正确答案：电气设备的金属外壳接地是保护接地。94．×正确答案：断路器中的油起绝缘、散热、防腐蚀作用。 95．×正确答案：部分新设备的投入运行需现场试验。 96．×正确答案：低压试电笔是为测量单相交流电而设计，测试电压范围交流 110～220V，不能测直流 97．√ 98．√ 99．×正确答案：（1）接地装置的连接应可靠，接地线应为整根或采用焊接。接地体与接地干线的连接应留有测定接地电阻的断开点，此点采用螺旋连接。（2）接地线的焊接应采用搭接焊，其搭接长度：偏钢应为宽度的两倍，应有三个领边施焊；圆钢塔接长度为直径的六倍，应在二侧面施焊。（3）无条件焊接的场所，可考虑用螺栓连接，但必须保证其界面面积；螺栓应采用防松垫圈及采用可靠的防锈措施。（4）接地线与电气设备连接时，采用螺栓压接，每个电气设备都应单独与接地干线相连接，严禁在一条接地线上串接几个需要接地的设备。 100．√ 101．√ 102．×正确答案：在仪表和电气设备上不能放置导体和磁性物品。 103．√ 104．×正确答案：所有使用的电动工具、电气设备等外壳接地必须良好，但导线不加插头不能直接插入插座。 105．√ 106．×正确答案：有人低压触电时，应该立即断开电源。 107．×正确答案：照明电路的熔断器应安装在火线上。 108．√ 109．√ 110．√

第五章　危险作业管理

一、选择题

1．D　2．B　3．C　4．C　5．A　6．A　7．D　8．B　9．B
10．C　11．B　12．A　13．A　14．C　15．B　16．C　17．B　18．A
19．C　20．C　21．D　22．B　23．A　24．B　25．A　26．B　27．A
28．C　29．C　30．D　31．B　32．C　33．A　34．D　35．B　36．B
37．C　38．A　39．C　40．D　41．B　42．A　43．A　44．B　45．B
46．C　47．C　48．C　49．D　50．C　51．C　52．D　53．B

二、判断题

1．×正确答案：相关方可以将其安全要求表达在作业许可证中。 2．√ 3．×正确答案：作业过程中出现异常情况应立即采取变更程序或应急措施。 4．√ 5．×正确答案：办理了进入受限空间作业许可证，可以规定的作业区域和时间范围内使用。 6．√ 7．×正确答案：救援人员应经过培训，具备与作业风险相适应的救援能力，确保在正确穿戴个人防护装备和使用救援装备的前提下实施救援。 8．√ 9．×正确答案：工程完成后，应自下而上拆除保护性支撑系统。 10．×正确答案：工程完成后，回填和支撑系统的拆除应同步进行。 11．×正确答案：挖出物不能堵塞下水道、窖井，也不能堵塞作业现场的逃生通道和消防通道。 12．√ 13．√ 14．√ 15．√ 16．×正确答案：同一架梯子只允许一个人在上面工作，不能带人移动梯子。 17．×正确答案：作业人员不能在平台或安全网内等高处作业处休息。 18．√ 19．√ 20．×正确答案：在加油时起重机应熄火，在行驶中吊钩应收回并固定牢固。 21．×正确答案：从管线法兰上去掉一个螺栓属于管线打开作业。　22．√　23．×正确答案：控制阀不能单独作为物料隔离装置。　24．×正确答案：临时用电作业实施单位不得擅自增加用电负荷，不能变更用电地点、用途。　25．√　26．×正确答案：室外的临时用电配电箱（盘）应设有防雨、防潮措施，需上锁。　27．×正确答案：两台用电设备（含插座）不能使用同一开关直接控制。　28．×正确答案：紧急情况下的抢险动火，可不实行动火作业许可管理。　29．√　30．×正确答案：油气管道进行多处打开动火作业时，对相连通的各个动火部位的动火作业不能进行隔离时，相连通的各个动火部位的动火作业不能同时进行。　31．×正确答案：对管道进行封堵，封堵作业坑与动火作业坑之间的间隔不应小于1m。　32．×正确答案：场所内发生油气扩散时，车辆不能点火启动，不能使用防爆通信、照相器材。　33．×正确答案：如果动火作业中断超过30min，继续动火前，动火作业人、动火监护人应重新确认安全条件。

第六章　事故事件与应急管理

一、选择题

1．D　2．D　3．B　4．C　5．C　6．C　7．B　8．D　9．B　10．A　11．D　12．B　13．D　14．C　15．A　16．B

二、判断题

1．√　2．×正确答案：未遂事件：已经发生但没有造成人员伤害或直接经济损失的情况。　3．√　4．√　5．×正确答案：应急处置卡应包括必要的安全提示、应急处置步骤和措施、报警方式、避险条件和逃生路线等内容。　6．√　7．√　8．√　9．√　10．√　11．×正确答案：企业应将承包商HSE管理纳入内部HSE管理体系，实行统一管理，并将承包商事故纳入企业事故统计中。　12．√　13．√　14．√　15．√

第七章　案例分析

一、选择题

1．C　2．B　3．A　4．A　5．D　6．C　7．B　8．A　9．A　10．C　11．B　12．B　13．D　14．A　15．D　16．C　17．B　18．C　19．B　20．A　21．B　22．B　23．C　24．C　25．D　26．A　27．C　28．C　29．D　30．D　31．C　32．B　33．C　34．A　35．B　36．C　37．A　38．B　39．A　40．B　41．B　42．C　43．B　44．B　45．C　46．B　47．A　48．D　49．C　50．C　51．B　52．B　53．C　54．C

二、判断题

1．×正确答案：吊装时，操作人员不能通过戴手套的手来控制货物的摆动。　2．√　3．√　4．×正确答案：含硫污水系统不能排放废酸性物料。　5．×正确答案：在容易发生H_2S产生或泄漏的部位，应安装固定式H_2S气体报警仪。　6．×正确答案：废弃多年的储罐进行清罐作业时，同样需要办理受限空间作业许可证。　7．×正确答案：进入受限空间作业时，需在受限空间外部设监护人。　8．√　9．√　10．×正确答案：临时供电设备或现场用电设施应做好接地保护，需安装漏电保护器。　11．×正确答案：因抢修施工作业而涉及的临时用电，需要办理临时用电作业票。　12．√　13．√　14．×正确答案：作业中取水不能使用消防水。　15．√16．√　17．√　18．√　19．√　20．×正确答案：在施工作业中，设备和车辆清洗产生的含有油污的污水应设置专用回收装置。　21．×正确答案：距动火点15m内所有的排水口、各类井口、排气管、管道、地沟等应封严盖实。22．√　23．√　24．√　25．×正确答案：建设（工程）项目实行总承包的，总承包单位负责对分包单位实行全过程安全监管，承担分包单位的安全生产连带责任。　26．√27．√　28．√　29．×正确答案：一般生产安全事故需向集团公司安全主管部门报告。30．√　31．×正确答案：起重机均不能带载行走，且无论何人发出紧急停车信号都应立即停车。　32．√　33．√　34．×正确答案：倒闸操作必须由两人执行，其中一人对设备较为熟悉者监护，受令者复诵无误后执行。　35．√36．√　37．×正确答案：进入受限空间期间，应进行气体监测；气体监测宜优先选择连续监测方式，若采用间断性监测，间隔不应超过2h。　38．√　39．√　40．√　41．√　42．√

参考文献

[1] 注册安全工程师执业资格考试命题研究中心. 安全生产法律法规. 成都：电子科技大学出版社，2017.

[2] 中国石油天然气集团有限公司人事部. 油气管道专业危害因素辨识与风险防控. 北京：石油工业出版社，2018.

[3] 中国石油天然气集团公司安全环保部. 中国石油天然气集团公司 HSE 管理原则学习手册. 北京：石油工业出版社，2009.

[4] 马秉骞. 炼油设备基础知识. 2 版. 北京：中国石化出版社，2009.

[5] 李群松. 化工容器及设备. 北京：化学工业出版社，2014.

[6] 中国石油天然气集团公司安全环保与节能部. 炼化装置在役阶段工艺危害分析指南. 北京：石油工业出版社，2011.

[7] 中国石油天然气集团公司安全环保与节能部，吴苏江. 炼油化工. 北京：石油工业出版社，2013.

[8] 邱少林. 安全观察与沟通实用手册. 北京：石油工业出版社，2012.

[9] 中国石油天然气集团公司安全环保与节能部. 工作前安全分析实用手册. 北京：石油工业出版社，2013.

[10] 吴苏江. HSE 风险管理理论与实践. 北京：石油工业出版社，2009.

[11] 中国石油天然气集团公司安全环保与节能部. HSE 管理体系审核教程. 北京：石油工业出版社，2013.